职业教育旅游类专业精品教材

全国导游基础知识

（第2版）

主　编　朱　华

副主编　王雪霏　王　忠

北京理工大学出版社
BEIJING INSTITUTE OF TECHNOLOGY PRESS

内容简介

本书根据《国家职业教育改革实施方案》，以职业教育"三教"改革要求为指导思想，并参照《全国导游人员资格考试大纲》编写。教材详略得当、重点突出、体例丰富、易学易懂，通过小知识、本章测试、延伸阅读等内容，知识点配以课堂练习的形式，丰富了学生的导游基础知识，提高了学生的学习能力和应考能力。本书将学历教育和全国导游人员资格考试相结合，努力实现学历教育和职业教育"双融通"，旨在帮助学生获取学历教育学分的同时考取导游资格证。本书也是互联网＋新型教材，知行合一，师生使用手机扫二维码便可轻松获得全国导游基础知识相关扩充材料、视频、音频、习题答案等，任课教师、培训老师还可获得电子课件。

图书在版编目（CIP）数据

全国导游基础知识 / 朱华主编. -- 2 版. -- 北京：
北京理工大学出版社，2022.3
ISBN 978-7-5763-1122-8

Ⅰ.①全… Ⅱ.①朱… Ⅲ.①导游 – 中等专业学校 –
教材 Ⅳ.①F590.63

中国版本图书馆 CIP 数据核字（2022）第 039823 号

出版发行 / 北京理工大学出版社有限责任公司
社　　址 / 北京市海淀区中关村南大街 5 号
邮　　编 / 100081
电　　话 / （010）68914775（总编室）
　　　　　（010）82562903（教材售后服务热线）
　　　　　（010）68944723（其他图书服务热线）
网　　址 / http://www.bitpress.com.cn
经　　销 / 全国各地新华书店
印　　刷 / 定州市新华印刷有限公司
开　　本 / 889 毫米 × 1194 毫米　1/16
印　　张 / 14.5　　　　　　　　　　　　　　责任编辑 / 王晓莉
字　　数 / 316 千字　　　　　　　　　　　　文案编辑 / 杜　枝
版　　次 / 2022 年 3 月第 2 版　2022 年 3 月第 1 次印刷　　责任校对 / 刘亚男
定　　价 / 55.00 元　　　　　　　　　　　　责任印制 / 边心超

本书根据教育部旅游管理类专业教学指导委员会的指导意见以及《国家职业教育改革实施方案》，参照《全国导游人员资格考试大纲》，以职业教育"三教"改革要求为指导思想编写。教材坚持"以能力为本位，以就业为导向"的职业教育办学方针，体现专业基础课为职业岗位服务的指导思想。

本书以教学主题分章，以知识要点分节，融入职业教育教材"1+X"证书的要求，力争学生在获得课堂知识的同时考取导游资格证书。本书内容详略得当、重点突出，实用简练、易学、易懂，通过小知识、小故事、练习、测试、延伸阅读等内容，知识点配以课堂练习的形式，丰富了课堂教学，提高了学生的学习兴趣和学习内驱力。

本书具有以下特色：

（1）"互联网＋"，师生通过手机扫描二维码，便可轻松获得全国导游基础知识相关阅读材料、音频、视频、习题答案等。

（2）紧扣大纲。本书所有知识要点严格按照旅游职业教育专业人才培养方案和全国导游资格考试大纲，做到教学内容全覆盖。

（3）形式多样。每章教学纲要有学习目标、导游应考提示、课堂讨论、延伸阅读、本章测试等内容，体例活泼，形式多样。

（4）经验助力。在导游应考提示中，为学生分析考试大纲中的知识要点和命题常考点，帮助学生应对学习和应考中的困难。

（5）模拟测试。每章设有本章测试，检查学生对该章节的学习情况，做到随学随查，查缺补漏，帮助学生弥补知识缺陷。

（6）通识学历教育与全国导游资格考试相结合，努力实现学历教育和职业教育"双融通"，帮助学生获取学历教育学分的同时考取导游资格证。

本书编写团队由旅游专家和行业专家构成，参编人员有朱华、王雪霏、王忠、吕梦莎、李晨、韦娟娟、程利、覃韵、杨璐、吴泓岑、许瑶华、吴瑶瑶、强红梅、吴玉霞。主编朱华为四川省教学名师、四川省旅游与文化专家（非遗方向），旅游管理、英语专业双聘教授，出版多部国家级规划教材；副主编王雪霏为高职院校专职教师，获"成都市金牌导游""成都市十佳外语导游"等多项荣誉；王忠为高级导游，文旅部人才中心研学旅行指导师考评员，获国家旅游局"中国好导游""成都市技术能手"等多项荣誉称号。

　　本书为任课教师提供电子课件，需要电子课件的老师可在北京理工大学出版社官方网站下载，或致函 ernestzhu@126.com 索取。

目录 CONTENTS

第一章

旅游和旅游业

学习目标 →

节标题	内　容
旅游及旅游活动	什么是旅游？（掌握） 旅游的基本特征（了解） 旅游的起源与发展（了解） 旅游活动的类型（熟悉） 旅游活动的主体和客体（掌握）
旅游业及旅游市场	旅游业的定义（了解） 旅游业的特点（了解） 旅游业的构成和作用（掌握） 旅游市场的定义（了解） 国际旅游市场（熟悉） 中国旅游市场（熟悉）
旅游组织及旅游标识	国际旅游组织及其标识（掌握） 国内旅游组织及其标识（了解）
旅游日及旅游节事	世界旅游日及其意义（了解） 中国旅游日及其意义（了解） 旅游节事的分类及其意义（掌握）

导游应考提示 →

1. 旅游活动按地理范围可划分为两大类，按旅游目的可划分为六大类，考生应当熟悉并充分理解。

2. 熟记旅游活动的主体和客体所指的具体对象、旅游业的三大支柱；掌握游客、旅游者、一日游游客的概念及包含对象。

3. 了解旅游业的特点、旅游业的组成；熟悉中国旅游市场、国际旅游市场；掌握旅游业及旅游市场的客观规律。

4. 国际性旅游组织的性质、英文简称、基本概况等是命题人经常考查考生记忆和知识熟练程度的命题单位，考生应注意。

5. 书中出现的时间、数量、方位等内容需熟记，这些内容是命题人经常考查考生记忆和知识熟练程度的命题单位。

6. 本章内容与旅游学概论的内容相关联。考生学习时应前后对应，融会贯通，整体掌握相关内容。

第一节　旅游及旅游活动

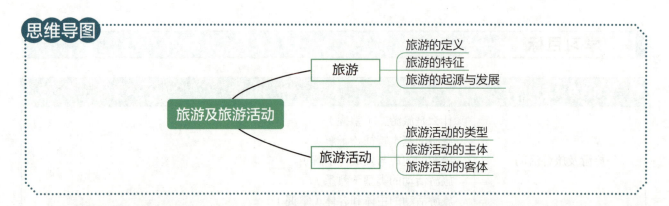

思维导图

旅游及旅游活动
- 旅游
  - 旅游的定义
  - 旅游的特征
  - 旅游的起源与发展
- 旅游活动
  - 旅游活动的类型
  - 旅游活动的主体
  - 旅游活动的客体

　　随着社会经济发展水平不断提升，人们的生活也得以改善，消费观念转变，生活方式越来越多样化，旅游也已经成为一种流行趋势。出于休闲娱乐、游览观光、开拓视野、放松身心、感受别样风土人情和地域文化等目的，人们选择离开自己的惯常环境去往其他地方旅游。当今已经是全球性的大众旅游时代，现代旅游迅速崛起并获得长足发展，旅游业已经成为中国经济甚至全球经济发展中不可或缺的一部分，在世界经济体系中扮演着越来越重要的角色。

一、旅游

1. 旅游的定义

　　1991 年 6 月 25 日，世界旅游组织在加拿大召开了"旅游统计国际大会"，重新界定了旅游的概念，指出旅游是"人们为了休闲、商务和其他目的离开惯常的居住环境，到某些地方去以及在某些地方停留，但连续不超过一年的活动"。

小知识

惯常环境

　　惯常环境包括人们经常去的地方和居住地附近，一是指人们常去的地方，即使这个地方离他的居住地很远，如某人在他的度假别墅或第二住宅均属惯常环境。二是指离一个人居住地很近的地方，即使他很少去，也属惯常环境。

2. 旅游的特征

1）异地性

旅游的异地性是指旅游者离开其惯常环境去往其他地方旅游，而非待在熟悉的地方。

2）暂时性

旅游的暂时性是指旅游者结束旅游行程后会返回其定居地或常住地，不在旅游目的地定居或长住，在外连续停留时间不超过一年。

3）综合性

旅游的综合性是指旅游涉及经济、文化、地理、历史、民俗等众多领域，涵盖面广，是一种综合性的而非单一的活动。

4）休闲性

旅游是指旅游者为了休闲娱乐、游览观光、放松身心、开拓视野等而进行的旅行和逗留活动，而不是为了移民或就业的一项谋生性活动，故具有休闲性。

3. 旅游的起源与发展

旅游是一种古老的社会活动，历史悠久，人类的旅游活动大致可分为古代旅游、近代旅游和现代旅游三个阶段。综观中国古代的旅游活动，主要存在帝王巡游、政治旅行、士人漫游、学术考察旅行、外交旅行、宗教旅行、商务旅行、节庆旅游等形式。

1）古代旅游

大多数学者认为旅游萌芽于古代的旅行，而旅行基本上始于奴隶社会的形成时期，当时大多是为了贸易来往和宗教交流的需求。在古代，一些专门从事商品交换的商人，为了了解其他地区商品生产的情况与需求，为了到他乡交换产品，成为最早的旅游者。从那时起直到近代，世界各国都或多或少地可以看见旅游活动的踪迹，且总趋势是从不频繁到较为频繁。中国是一个文明古国，很早以前，中华大地上就有了旅游活动，其中有文字记载的可追溯到公元前 2250 年以前。

2）近代旅游

在古代，虽然世界各国都存在旅游活动，但那时旅游人数不多且范围狭小，旅游还未成为一种产业。直到 19 世纪中叶，由于受产业革命的影响，旅游才真正作为一个产业开始出现。产业革命首先爆发于 18 世纪 60 年代的英国，之后很快向欧洲大陆和北美传播，一直持续到 19 世纪上半叶，各资本主义国家相继完成产业革命，实现了由工场手工业向大机器生产的过渡。产业革命所引起的生产领域和社会关系上的变化，为旅游业的产生创造了条件。

1840 年（鸦片战争）以后，中国被迫与外国签订一系列不平等条约，对外开放门户，西方的商人、传教士、学者和形形色色的冒险家纷纷来到中国。为寻求救国救民的真理，中国的一些爱国志士也纷纷走出国门。同时，通商口岸的开辟，大批工厂的出现，公路和铁路的兴建，从客观上为中国近代旅游业的发展和旅行社的产生提供了一定的物质条件。到了晚清时期，上海租界区已经出现了专门为外国游客服务的民间旅游组织。20 世纪初，西方的一些旅游企业开始在中国设立办事处，基本上包揽了中国的旅游市场。

1923 年 8 月 15 日，上海商业储蓄银行旅行部（以下简称"旅行部"）正式宣告成立，这是由中国人创办经营的第一家旅行社，其创办者是著名爱国资本家和金融家陈光甫。1924年，旅行部首次组织由上海赴杭州的国内游览旅行团，开创了我国包价专列旅游的先例。次年，旅行部首次组织出国旅游。1927年，旅行部创办了我国第一本旅游行业的专业杂志——《旅行杂志》。1927年6月，旅行部正式更名为"中国旅行社"。继中国旅行社之后，国内又相继出现了一些其他旅行社和旅游组织，如中国汽车旅行社、现代旅行社、公路旅游服务社等。与此同时，旅馆、饭店、交通客运、旅游资源开发和景区建设等也有了一定规模的发展，旅游业作为一个新兴的行业已经产生。但受当时的政治经济环境的影响，中国的旅游业发展受到很大限制。对近代旅游发展具有重要作用的是英国人托马斯·库克，他奠定了旅游业发展的基础，因而被称为"世界旅游业之父"。

3）现代旅游

1949年10月17日，以接待海外华侨为主旨的厦门华侨服务社成立，这是新中国的第一家旅行社。1954年4月15日在北京成立中国国际旅行社，之后相继在上海、西安、桂林等14个城市成立分社或支社，负责接待访华外宾的各类综合事务，这是中国经营国际旅游业务的第一家全国性旅行社。

中华人民共和国成立以后，旅游进入新的历史阶段，其发展过程大体上可以1978年为界分为前后两个阶段。从中华人民共和国成立到1978年以前的这一时期，全国的旅行社只有中国旅行社和中国国际旅行社总社以及它们在各主要城市设立的分支机构。此时中国的旅游设施总体规模小、结构单一，旅游业还没有真正形成一个完整的产业。1978年改革开放至今，旅游业获得了迅猛发展，已成为支持国民经济的重要产业，中国已经从旅游资源大国发展成为世界旅游大国，并向世界旅游强国迈进。

> **课堂讨论**
> 1. 试论述产业革命对旅游业的影响。
> 2. 旅游活动涉及哪些要素？

二、旅游活动

1. 旅游活动的类型

1）按地理范围划分

（1）国际旅游。

国际旅游是指跨越国界的旅游活动。它分为入境旅游和出境旅游，入境旅游是指外国居民到本国的旅游活动，出境旅游是指本国居民去往他国的旅游活动。

（2）国内旅游。

国内旅游是指一个国家的居民离开其常住地，到本国境内其他地区开展的旅游活动。例如，外国侨民和常住该国的外国人在其居住国境内开展的旅游活动均属该国的国内旅游。

2）按旅行距离划分

（1）远程旅游。

远程旅游通常是指远距离的国际旅游活动，尤其是指到 1 000 千米以外的国家或地区旅游。

（2）近程旅游。

近程旅游又称短程旅游，通常是指在 240 千米以内的旅游活动。

3）按组织形式划分

（1）团体旅游。

团体旅游又称团队旅游、集体综合旅游，即旅游者按照旅游批发商制定的旅游日程、路线、交通工具、收费标准做出选择，事先登记、付款，到时整团出行的旅游，是一种以有组织的集体形式开展的旅游活动，尤指以包价形式组织的团体旅游。

（2）散客旅游。

散客旅游又称个别旅游、自助游，即旅游者自行选择旅游日程、路线，再由旅行社为其安排机票、旅馆等单独出行的旅游，是一种个人的独自旅游或 9 人以下以结伴方式开展的旅游活动。

4）按旅游目的划分

（1）休闲、娱乐、度假类。

观光旅游属此类，是世界上开展得最为普遍的消遣性旅游活动类型，也是目前中国接待量最大的市场类型。度假旅游活动方式逍遥自在，活动内容随意自由。

（2）探亲访友类。

探亲访友类旅游是指一种以探亲、访友为主要目的的旅游活动。

（3）商务、专业访问类。

公务旅游、会议旅游、修学旅游、专项旅游、奖励旅游、考察旅游等均属于此类。

（4）健康医疗类旅游。

健康医疗类旅游包括体育旅游、保健旅游、生态旅游等。

（5）宗教、朝拜类旅游。

宗教、朝拜类旅游是指以朝拜、传经布道为主要目的的旅游活动。宗教、朝拜类旅游虽是一种古老的旅游形式，然而在今天世界各地仍普遍可见。

（6）其他类旅游。

其他类旅游是指未能划入上述各类的旅游，如过境旅游、探险旅游等。

5）按计价方式划分

（1）全包价旅游。

全包价旅游是指旅游者通过旅行社组织，按旅行社推出的某条旅游线路的价格一次性支付货币，就可以参加旅行团进行整个旅游行程活动。

（2）小包价旅游。

小包价旅游又称可选择性旅游，是一种由非选择部分和可选择部分构成的旅游方式。

非选择部分包括接送服务、住房、早餐、国内城市间交通费和手续费，旅游费用由旅游者在旅游前预付；其余部分在当地现付。可选择部分包括导游、风味餐、节目欣赏和参观游览等，旅游者可根据时间、兴趣和经济情况自由选择，费用既可预付，也可现付。

（3）零包价旅游。

零包价旅游是一种独特的产品形态，多见于旅游发达国家。选择这种旅游形式的旅游者必须随团前往和离开旅游目的地，但在旅游目的地的活动是完全自由的，形同散客。参加零包价旅游的旅游者可以获得团体机票价格的优惠，并可由旅行社统一代为办理旅游签证。

2. 旅游活动的主体

旅游活动的主体即旅游者，是指出于移民和就业任职以外的其他原因而离开常住地到异地访问，连续停留时间不超过 12 个月的人。旅游者不包括因工作或学习在两地有规律往返的人，常分为以下几类：

1）国际旅游者

国际旅游者是指在访问国的住宿设施内至少住宿一个晚上的外国人，中国称之为入境旅游者。中国规定，入境旅游者不仅包括外国人，还包括华侨、港澳台同胞。

2）国内旅游者

国内旅游者是指国内居民离开常住地到国内其他地区的旅游住宿设施内至少住宿一个晚上，最长不超过 12 个月的本国人。

3）国际一日游游客

国际一日游游客是指不在访问国的住宿设施中过夜的外国人，中国称之为入境一日游游客。

4）国内一日游游客

国内一日游游客是指国内居民离开惯常居住地 10 千米以上，出游时间超过 6 小时，不足 24 小时，并未在境内其他地方的旅游住宿设施中过夜的本国人。

3. 旅游活动的客体

旅游活动的客体是指旅游吸引物，即游客进行旅游活动的对象物，主要表现为旅游目的地的旅游资源。旅游资源是自然界和人类社会中能对旅游者产生吸引力，可以被旅游业开发利用，并能产生经济效益、社会效益和生态环境效益的各种事物和因素。

1）分类

旅游活动的客体常分为以下几类：

（1）按内容属性分。

①自然旅游资源。

自然旅游资源是指亿万年来在自然地理环境的演变之中形成的能对游客产生吸引力的资源。根据中华人民共和国国家标准《旅游资源分类、调查与评价》（GB/T 38972—2003），自然旅游资源分为四大类：地文景观类、水域风光类、生物景观类、天象和气候景观类。

②人文旅游资源。

人文旅游资源是指人类创造的，反映各时代各民族政治、经济、文化和社会风俗民情状况而对游客产生吸引力的资源。《中国旅游资源普查规范》规定，人类旅游资源包括古迹与建筑、休闲求知健身和购物三大类。

③社会旅游资源。

社会旅游资源是指能够反映和体现一个国家或地区社会经济发展面貌而对游客具有吸引力的资源。

（2）按再生性分。

①可再生性旅游资源。

可再生性旅游资源是指那些在使用过程中因某些因素造成较大损坏而可通过适当的途径进行自然恢复或人工再造的资源。

②不可再生性旅游资源。

不可再生性旅游资源是指那些在漫长的历史中形成，并保留至今为旅游所利用的难以恢复本来面貌的自然遗存和文化遗存。

（3）按利用状态分。

①现实的旅游资源。

现实的旅游资源是指不仅本身具有吸引魅力，而且有条件并正在接待大批游客来访的旅游资源。

②潜在的旅游资源。

潜在的旅游资源是指本身具有吸引功能，但由于受交通和接待条件的影响，目前尚不大为外界所认知，暂时来访游客很少的旅游资源。

（4）按管理级别分。

①世界级旅游资源。

世界级旅游资源是指那些已被列入《世界遗产名录》的名胜古迹和已被列入联合国"人与生物圈"保护区网络的自然保护区。这类旅游资源的品位和知名度最高，是全人类的宝贵遗产。

②国家级旅游资源。

国家级旅游资源主要包括国务院公布的国家历史文化名城、国家重点风景名胜区、全国重点文物保护单位以及林业部门批准的国家级自然保护区、国家森林公园等。

③省级旅游资源。

省级旅游资源主要包括省级历史文化名城或名镇、省级风景名胜区、省级文物保护单位、省级森林公园等。

④市（县）级旅游资源。

市（县）级旅游资源主要包括市（县）级风景名胜区和市（县）级文物保护单位。

2）作用

首先，旅游资源是旅游活动的客体，是游客游览观赏的对象，离开了旅游资源，旅游业便失去了存在的意义。其次，旅游资源能吸引大量的游客来访，使旅游业中的各部门获得巨大的经济效益。

小知识

旅游吸引物与旅游资源

在国内，旅游吸引物通常被直接理解成旅游资源甚至旅游景区，但实际上旅游吸引物的概念更为广泛。旅游吸引物和旅游资源的主要区别在于，旅游吸引物是一个系统性概念，任何能够吸引游客前来参观的自然客体和人文因素都可被视为旅游吸引物，包括已经开发为景区的旅游资源（已成为旅游产品）和未被开发的旅游资源（未成为旅游产品）。目前，越来越多的游客喜欢寻找未开发且自然资源优美的"处女地"，这些旅游资源虽未被开发，但也成为现实的旅游吸引物。旅游资源是旅游吸引物系统的核心，决定着该系统对特定游客是否具有吸引力。

第二节　旅游业及旅游市场

思维导图

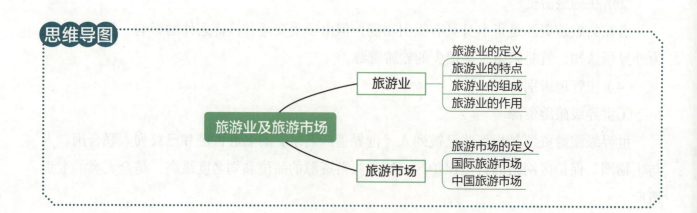

一、旅游业

1. 旅游业的定义

旅游业是凭借旅游资源和设施，专门或者主要从事招徕、接待旅游者，为其提供各环节服务的综合性行业，是联系旅游者和旅游资源的桥梁。旅游资源是旅游业发展的前提条件，旅游设施是旅游业发展的重要保证。

课堂讨论

1. 中国旅游业发生了哪些历史性转变？
2. 旅游有哪些基本属性？

2. 旅游业的特点

1）综合性

旅游者的旅游需求具有综合性特点，往往包含吃、住、行、游、购、娱等多个方面，这就要求旅游企业提供的服务和商品也应具有综合性的特点，而且，这些综合性的服务往往不是一个旅游企业能独自完成的，只有多个旅游企业协作，才能满足旅游者的整体需求。

2）敏感性

旅游业与其他行业相比更易受到内部和外部因素的影响，各种自然和社会因素的任何微小变化都会导致旅游业发生较大波动，而且十分迅速。

3）季节性

受气候、节庆活动、假日等因素的影响，旅游业呈现鲜明的淡、旺季差别。

4）垄断性与竞争性并存

一方面，一些旅游景点因其独有的自然和人文景观而具有垄断性；另一方面，诸多旅游行业和旅游企业间存在着激烈的竞争。

5）劳动密集性

旅游业是服务性行业，多数旅游企业是劳动密集企业，吸纳了大量劳动力，因此，旅游业的管理者及员工素质对旅游业的发展具有较大的影响。

6）依托性

旅游业不可能独自发展，其发展往往和旅游资源、经济发展水平以及各相关行业和部门的通力合作、协调发展等相关联。

7）涉外性

许多旅游活动跨越国界或超越国籍，是国际间广泛的人际交往活动。

《《 3.旅游业的组成

旅游业主要由三部分组成，即旅行社业、旅游交通业和以饭店为代表的住宿业，它们是旅游业的三大支柱。其中处于核心地位的是旅行社，其被称为旅游业的龙头。旅游业以为旅游者提供服务为核心，重在满足旅游者在旅游活动六要素"吃、住、行、游、购、娱"等方面的要求。因此，旅游业也应由多个行业和部门组成，常见的如下：

1）旅游观赏娱乐业

旅游观赏娱乐业包括旅游景区、景点和特色娱乐场所，是旅游业的核心部分。

2）旅行社业

旅行社业由各个向旅游者提供产品组合、信息、导游、陪同和预订等服务的企业组织组成，是旅游产业的重要组成部分。旅行社业是一个典型的中介服务型产业，是整个旅游产业中最具特色和活力的部分。

3）餐饮住宿业

餐饮住宿业包括餐饮部门和住宿接待部门，不仅重在满足旅游者的饮食和住宿需求，也是旅游过程中十分重要和基础的部分。

4）交通和通信业

交通和通信业是旅游产业实现旅游者和旅游信息的空间位移的基本凭借，在旅游产业中具有重要的地位和作用。

5）旅游购物业

旅游购物品是旅游者在旅游过程中所购买的各种物品，是旅游产业不可缺少的组成部分，对推动当地经济发展具有重要作用。

小知识

旅游业在旅游系统中的分布见表1.1。

表1.1　旅游业在旅游系统中的分布

类型	旅游客源地	旅游通道	旅游目的地
旅行社	◆	■	■
交通	●	◆	◆
住宿	■	◆	◆
餐饮	■	◆	◆
旅游经营商	●	●	◆
吸引物	■	■	◆
商品供应	●	■	◆

注：■几乎没有●少有◆多有

资料来源：朱华.旅游学概论（双语）[M].2版.北京：北京大学出版社，2012.

4. 旅游业的作用

旅游业是连接旅游主体和旅游客体，使旅游活动能够顺利开展的媒介。首先，旅游业是旅游供给的重要提供者，它所提供的各种服务，能够满足广大旅游者的需求；其次，旅游业具有组织作用，它能根据市场的需要组织系列的配套产品，通过各种方式组织客源，有利于旅游事业的迅速开展。旅游业对国民经济的整体发展也具有深远的影响，具体表现在以下六方面：增加外汇收入，平衡国际收支；拓宽货币回笼渠道，促进经济繁荣与稳定；增加就业机会，减轻社会压力；带动相关的经济部门或行业的发展，促进经济结构的调整与优化；有助于增加政府税收，为国家积累资金；平衡地区经济发展，缩小地区差异。

二、旅游市场

1. 旅游市场的定义

旅游市场是一个无形的市场，是指在旅游产品交换过程中所产生的各种经济现象和经济关系；从市场学的角度来看，是指旅游产品的供给者和需求者，即旅游产品的供给市场或客源市场。

2. 国际旅游市场

对旅游市场最常见的划分方式是依据地理位置来划分，因此世界旅游组织根据地理分布，将国际旅游市场划分为欧洲市场、美洲市场、非洲市场、中东市场、南亚市场以及东亚和太平洋市场，共六大区域（也称为六大旅游区）。

1）欧洲市场

自20世纪50年代以来，欧洲市场一直是最重要的国际旅游接待地，在国际旅游接待人次和国际旅游收入方面始终居各大旅游市场之首。同时，欧洲地区还是世界上最重要的国际旅游客源地。

2）美洲市场

美洲市场是世界第二大国际旅游接待地和第二大国际旅游客源市场。

3）非洲市场

近年来，非洲市场国际旅游接待量增长较快，高于世界平均增长率，但旅游接待量和旅游收入占全球总比例仍较低。

4）中东市场

在20世纪70年代以前，中东地区曾经是世界重要的国际旅游接待地之一。

5）南亚市场

自20世纪80年代以来，南亚市场的国际旅游业发展迅速，旅游接待人次和旅游收入增长速度均高于世界平均水平，但占全球的份额依然很小。

6）东亚和太平洋市场

自 20 世纪 60 年代以来，东亚和太平洋市场成为世界第三大国际旅游接待地和第三大国际旅游客源市场。该市场的最大特点是发展速度快，旅游接待人次和旅游收入的增长速度始终高于世界平均增长率。

3. 中国旅游市场

1）入境旅游市场

（1）组成。

入境旅游市场即境外来华旅游市场，由三部分组成，即外国人市场、华侨市场和港澳台地区市场，其中港澳台同胞一直占中国入境游客的绝大部分。

（2）特点。

①中国的入境旅游人数持续上升。

②在入境游客人数中，中国香港地区、澳门地区、台湾地区的游客一直占绝大多数，主体地位仍然稳固。

③中国的外国人旅游市场基本稳定，主要集中在东北亚、东南亚。

④入境游客的主要目的是以了解中国特色文化和游览观光为主。

⑤随着入境游客人数的增多，中国的旅游外汇收入也在稳步增加。

2）国内旅游市场

（1）组成。

国内旅游市场主要指大陆范围内的旅游市场，是中国旅游市场的重要组成部分。目前，国内旅游市场发展速度较快，前景十分广阔。

（2）特点。

①中国旅游市场是世界上最大的国内旅游市场，规模大且发展潜力足。

②旅游消费增长快，属于需求数量扩张型。

③旅游形式以散客为主。

④季节性强。

⑤消费行为多样化。

⑥短期旅游所占比例高，以游览一座城市、出游三天以下者为主。

3）出境旅游市场

（1）组成。

出境旅游市场由出国旅游、边境旅游和港澳台地区旅游三部分组成。中国出境旅游市场以近距离的港澳游和到东南亚及周边国家的边境游为主。随着中国公民出境旅游政策的进一步放宽和人民生活水平的不断提高，出境旅游人数仍会持续增长。

（2）特点。

①中国公民出境旅游发展速度快，消费水平高。目前，中国已成为世界第一大出境旅游市场和第一大出境旅游消费国。

②中国公民出境旅游以自助游为主，但跟团游的比例也逐渐提高。

③出境旅游目的地以亚洲国家和地区为主。

④在出境消费行为上，中国游客的消费方式正在实现从"走走走""买买买"到"慢慢慢""游游游"的理性转变。

小知识

旅游市场分类

根据不同的标准，旅游市场可分为不同类别。如根据供求关系，可将旅游市场划分为旅游需求市场和旅游供应市场；根据旅游季节，可将旅游市场划分为旺季旅游市场和淡季旅游市场；根据客源市场形成的先后，可将旅游市场划分为传统旅游市场和新兴旅游市场；根据旅游的组织形式，可将旅游市场划分为团体旅游市场和散客旅游市场；根据国际旅游市场及出入境，可将旅游市场分为出境旅游市场和入境旅游市场；等等。

第三节　旅游组织及旅游标识

思维导图

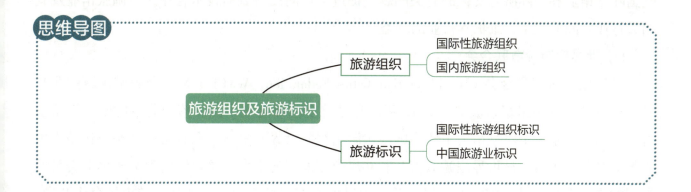

一、旅游组织

1. 国际性旅游组织

1）世界旅游组织

世界旅游组织（World Tourism Organization，UNWTO）是目前世界上唯一全面涉及旅游事务的全球性政府间旅游组织。1975年1月2日正式改用现名，其前身是1947年成立的国际官方旅游组织联盟，总部设在西班牙的马德里。世界旅游组织的宗旨是通过推动和发展旅游来促进各国经济发展和繁荣，增进国际间的相互了解和维护世界和平。中国于1983年加入该组织，成为其第106个正式成员国。

2）太平洋亚洲旅游协会

太平洋亚洲旅游协会（Pacific Asia Travel Association，PATA）是一个地区性的非政府组织。太平洋亚洲旅游协会成立于1951年，原名太平洋地区旅游协会，1986年起改为现名。其总部设在美国旧金山市，下设两个分部：一个设在菲律宾的马尼拉，分管该协会东亚地区事务；另一个设在澳大利亚的悉尼，分管该协会南太平洋地区事务。该组织的宗旨是促进亚太地区旅游和旅游业的发展，为各国游客前来太平洋地区旅游提供便利。中国于1993年正式加入该组织，成为其正式官方会员国。

3）世界旅行社协会联合会

世界旅行社协会联合会（United Federation of Travel Agents' Associations，UFTAA）是世界上最大的民间性国际旅游组织之一，属于专业和技术性组织。UFTAA成立于1966年，总部设在比利时的布鲁塞尔，其宗旨是将各国有信誉的旅行社建成一个世界性的协同网络，保障会员的经济、法律和社会利益。其正式成员是世界各国的旅行社协会，每个国家只能有一个全国性的旅行社协会代表该国参加。1995年，中国旅游协会被接纳为UFTAA正式会员。

4）国际旅馆协会

国际旅馆协会（International Hotel Association，IHA）是国际旅馆业的一个行业性民间组织，1946年成立于英国伦敦，总部设在法国巴黎。该组织的宗旨是联合各国旅馆协会，研究国际旅馆业和国际游客交往的有关问题，促进会员间的交流与技术合作，协调旅馆业及其相关行业之间的关系，维护本行业的利益。

5）世界旅游城市联合会

世界旅游城市联合会（World Tourism Cities Federation，WTCF）是一个旅游领域的非政府、非营利性国际组织，成立于2012年。它是首个总部落户中国、落户北京的国际性旅游组织，是全球第一个以城市为主体的国际旅游组织。世界旅游城市联合会以"旅游让城市生活更美好"为主旨，是世界旅游城市互利共赢合作发展的平台。该组织将致力于推动会员城市间的交流合作，共享旅游业发展经验，探讨城市旅游发展问题，加强旅游市场合作开发，提升旅游业发展水平，促进世界旅游城市经济社会协调发展。

6）世界旅游联盟

世界旅游联盟（World Tourism Alliance，WTA）是一个全球性、综合性、非政府、非营利性世界旅游组织，成立于2017年9月12日，总部设在中国杭州。该组织的宗旨是"旅游让世界和生活更美好"，以旅游促进和平、旅游促进发展、旅游促进减贫为使命，以互信互尊、互利共赢为原则，加强全球旅游业界的国际交流，促进共识，分享经验，深化合作，推动全球旅游业可持续性和包容性发展。

7）国际山地旅游联盟

国际山地旅游联盟（International Mountain Tourism Alliance，IMTA）是世界上第一个以山地旅游为主题的国际旅游组织，成立于2017年，总部设在中国贵阳，另在北京设有联络处。该联盟的宗旨是保护山地资源，传承山地文明，发展山地经济，造福山地民众，致力于山地旅游资源的保护与利用，促进旅游业的国际交往和业务合作，总结推广发展山地旅游的成功经验，促进山地经济、文化和社会繁荣，推动山地和生态旅游的可持续发展。

2. 国内旅游组织

1）中国文化和旅游部

中国文化和旅游部是中国的旅游行政主管机构，其前身是1964年成立的中国旅行游览事业管理局，是国务院管理全国国际、国内旅游事业的职能部门。

2）中国旅游协会

中国旅游协会（China Tourism Association，CTA）是1986年1月经国务院批准，正式成立的第一个旅游全行业组织，是由中国旅游行业的有关社团组织和企事业单位在平等自愿基础上组成的全国综合性旅游行业协会，具有独立的社团法人资格。该协会接受文化和旅游部的领导、民政部的业务指导和监督管理。

3）中国旅行社协会

中国旅行社协会（China Association of Travel Services，CATS）是由中国境内的旅行社、各地区性旅行社协会或其他同类协会单位，按照平等自愿的原则结成的全国旅行社行业的专业性协会，业经中华人民共和国民政部正式登记注册的全国性社团组织。该组织成立于1997年，协会会址设在北京。该组织接受文化和旅游部的领导、民政部的监督管理和中国旅游协会的业务指导。该协会的宗旨是遵守中国法律法规和有关政策，遵守社会道德，代表和维护旅行社行业的共同利益和会员的合法权益，努力为会员服务，为行业服务，在政府和会员之间发挥桥梁和纽带作用，为中国旅行社行业的健康发展做出积极贡献。

4）中国旅游饭店业协会

中国旅游饭店业协会（China Tourist Hotels Association，CTHA）是由中国境内的旅游饭店和地方饭店协会、饭店管理公司饭店用品供应厂商等相关单位（原名中国旅游饭店协会，成立于1986年2月，会址位于北京），按照平等自愿的原则结成的全国饭店行业的专业性协会，是非营利性的社会组织，具有独立的社团法人资格。

5）中国旅游车船协会

中国旅游车船协会（China Tourism Automobile and Cruise Association，CTACA）1998年10月成立于桂林，是由中国境内的旅游汽车游船企业和旅游客车及配件生产企业、汽车租赁、汽车救援等单位，在平等自愿基础上组成的全国旅游车船行业的专业性协会，是非营利性的社会组织，具有独立的社团法人资格。

6）中国旅游报刊协会

中国旅游报刊协会（China Association of Tourism Journals，CATJ）是以全国与旅游信息传播相关的报纸、期刊及相关的大众传媒单位为主，同时吸收旅游企业报刊参加，按平等自愿原则结成的全国性专业组织，是非营利性社会组织，具有独立的社团法人资格。该组织成立于1993年8月。

7）中国旅游协会旅游城市分会

中国旅游协会旅游城市分会简称中国旅游城市协会，2008年8月成立于北京，是由中国境内的、旅游经济已形成一定规模的城市在平等自愿的基础上组建的全国性、非营利性社团组织。其宗旨是根据国家关于发展旅游业的方针政策和相关法律法规，研究探索具有中国特色的城市旅游业发展中的有关问题，促进城市旅游业的发展和城市旅游管理水平的提高。该协会接受文化和旅游部及中国旅游协会的领导。

二、旅游标识

1. 国际性旅游组织标识

1）世界旅游组织标识

世界旅游组织标识如图1.1所示。

2）太平洋亚洲旅游协会标识

太平洋亚洲旅游协会标识如图1.2所示。

图1.1　世界旅游组织标识

图1.2　太平洋亚洲旅游协会标识

3）世界旅行社协会联合会标识

世界旅行社协会联合会标识如图1.3所示。

4）世界旅游城市联合会标识

世界旅游城市联合会标识如图1.4所示。

图1.3　世界旅行社协会联合会标识

图1.4　世界旅游城市联合会标识

5）世界旅游联盟标识

世界旅游联盟标识如图 1.5 所示。

6）国际山地旅游联盟标识

国际山地旅游联盟标识如图 1.6 所示。

图 1.5　世界旅游联盟标识

图 1.6　国际山地旅游联盟标识

2. 中国旅游业标识

中国旅游业标识（图 1.7）为马踏飞燕，又称马超龙雀，1985 年被选为中国旅游业的图形标志，其含义为：天马行空，逸兴腾飞，无所羁缚，象征前程似锦的中国旅游业；马是古今旅游的重要工具，奋进的象征，旅游者可在中国尽兴旅游；马踏飞燕的青铜制品，象征着中国数千年光辉灿烂的文化历史，显示文明古国的伟大形象，吸引全世界的旅游者。

图 1.7　中国旅游业标识

第四节　旅游日及旅游节事

思维导图

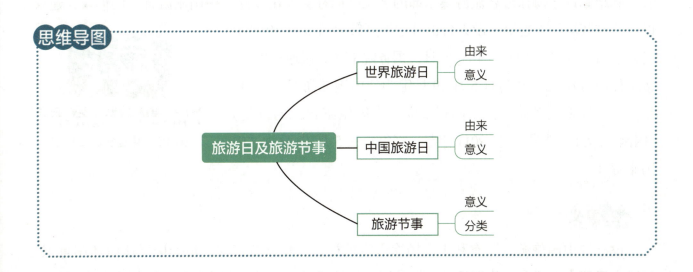

一、世界旅游日

1. 由来

世界旅游日（World Tourism Day）是由世界旅游组织确定的旅游工作者和旅游者的节日。选定 9 月 27 日为世界旅游日，主要是因为世界旅游组织的前身"国际官方旅游联盟"于 1970 年的这一天在墨西哥城的特别代表大会上通过了世界旅游组织的章程。此外，这一天又恰好是北半球的旅游旺季刚过去，南半球的旅游旺季刚到来的相互交接时间。为纪念这个时间，1979 年 9 月，世界旅游组织第三次代表大会正式把 9 月 27 日定为世界旅游日。为普及旅游理念，阐明旅游的作用和意义，促进世界旅游业的发展，从 1980 年起，世界旅游组织每年都为世界旅游日确定一个主题，各国旅游组织根据每年的主题和要求开展活动。

2. 意义

世界旅游日存在的意义是通过创立世界旅游日更好地宣传旅游产业，引起人们对旅游的重视，促进各国在旅游领域的合作，更快推动国际、国内旅游的发展，促进各国文化、艺术、经济、贸易的交流，增进各国人民的相互了解，推动社会进步。

二、中国旅游日

1. 由来

中国旅游日（China Tourism Day）标识如图 1.8 所示，起源于 2001 年 5 月 19 日，浙江宁海人麻绍勤以宁海徐霞客旅游俱乐部的名义，向社会发出设立"中国旅游日"的倡议，建议以《徐霞客游记》首篇《游天台山日记》开篇之日 5 月 19 日定名为中国旅游日。2011 年 3 月 30 日，国务院常务会议通过决议，将《徐霞客游记》开篇日 5 月 19 日定为"中国旅游日"。2011年 4 月，根据国务院《关于同意设立"中国旅游日"的批复》（国函〔2011〕42 号），自 2011 年起，将每年的 5 月 19 日为"中国旅游日"。

图 1.8　中国旅游日标识

2. 意义

设立"中国旅游日"有利于发扬徐霞客精神，强化旅游宣传，培养国民旅游休闲意识，鼓励人民群众广泛参与旅游活动，提升国民生活质量，推动旅游业发展。这标志着中国旅游业正迈入一个更好地满足人民群众日益增长的旅游需求的新时代。

三、旅游节事

"节事"一词来自英文的"Event",即"事件、活动、节庆"之意。旅游节事活动是指城市举办的一系列活动或事件,包括节日、庆典、展览会、交易会、博览会、其他会议以及各种文化、体育等具有特色的活动或非日常发生的特殊事件。

1. 意义

旅游节事的目的不仅限于吸引旅游者、投资者、赞助者等参与者,成功的旅游节事活动可以带来多方面的牵动效应。在弘扬传统文化、推进精神文明建设、带动旅游相关消费、推进招商引资进度、促进相关产业发展和创造就业机会等方面都发挥着重大作用。

1)提高举办地的旅游竞争能力和知名度

旅游节事活动有利于增进人们对不同地方的了解,提升旅游地的知名度。旅游节事活动不仅本身具有旅游吸引力,还能起到营销旅游市场的作用。在一定程度上,旅游节事活动对举办地的营销功能要大于其自身的旅游功能。

2)弥补旅游淡季供给与需求不足的情况

旅游业受季节变化的影响会有淡、旺季之分。旺季时,游人如潮;淡季时,资源闲置。多样化的旅游节事活动为游客提供了更多的选择机会,也使目的地的旅游资源在不超过承载力的前提下获得最大限度的利用。同样,在淡季的旅游景区,举办人们喜闻乐见的旅游节事活动也会吸引大量旅游者。

3)可以满足游客多层次的需求

旅游节事的内容包罗万象,涉及服饰、建筑、宗教、礼仪、时令、歌舞、戏剧、饮食等诸多方面。旅游者可以通过参加各种各样的节事活动,使身心得到放松,同时,又可以领略异域的文化历史。

4)提高和完善举办地的基础设施

良好的基础设施和旅游服务设施是旅游业发展强有力的依托和必不可少的条件。举办旅游节事活动可以使举办地的基础设施,如交通、环境状况、宾馆、体育运动场所、休闲场地等得到改善,从而进一步提高和完善举办地的旅游综合接待能力。

> **课堂讨论**
>
> 1. 旅游节事活动有哪些特点?
> 2. 会展和旅游有何关系?

2. 分类

为普及旅游理念,阐明旅游的作用和意义,促进世界旅游业的发展,从 1980 年起,世界旅游组织每年都为世界旅游日确定一个主题，各国旅游组织根据每年主题和要求开展活动。以下为常见主题分类：

1）文化类

此类旅游节事活动就是依托该区域的地域文化而开展的旅游节事活动。这类旅游节事活动文化底蕴深厚，对旅游者具有很强的吸引力。它常与当地特色文化的物质载体相结合，借此开展丰富多彩的观光、文化活动。如中国淄博国际聊斋文化节、中国·滁州醉翁亭文化节、中国·湄洲妈祖文化旅游节、中国（曲阜）国际孔子文化节、中国徐霞客开游节等。

2）自然景观类

此类旅游节事活动是以独特地貌或自然景观为依托，综合展示了地区旅游资源、风土人情、社会风貌等的旅游节事活动。如中国·哈尔滨国际冰雪节、中国青岛海洋节、中国·吉林国际雾凇冰雪节、中国·云南罗平国际油菜花文化旅游节、北京香山红叶节、中国长江三峡国际文化节、杭州"西湖之春"旅游节等。

3）民俗风情类

此类旅游节事活动是以本民族独特的民俗风情为主题，涉及书法、民歌、杂技等内容的节事活动。中国是多民族的国家，各民族的习俗各不相同，可以作为旅游节事活动的题材非常广泛，因此，这类旅游节事活动非常多。如南宁国际民歌艺术节、中国梁祝婚俗节、中国·三亚天涯海角国际婚庆节、兰亭书法节、中国开渔节、傣族泼水节等。

4）物产类

此类旅游节事活动是以地方特色产物为吸引力，辅以其他相关的参观活动、表演活动等开展的旅游节事活动。如中国豆腐文化节、青岛国际啤酒节、中国（山西）国际面食文化节、中国·银川赏石旅游节、菏泽国际牡丹花会、中国景德镇国际陶瓷博览会等。

5）传统节庆类

此类旅游节事活动主要是以传统民俗活动为吸引内容，传统节日活动是对历史文化的追溯和纪念，也是对民族传统文化的继承和弘扬，如春节、元宵节、中秋节等。

6）宗教类

宗教类旅游节事活动就是基于宗教对于旅游者的吸引力而举办的。宗教类旅游节事活动吸引的旅游者大多是宗教信仰者，这类旅游者由于信仰关系，对宗教节事活动的参与程度高，并且重游率高，只要是跟宗教相关的各种活动他们大都会参加。各种庙会、开光节、寺庙奠基仪式等都属于这一类型，如九华山庙会、藏族晒佛节等。

7）综合类

综合性的旅游节事活动是综合多种不同主题，在大城市举办的节事活动。这种旅游节事活动一般持续时间较长，内容综合、规模较大、投入资金较多，所产生的效益也比较好。中国的许多大城市都有这一类型的旅游节事活动。如从1998年开始，由广州市人民政府主办，广州市商业委员会、广州市旅游局共同承办的广州国际美食节、中国旅游艺术节、广东欢乐节，"三节"同时同地举行，为期11天，跨越6个公众节假日。三大节事活动相互辉映，无论在规模、档次还是水平方面都上了一个新台阶，并形成了以"食"为主，集饮食、娱乐、商贸、旅游于一体的消费热点。

本章小结 →

　　本章阐述了旅游及旅游业的定义，旅游的特征、起源与发展，旅游资源分类，旅游活动类型，旅游业的特点、构成等，区分了旅游的主体旅游者和旅游的客体旅游资源，介绍了国内外旅游市场和旅游组织的相关知识；阐述了中国旅游日、世界旅游日及旅游节事的意义。本章编写考虑了导游人员资格考试的范围和要求，导游人员对旅游学基本概念和旅游业的理解，编写内容实用、简练，让考生能够正确理解旅游活动及旅游产业的基本规律，拓宽考生的旅游视野，提高考生的学习能力和应考能力。

本章测试 →

（一）单项选择题

1. 世界上第一次现代意义上的旅游活动的组织者是（　　　）。

A. 乔恩·库克　　　B. 托马斯·库克　　　C. 托马斯·耐克　　　D. 乔·吉·利斯

2. 张女士有第二套住房，离她目前居住地较远，但她经常去这套住房的所在地；对于张女士而言，这里（　　　）惯常环境。

A. 属于　　　　B. 不属于　　　　C. 不完全属于　　　　D. 不相关

3. 世界旅游组织1991年的旅游定义规定在异地活动的连续时间不超过（　　　）。

A. 1年　　　　B. 9个月　　　　C. 6个月　　　　D. 3个月

4. 旅游者可分为（　　　）。

A. 旅游者和旅行者　　　　　　　　B. 一日游游客和国际旅游者

C. 旅游者和一日游游客　　　　　　D. 国内旅游者和国际旅游者

5. 一位北京教授应邀前往上海进行有偿教学活动，当天返回北京。这位教授属于（　　　）。

A. 旅游者　　　　B. 旅行者　　　　C. 一日游游客　　　　D. 不过夜游客

6. 现代旅游业三大支柱中处于核心地位的是（　　　）。

A. 旅行社　　　B. 旅游饭店　　　C. 旅游交通　　　D. 旅游景区景点

7. 旅游资源按照管理级别分类可分为（　　　）。

A. 自然旅游资源、人文旅游资源、社会旅游资源

B. 可再生旅游资源、不可再生旅游资源

C. 世界级旅游资源、国家级旅游资源、省级旅游资源、市（县）级旅游资源

D. 地文景观类、水域风光类、生物景观类及天象和气候景观类

8. 国际旅游通常可分为（ 　　 ）。

A. 消遣性旅游和事务性旅游 　　　　　　 B. 远程旅游和近程旅游

C. 团体旅游和散客旅游 　　　　　　　　 D. 入境旅游和出境旅游

9. 按照有关规定，美国某报驻北京记者在中国境内的旅游活动应该属于（ 　　 ）。

A. 国内旅游 　　　 B. 入境旅游 　　　 C. 出境旅游 　　　 D. 特种旅游

10. 长期生活工作在上海的外国人组团在中国港澳台地区的旅游属于（ 　　 ）。

A. 国内旅游 　　　 B. 边境旅游 　　　 C. 入境旅游 　　　 D. 出境旅游

11. 旅游活动六要素中的核心是（ 　　 ）。

A. 娱 　　　　　 B. 住 　　　　　 C. 购 　　　　　 D. 游

12. 按世界旅游组织对旅游活动类型的划分，体育旅游属于（ 　　 ）。

A. 休闲、娱乐、度假类 　　　　　　　 B. 商务、专业访问类

C. 健康医疗类 　　　　　　　　　　　 D. 探亲访友类

13. 按世界旅游组织对旅游活动类型的划分，会议旅游属于（ 　　 ）。

A. 休闲、娱乐、度假类 　　　　　　　 B. 商务、专业访问类

C. 健康医疗类 　　　　　　　　　　　 D. 探亲访友类

14. 中国接待量最大的消遣性旅游类型是（ 　　 ）。

A. 观光旅游 　　　 B. 度假旅游 　　　 C. 文化旅游 　　　 D. 宗教旅游

15. 旅游资源按照内容属性可分为（ 　　 ）。

A. 自然旅游资源、人文旅游资源、社会旅游资源

B. 可再生旅游资源、不可再生旅游资源

C. 世界级旅游资源、国家级旅游资源、省级旅游资源、市（县）级旅游资源

D. 地文景观类、水域风光类、生物景观类、天象和气候景观类

16. 中国一般把港澳台同胞和华侨到大陆的旅游归入（ 　　 ）。

A. 国内旅游 　　　 B. 团体旅游 　　　 C. 国际旅游 　　　 D. 散客旅游

17. 以下关于中国旅游业标识名称不正确的是（ 　　 ）。

A. 马超龙雀 　　　 B. 马踏飞燕 　　　 C. 铜奔马 　　　 D. 烽火台

18. 世界旅游组织是全球最大和唯一政府间的国际旅游组织，总部设在（ 　　 ），规定（ 　　 ）为世界旅游日，并且每年提出一个宣传口号。

A. 美国纽约、9 月 27 日 　　　　　　 B. 英国伦敦、7 月 29 日

C. 西班牙马德里、9 月 27 日 　　　　 D. 澳大利亚悉尼、7 月 29 日

19.（ 　　 ）年，中国出境游人数首次突破 1 亿人次。

A. 2012 　　　　　 B. 2013 　　　　　 C. 2014 　　　　　 D. 2015

（二）多项选择题

1. 以下属于事务性旅游的有（　　　）。

A. 公务旅游　　　　　B. 商务旅游　　　　　C. 会议旅游　　　　　D. 家庭旅游

E. 探险旅游

2. 以下属于旅游属性的有（　　　）。

A. 消费属性　　　　　B. 休闲属性　　　　　C. 社会属性　　　　　D. 人际交往属性

3. 下列分类中属于自然旅游资源的有（　　　）。

A. 地文景观类　　　B. 水域风光类　　　C. 生物景观类　　　D. 天象和气候景观类

E. 遗迹遗址类

4. 下列分类中属于人文旅游资源的有（　　　）。

A. 古迹与建筑　　　B. 休闲求知健身　　　C. 购物　　　　　D. 地文景观

E. 生物景观

5. 关于旅游和旅行的区别，下列说法正确的有（　　　）。

A. 旅游包括过夜游和一日游

B. 旅游必须离开惯常环境

C. 旅游的主体称为游客，旅行的主体称为旅行者

D. 旅游的主体不以在访问地通过其活动获取谋生性报酬为主要目的

6. 国内一日游游客是指（　　　）。

A. 离开惯常居住地 10 千米以上

B. 出游时间超过 6 小时，不足 24 小时

C. 并未在境内其他地方的旅游住宿设施中过夜

D. 出游时间超过 12 小时，不足 24 小时

7. 旅游业的三大支柱包括（　　　）。

A. 旅行社业　　　　B. 交通客运业　　　　C. 住宿业　　　　　D. 景区游览业

E. 航空业

8. 目前，中国国内旅游的主要特点有（　　　）。

A. 规模大　　　　　　　　　　　　B. 以短程旅游为主

C. 以团体旅游为主　　　　　　　　D. 人均消费较高

E. 以散客旅游为主

9. 以下旅游组织与英文简称搭配错误的有（　　　）。

A. WTO——世界旅游组织　　　　　　B. PATA——世界旅游城市联合会

C. UFTAA——太平洋亚洲旅游协会　　　D. WTCF——世界旅行社协会联合会

延伸阅读

1."中国旅游日"需要弘扬"徐霞客精神"。

2.什么是"穷游"？如何做到"穷"尽想"游"之地？

3.旅行社产品的特征。

4.旅游节事活动有何功能和作用？

5.什么是旅游 4Ps 营销组合？

6.旅游对社会文化的促进作用。

第二章

中国历史文化

节标题	学习要点
中国古代思想文化	夏商西周时期：天命鬼神宗法等级思想（了解） 春秋战国：百家争鸣（掌握） 秦代：焚书坑儒，以法家为指导思想（掌握） 汉代：黄老之学、罢黜百家、独尊儒术（熟悉） 魏晋—隋唐：佛道传播、三教合一、儒学受冲击 宋代：理学兴起（熟悉） 明清：程朱理学统治，产生批判思想（熟悉）
中国古代文学艺术	文学艺术（掌握）
中国科学技术	科学技术（掌握）
中国历史文化常识	帝王的称谓及名号（掌握） 古代官吏选拔制度和科举制度（掌握） 古代天文历法和五行说（掌握）

导游应考提示 →

1. 本章内容庞杂，考试要点较多。考生务必将众多考点分类识记以提高学习效率。

2. 中国古代文学流派中的重要诗人、散文家、戏剧家及其代表作需重点识记。

3. 学生务必熟记并区分儒家、道家、墨家、法家、兵家、阴阳家的代表人物、重要观点及其代表著作。

4. 天干、地支名称及用途，十二时辰与时间的对应关系，生肖中十二地支与十二种动物的搭配，五行相生相克关系等知识既是重点也是难点。考生务必反复识记并能简单应用。

5. 谥号是常考考点，考生需要掌握其含义及分类，并能根据谥号名称了解内涵；此外应区分庙号、谥号、年号、尊号等。

6. "诗仙""医圣""草圣""画圣"；"世界第一""中国最早"等说法也常是命题人经常考查考生记忆和知识熟练程度的命题单位。

7. 本章内容与中国主要旅游客源国概况以外的相关章节相关联，考生复习时应前后对应，以方便学习相关内容。

第一节　中国古代思想文化

思维导图

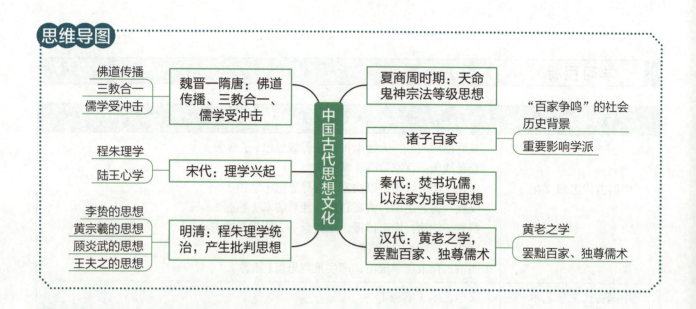

一、夏商周时期：天命鬼神宗法等级思想

　　远古时代，人们的认识水平还不够发达，对一些自然现象和社会现象感到不可理解。他们相信有一种神秘的力量在幕后支配着一切，他们认为这种神秘的力量来自天或天的人格神上帝，于是形成了天命观念。所谓天命，就是天帝的意图和命令。天命观念早在原始社会就产生了，并盛行于夏、商、周三代。在先民看来，天帝支配着自然界和人类社会，甚至夏、商、周三代的天下都是天帝赐予的。另外，人们还认为这些王朝的灭亡也是由天帝决定的。

　　到了西周时期，天命观念有了很大的发展，这就是由天的命令引申出"命运"之意。这种新义首先出现在《尚书·周书》中，如《召诰》云："天既遐终大邦殷之命。"意思是，天帝终止了大国殷拥有天下的命运。其次，《诗经·国风》中也出现了命运之意："实命不同"（《诗经·召南·小星》）、"不知命也"（《诗经·鄘风·蝃蝀》），此处的两个"命"字，都应理解为命运。

　　天命观念的这种新义是怎样出现的呢？在古文献中，天帝发布其旨意被称为"命""降"等。如《召诰》云："今天其命哲，命吉凶，命历年。"《尚书·多士》："昊天大降丧于殷。"人获得天命的行为被称作"受"。如《召诰》云："有殷受天命，惟有历年。"经过这种从"命""降"到"受"的过程，人便得到了天命。人一旦获得天命，天命也就成了他自己所拥有的东西了。这样，人们从天帝那里得到的天命，也就自然地将其转化为自己的命运了。

　　与天命观念一样，鬼神观念也产生于原始社会并盛行于三代。先民认为，人死后灵魂不灭，并相信祖先的神灵会保佑他们。因此，逐渐形成了鬼神观念。祈求祖先的保佑，必须通过一定的仪式，即祭祀。

二、诸子百家

1."百家争鸣"的社会历史背景

　　（1）经济：井田制崩溃，封建经济发展。

　　（2）政治：分封制、宗法制崩溃，诸侯展开争霸战争。

　　（3）阶级：新兴地主阶级崛起，"士"阶层活跃。

　　（4）文化：私学兴起。

　　春秋战国时期文化辉煌最根本的原因是社会大变革时代为各个阶级、各个集团的思想家们发表自己的主张、进行"百家争鸣"提供了历史舞台；同时，它也有赖于多种因素的契合。

　　激烈的兼并战争打破了孤立、静态的生活格局，文化传播的规模日盛，多因素的冲突、交织与渗透，提供了文化重组的机会。创造性的精神劳动，为道术"天下裂"提供了前提条件。随着周天子"共主"地位的丧失，世守专职的宫廷文化官员纷纷走向下层或转移到列国，直接推动私家学者集团兴起。

2.重要影响学派

1）儒家

　　儒家，又称儒学、儒教、孔孟思想、孔儒思想，为历代儒客尊崇，是起源于中国并同时影响及流传至周遭东亚地区国家的文化主流思想、哲理与宗教体系。公元前5世纪由孔子创立，脱胎于周朝礼乐传统，以仁、恕、诚、孝为核心价值，着重君子的品德修养，强调仁与礼相辅相成，重视五伦与家族伦理，提倡教化和仁政，抨击暴政，力图重建礼乐秩序，移风易俗，富于入世理想与人文主义精神。

2）道家

　　春秋时期，老子集古圣先贤之大智慧，总结了古老的道家思想的精华，形成了道家完整系统的理论，标志着道家思想已经正式成型。道家是对中华哲学、文学、科技、艺术、音乐、养生、宗教等影响最深远的学派。道家以"道"为核心，认为大道无为、主张道法自然，提出道生法、以雌守雄、刚柔并济等政治、经济、治国、军事策略，具有朴素的辩证法思想，是"诸子百家"中一门极为重要的哲学流派。

3）法家

　　法家是中国历史上提倡以法治为核心思想的重要学派，以富国强兵为己任，《汉书·艺文志》将其列为"九流"之一。法家不是纯粹的理论家，而是积极入世的行动派，它的思想也是着眼于法律的实际效用。法家思想包括伦理思想、社会发展思想、政治思想以及法治思想等诸多方面。法家伦理思想指的是建立在人性观基础上的诚信观和义利观。

4）墨家

墨家是中国东周时期的哲学派别，诸子百家之一。其与"名家""数术家"等并列为先秦诸子百家中专门研究"自然科学"的学派。墨家大约产生于战国时期，创始人为墨翟（墨子）。墨家的主要思想主张是：人与人之间平等的相爱（兼爱），反对侵略战争（非攻），推崇节约、反对铺张浪费（节用），重视继承前人的文化财富（明鬼），掌握自然规律（天志）等。

5）兵家

兵家是中国先秦、汉初研究军事理论，从事军事活动的学派，是中国古代军事思想的精华，诸子百家之一。关于兵家的起源，有人认为兵家源于九天玄女，有人认为兵家鼻祖是吕尚，有人认为兵家源自道家，也有人认为兵家源自法家，不过最让当代人信服的说法就是兵家始于兵家至圣孙武。据《汉书·艺文志》记载，兵家又分为兵权谋家、兵形势家、兵阴阳家和兵技巧家四类。兵家的代表人物有春秋孙武、司马穰苴，战国孙膑、吴起、尉缭、赵奢、白起，汉初张良、韩信等。今留存有兵家著作《孙子兵法》《孙膑兵法》《吴子》《六韬》《尉缭子》《握奇经》等。兵家著作中含有丰富的朴素唯物论和辩证法思想。

6）理学

理学是两宋时期产生的主要哲学流派，历代儒客推崇。理学是中国古代最为精致、最为完备的理论体系，其影响至深至巨。理学的天理是道德神学，同时也成为儒家神权和王权的合法性依据，至南宋末期被采纳为官方哲学。重要的理学家儒客大家有北宋五子，南宋杨时、朱熹、柴中行、陆九渊、林希逸以及元朝吴澄、许衡、廉希宪、张文谦、刘秉忠、赵汸、张昶等，明朝陈献章、湛若水、王守仁、朱得之等，广义上包含三苏、王安石、司马光等人。他们哲学的中心观念是"理"，把"理"说成是产生世界万物的精神的东西。理学的出现对后世政治文化产生了深远影响。

7）实学

实学是一种以"实体达用"为宗旨、以"经世致用"为主要内容的思想潮流和学说。中国实学思想肇始于宋代，在明清之际达到高潮，是儒家思想发展的阶段性理论形态，并成为中国古代思想向近代思想转化的中介和桥梁。"实学"这一概念，在中国不同的历史时期，含义不同；即使在同一个历史时期，因学派相异，也往往有不同诠释，但它始终有一个突出的特点，就是强调崇实黜虚、经世致用，主张关切时代主要矛盾、回答时代主要问题，主张学术要有益治国理政，从而达到经世致用的目的。

三、秦代：焚书坑儒，以法家为指导思想

公元前 221 年，秦王嬴政逐步通过军事实力扫平中原诸国，建立起中国历史上第一个大

一统封建王朝——秦朝。"焚书坑儒"的实质其实是统一思想的运动。当年秦始皇统一六国之后，在政治结构上，废除了分封制，在全国范围内施行郡县制；在文化上，统一了文字，以小篆为标准的官用文字；在经济领域内，统一货币，统一度量衡。这些措施都是国家大一统的基本要素，是国家强暴力能够控制的要素。虽维持了秦朝的统治，但也加速了政权的灭亡。秦始皇焚书坑儒，意在维护统一的集权政治，进一步排除不同的政治思想和见解，却并未收到预期的效果。虽然是为了加强思想控制，并在短时间内取得了成功，但不利于国家长治久安，不利于社会发展，钳制了当时人们的思想，并且手法残暴。焚书坑儒事件进一步奠定了秦始皇注重"法家"严苛治国的中心思想。

重刑成为秦朝法律的基本特色。对于社会治安法律的严厉或许能够帮助秦朝更有效地进行统治，但秦朝法网之过于严密就在于在某些看似无足轻重的情节一样用严苛的法律来约束，而这些严苛的法律导致人们动不动就会触犯刑条，百姓终日惶惶不安。重刑成为秦朝法律的基本特色，也使秦朝法律在中国法律史上占有了独特的地位。

四、汉代：黄老之学，罢黜百家、独尊儒术

1. 黄老之学

黄老之学是黄帝学派和老子学派的合称，除老庄之学外道家的最大分支，学派思想尚阳重刚，战国中期到秦汉之际，黄老道家思想极为流行，其既有丰富的理论性，又有强烈的现实感。该流派尊传说中的黄帝和老子为创始人。

从内容上看，黄老之学继承、发展了黄帝、老子关于道的思想，他们认为道是作为客观必然性而存在的，指出"虚同为一，恒一而止""人皆用之，莫见其形"。

在社会政治领域，黄老之学强调"道生法"。认为君主应"无为而治""省苛事，薄赋敛，毋夺民时""公正无私""恭俭朴素""贵柔守雌"，通过"无为"而达到"有为"。

2. 罢黜百家、独尊儒术

"罢黜百家，独尊儒术"是董仲舒于元光元年（公元前134年）提出的，在汉武帝时开始推行。该思想已非春秋战国时期儒家思想的原貌。而是掺杂道家、法家、阴阳五行家的一些思想，是一种与时俱进的新思想。它维护了封建统治秩序，神化了专制王权，因此受到中国古代封建统治者推崇，成为两千多年来中国传统文化的正统和主流思想。

"罢黜百家，独尊儒术"，意思是废除其他思想，只尊重儒家的学说。以后，凡是做官的人都要懂得儒家的学说，用儒家的思想来解释法律。独尊儒术之后，中国古代的封建正统思想就开始确立了，但真正的全面确立是在隋唐时期。

焚书坑儒

焚书坑儒发生在我国秦朝时期。秦始皇三十四年（公元前213年），一位朝廷的高官淳于越反对当时实行的"郡县制"，要求根据古制，分封子弟。丞相李斯加以驳斥，并主张禁止"儒生"（读书人）以古非今，以私学诽谤朝政。秦始皇采纳李斯的建议，下令焚烧《秦记》以外的列国史记，对不属于博士馆的私藏《诗》《书》等也限期交出烧毁；有敢谈论《诗》《书》的处死，称赞过去的而议论现在政策的灭族；禁止私学，想学法令的人要以官吏为师。这种措施引起许多读书人的不满。第二年，许多方士（修炼功法炼丹的人）、儒生攻击秦始皇。秦始皇派人调查，将四百六十多名方士和儒生挖大坑"焚书坑"及"坑儒谷"遗址活埋。历史上称这些事情为"焚书坑儒"。

五、魏晋—隋唐：佛道传播、三教合一、儒学受冲击

1. 佛道传播

政治上，佛教被封建统治者用来腐蚀人民，维护封建统治。南北朝时，佛教得到很大发展，南方和北方相同的宗教信仰成为隋朝统一的条件之一。唐朝时，佛教与道教、儒学并存，玄奘西游、鉴真东渡密切了对外关系。但同时，佛教的盛行也导致了人口减少，军队战斗力减弱，官吏不问政事，导致了僧侣贵族与世俗地主的矛盾。

经济上，佛教的盛行催生了一种畸形的社会经济，即寺院经济。其占用了大量的土地和劳动力；同时僧尼众多，却没有纳入国家的户籍，成为免除赋役的特权阶层，使国家税收减少，国库空虚，影响了社会经济的健康发展。

思想文化方面，自魏晋以来，儒学不断吸收佛教、道教思想的精华，有了新的发展。佛教对中国的文学艺术等方面也有重大影响，宗教画十分流行，著名的石窟和佛像也大都集中于此时开凿。

2. 三教合一

"三教合一"从大范围讲是儒学与佛教、道教的相互影响和相互融合，小而言之是它们合归儒学的趋势。魏晋南北朝是个大分裂、大动乱的时代，传统儒学受到佛教、道教的有力挑战。究其原因是佛教盛行。隋唐是国家分裂了近三百年以后重新建立的统一的封建王朝，政治、经济、文化都得到了空前的发展。这一时期，儒学有了进一步发展，同时加紧吸收佛道中的某些思想。统治阶级重视文治的政策，隋朝比较重视佛教，唐初一度尊道抑佛，佛道之争时有反复，对儒、佛、道三教都予以扶持，儒、佛、道形成了三足鼎立之势。这样，儒学的正统地位开始受到动摇，于是隋朝儒学家们提出"三教合一"（三教合归儒），中唐的韩愈则大力复兴儒学。

3.儒学受冲击

魏晋南北朝时期，由于九品中正制的执行，社会开始向糜烂、腐朽、堕落发展，而九品中正制又完全阻塞了平民士子向上流动的道路，对寒门士子来说，仁义孝悌已经完全丧失了其存在的政治基础（汉举孝廉，以儒家孝悌思想为根本，不论是否情愿，孝悌的样子还是要做的），所以其正统地位自然受到严重冲击。

六、宋代：理学兴起

宋代理学兴起发展的原因如下：

随着时代的发展，社会的进步，汉代儒学粗糙的天命思想以及唐代儒学大师韩愈《原道》中所言的"民不出粟米麻丝，作器皿，通财货，以事其上，则诛"之类恐吓已经无法控制人心，所谓"儒门淡薄，收拾不住"。

与此同时，魏晋南北朝以来，佛教、道教迅速传播，吸引了众多信徒入学的发展出现了危机。三教之间在彼此反复辩驳之中相互吸纳渗透，到唐宋时期，调和之风尤其兴盛。

"三教合一"的潮流弥漫到社会各个领域。为了重兴儒学，回应社会上礼佛、崇道的挑战，唐宋儒家学者不断进行思考和探索。

他们弘扬"积极入世""关怀现实"的儒学传统，吸收和融合佛教、道教思想，使儒学体系得到了更新和丰富。

1.程朱理学

1）理学的创立：程颐和程颢

二程指宋代理学的创始人程颢、程颐兄弟。程颢又称明道先生，程颐又称伊川先生，世称"二程"，两人著作有《二程集》。

二程之所以成为程朱理学的奠基者，是因为他们以"理"作为宇宙本体，世间万物由"理"萌发气化而来，他们提出"心即是理，理即是心"，所有的客观事物都是"心"的观照结果，先有心，然后才产生各种物形。他们提出只有认识到天地间充满了"仁爱"，才可消除人物之间的界限，达到天人合一的最高境界。

二程在理学的方方面面提出明确的观点和理论，构建了一个相对完整的理学体系，以传统的儒家思想为根基，融合道家思想的"天道"说，确定以"理"作为人们行为和万物运转的唯一法则。这些理论经过南宋朱熹的深入拓展，成为中国哲学史上著名的宋明理学。

2）理学的成熟：朱熹

朱熹发展了二程的学问，或者说他发展了儒学，提出"格物致知"以及"理"是万物本源的思想，他所说的理即为"三纲五常"。朱熹和二程的学问并称"程朱理学"。

朱熹是宋代"理学"的集大成者，其主要观点体现在以下几个方面：

（1）理气论：朱熹认为，宇宙万物都是由"理"和"气"两方面构成的，气是组成一切事物的材料，理是事物的本质和规律；在现实世界中，理、气不能分离，但从本原上说，理先于气而存在，这是客观唯心主义的观点。

（2）心性论：其基本观点是"心有体用""心统性情"，并且只有把二者结合起来，才能说明朱熹心性论的基本特征。

（3）认识论：朱熹对"格物"的解释，认为一是"即物"，即接触事物，二是"穷理"，即研究物理，三是"至极"，即穷理至其极。

（4）功夫论：在修养功夫方面，朱熹主张"主敬涵养"，而人们学习和道德修养的目的，朱熹认为就在于"存天理，灭人欲"，一方面，这一结论有维护封建统治秩序的意味；另一方面，在伦理学上则有用理性原则来作为社会普遍道德法则的意义。

2. 陆王心学

陆王心学，主要强调人的本心作为道德主体，自身决定道德法则和伦理规范，使道德实践的主体性原则凸显出来。心学作为儒学的一门学派，为儒客推崇，最早可推溯自孟子，而北宋程颢开其端，南宋陆九渊则大开其门径，而与朱熹的理学分庭抗礼。

至明朝，陈献章开明朝心学之河，儒客大家王守仁（王阳明）首度提出"心学"二字并发扬光大，提出心学的宗旨在于"致良知"，至此，心学开始有清晰而独立的学术脉络。

七、明清：程朱理学统治，产生批判思想

程朱理学是宋明理学的一个流派，是宋代以后"新儒学"的代表性成果，自南宋以后，在政权力量的支持下逐渐成为中国思想领域的执牛耳者，以后元明各代地位日隆，其学术系统和阐发要义也随着时间沉淀而愈发繁复。明清鼎革之际，清初统治者并不是顺其自然地继承了这一统治思想，程朱理学在清初地位的确立经历了历史性的曲折与变化。

理学已经被清朝统治者化用为手中刀，刻意导读、误读一些理学教条，以"文字狱"迫害"异端"，如"吕留良案"中的主角吕留良看来，以程朱理学为代表的儒家学说是批判君主专制和异族统治的思想武器，应该以此为知识分子的斗争武器。清朝统治者在打击镇压的过程中，树立起对自己统治有利的所谓"性理之学"，阉割与篡改了不少儒家学说中的精华。

1. 李贽的思想

李贽思想的形成经历了从理本论到心本论的转化过程。李贽主张宇宙的万物是由天地所生，否定程朱理学理能生气、一能生二的客观唯心主义论断。李贽还认为，人们的道德、精神等现象存在于人们的物质生活中，穿衣吃饭，即人伦物理，就是他提出的著名理论，这是带有朴素唯物主义的思想。

李贽信奉王阳明的心学，所以，他的整个哲学体系的中心是主观唯心主义的。李贽认为，真心、童心是最根本的概念，是万物的本源。

自然界是"我妙明真心的一点物相"，没有理，没有物，世上一切物质和精神皆是只存在于"真心"之中。什么是"真心"呢？就是童心、初心，最初一念之本心，即不受外界影响的我的心。这种观点与陆王学派的"吾心便是宇宙，宇宙便是吾心"、禅宗的"万法尽在自心"是一脉相承的。

2. 黄宗羲的思想

思想主张：反对宋学中"理在气先"的理论，认为"理"并不是客观存在的物质实体，而是"气"的运动规律，认为"气质人心是浑然流行之体，公共之物也"。具有唯物论的特色。"盈天地皆心也"的观点又有唯心论的倾向。

这与黄宗羲服役阳明学，深受其影响有关。黄宗羲认为，王学中提出的"致良知"中的"致"就是"行"，两者别无二致。

根源：明朝中后期，资本主义经济萌芽产生并发展，由于力量薄弱，难以对抗强大的封建顽固势力，因此，其政治梦想只能在思想领域上表现出来。

3. 顾炎武的思想

顾炎武继承明代学者的反理学思潮，不仅对陆王心学进行了清算，而且在性与天道、理气、道器、知行、天理人欲诸多范畴上，都显示出了与程朱理学迥异的为学旨趣。

顾炎武为学以经世致用的鲜明旨趣，朴实归纳的考据方法，创辟路径的探索精神，以及他在众多学术领域的成就，终结了晚明空疏的学风，开启了一代朴实学风的先路，给予清代学者以极为有益的影响。

顾炎武还提倡"利国富民"并认为"善为国者，藏之于民"。他大胆怀疑君权，并提出了具有早期民主启蒙思想色彩的"众治"的主张。他提倡经世致用，反对空谈，注意广求证据，提出"君子之为学，以明道也，以救世也。徒以诗文而已，所谓雕虫篆刻，亦何益哉！"

4. 王夫之的思想

王夫之的主要思想是"太虚一实"，他强调气是一切变化着的物质现象的实体，是客观存在。王夫之在中国古代哲学上做出了重要贡献。

王夫之的政治思想是批判君主专制的，认为"循天下之公"，他也认为农民工商是一样重要的，王夫之认为政治腐朽是因为官吏的腐败和皇帝的昏庸，所以提出"宽以养民，严以治吏"的原则，提出让民众自治的思想。

王夫之的主要思想是唯物主义，而且他还是一位杰出的古代唯物主义思想家，一生都认为自己是明朝遗臣，为了保持自己的气节和情操，一生和清朝政府保持距离。王夫之的高风亮节是后世人钦佩他的另一个原因。

课堂讨论

课堂讨论

1. 春秋战国时期为什么会出现百家争鸣的现象？
2. 试比较百家争鸣与明清进步思潮的异同。

第二节 中国古代文学艺术

思维导图

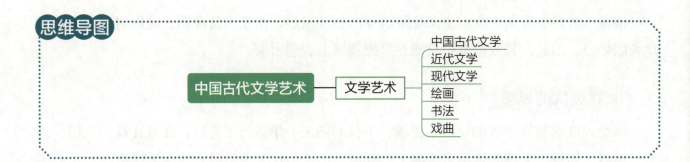

中国古代文学艺术 —— 文学艺术 —— 中国古代文学 / 近代文学 / 现代文学 / 绘画 / 书法 / 戏曲

文学艺术

1. 中国古代文学

1)《诗经》与《楚辞》

《诗经》是中国古代诗歌开端，最早的一部诗歌总集，收集了西周初年至春秋中叶（公元前 11 世纪至公元前 6 世纪）的诗歌，共 311 篇，其中 6 篇为笙诗，即只有标题，没有内容，称为笙诗 6 篇（《南陔》《白华》《华黍》《由庚》《崇丘》《由仪》），反映了周初至周晚期约 500 年间的社会面貌。《诗经》内容丰富，反映了劳动与爱情、战争与徭役、压迫与反抗、风俗与婚姻、祭祖与宴会，甚至天象、地貌、动物、植物等方方面面，是周代社会生活的一面镜子。

《楚辞》是中国文学史上第一部浪漫主义诗歌总集，相传是屈原创作的一种新诗体。全书以屈原作品为主，其余各篇也是承袭屈赋的形式。以其运用楚地的文学样式、方言声韵和风土物产等，具有浓厚的地方色彩，故名《楚辞》，对后世诗歌产生深远影响。《楚辞》对整个中国文化系统具有不同寻常的意义，特别是文学方面，它开创了中国浪漫主义文学的诗篇，因此后世称此种文体为"楚辞体"、骚体。四大文学体裁——诗歌、小说、散文、戏剧皆不同程度存在其身影。

2）汉魏六朝乐府诗与汉赋

乐府诗是一种起源于汉代、盛行于汉魏六朝的诗歌。继《诗经》《楚辞》之后，在汉魏六朝文学史上出现一种能够配乐歌唱的新诗体，叫作"乐府"，它曾大放异彩，成为中华民族优秀文化遗产的一个有机组成部分。"乐府"本是官署的名称，负责制谱度曲，训练乐工，采集诗歌民谣，以供朝廷祭祀宴享时演唱，并可以观察风土人情，考察政治得失。春秋以后，礼崩乐坏，征战不休，采诗制度无法贯彻。到了秦代，统一时间短，百废待兴，虽然已有乐府官署之名，但仍然没有采诗之实。汉承秦制，经济凋敝，乐府机关也只能习常肄旧，无所增更，勉强维持而已。经过六七十年的休养生息，到汉武帝时，国力变得大为雄厚，乃扩大乐府的规模，采诗夜诵。到东汉，采诗成为政治生活中的一件大事。光武帝曾"广求民瘼，观纳风谣"，和帝则派遣使者"微服单行，各至州县，观采风谣"。其中既有文人诗歌，又有民间歌诗，亦即凡是合过乐能够歌唱的歌诗，统统称为"乐府"。在这两类诗歌中，民间歌诗是精华所在，并且文人歌诗还是在民间歌诗的甘露滋润下萌发并壮大起来的，所以我们对民间歌诗应给以高度重视。

汉赋则是在汉朝涌现出的一种有韵的散文，它的特点是散韵结合，专事铺叙。从赋的形式上看，在于"铺采摛文"；从赋的内容上说，侧重"体物写志"。汉赋的内容可分为五类：一是渲染宫殿城市；二是描写帝王游猎；三是叙述旅行经历；四是抒发不遇之情；五是杂谈禽兽草木。而以前二者为汉赋之代表。赋是汉代最流行的文体。在两汉统治的四百余年间，一般文人多致力于这种文体的写作，因而盛极一时，后世往往把它看成是汉代文学的代表。

3）唐诗

唐诗泛指创作于唐朝诗人的诗，为唐代儒客文人之智慧佳作。唐诗是中华民族珍贵的文化遗产之一，是中华文化宝库中的一颗明珠，同时，也对世界上许多国家的文化发展产生了很大影响，对于后人研究唐代的政治、民情、风俗、文化等都有重要的参考意义。唐诗的形式是多种多样的。唐代的古体诗，主要有五言和七言两种。近体诗也有两种，一种叫作绝句一种叫作律诗。绝句和律诗又各有五言和七言之不同。所以唐诗的基本形式大体上有这样六种：五言古体诗、七言古体诗、五言绝句、七言绝句、五言律诗、七言律诗。古体诗对音韵格律的要求比较宽：一首诗中，句数可多可少，篇章可长可短，韵脚可以转换。近体诗对音韵格律的要求比较严：一首诗的句数有限定，即绝句四句，律诗八句，每句诗中用字的平仄声，有一定的规律，韵脚不能转换；律诗还要求中间四句成为对仗。古体诗的风格是前代流传下来的，所以又叫古风。近体诗有严整的格律，所以有人又称它为格律诗。

4）宋词

宋词是宋代盛行的一种中国文学体裁，是一种相对于古体诗的新体诗歌，为宋代儒客文人智慧精华，标志宋代文学的最高成就。宋词句子有长有短，便于歌唱。因是合乐的歌词，故又称曲子词、乐府、乐章、长短句、诗余、琴趣等。它始于南朝梁代，形成于唐代，而极盛于宋代。据《旧唐书》上记载："自开元（唐玄宗年号）以来，歌者杂用胡夷里巷之曲。"宋词是中国古代文学皇冠上光辉夺目的明珠，在古代中国文学的阆苑里，它是一座芬芳绚丽的园圃。宋词以姹紫嫣红、千姿百态的神韵，与唐诗争奇，与元曲斗艳，历来与唐诗并称双绝，都代表一代文学之盛。后有同名书籍《宋词》。宋词的代表人物主要有苏轼、辛弃疾（豪放派代表词人）、柳永、李清照（婉约派代表词人）。

5）元杂剧与明清小说

元杂剧又称北杂剧，是元代用北曲演唱的传统戏曲形式。其形成于宋代，繁盛于元大德年间（13世纪后半期至14世纪）。元杂剧的主要代表作家有关汉卿、郑光祖、马致远、白朴等；主要代表作有《窦娥冤》《倩女离魂》《汉宫秋》《梧桐雨》等。其内容主要以揭露社会黑暗、反映人民疾苦为主，现实主义与浪漫主义相结合，主线明确，人物鲜明。

明清是中国小说史上的繁荣时期。从明代开始，小说这种文学形式充分显示出其社会作用和文学价值，打破了正统诗文的垄断，在文学史上取得了与唐诗、宋词、元曲并列的地位。清代则是中国古典小说盛极而衰并向近现代小说转变的时期。中国小说在魏晋南北朝时期初具规模，志人志怪，为明清小说的繁荣准备了条件。元末明初，在话本的基础上产生了长篇章回小说《三国演义》《水浒传》《西游记》等。《三国演义》是罗贯中所记载的在民间广泛流传的三国故事。

明代文人创作的小说主要有白话短篇小说和长篇小说两大类。明代的长篇小说按题材和思想内容，又可概分为五类，即讲史小说、神魔小说、世情小说、英雄传奇小说和公案小说等。中国古代叙事文学到明清时期步入成熟期。就文学理念、文学体式和文学表现手法而言，明清小说以其完备和丰富的内容将叙事文学推到了极致。

2. 近代文学

近代文学是指1840年鸦片战争至1919年"五四运动"前夕的文学，即中国现代化孕育期的文学，反映了中国文学挥别传统、重塑现代的特殊精神追求。中国古代传统体裁的文学，如诗赋词曲等，发展到清中叶，除小说外，如诗、文、词、戏曲等，虽作家和作品众多，也在风格流派上彼此竞争，但大都缺乏新的思想内容，因袭旧的艺术形式，日趋衰落，陷于困境。

近代文学区别于传统封建文学有如下特点：

第一，文学的政治性、战斗性，随着近代社会的发展，越来越加强和显著了；第二，在文学的题材和内容上，文学反映现实的领域空前地扩大了；第三，现实主义和浪漫主义的优良传统得到继承和发展。

3. 现代文学

现代文学是在中国社会内部发生历史性变化的条件下，广泛接受外国文学影响而形成的新的文学。它不仅用现代语言表现现代科学民主思想，而且在艺术形式与表现手法上都对传统文学进行了革新，建立了话剧、新诗、现代小说、杂文、散文诗、报告文学等新的文学体裁，从叙述角度、抒情方式、描写手段及结构组成上，都有新的创造，具有现代化的特点，从而与世界文学潮流相一致，成为真正现代意义上的文学。

现代文学在"五四"文学革命以后的60多年发展过程中，随着中国革命与社会性质的演变，以1949年10月中华人民共和国成立为转折，经历了新民主主义革命时期与社会主义时期两个历史阶段。两个历史阶段的文学既有各自的历史面貌，显示出不同阶段的差异性；又具有共同的传统与特点，存在内在的连续性。新民主主义文学中所孕育的社会主义因素，保证了文学的社会主义发展方向，因此到中华人民共和国成立后，便形成了社会主义文学的洪流。

4. 绘画

1）中国画的分类

中国画在古代无确定名称，一般称为丹青，主要指的是画在绢、纸上并加以装裱的卷轴画。近现代以来为区别于西方输入的油画（又称西洋画）等外国绘画而称之为中国画，简称国画。中国画是用中国所独有的毛笔、水墨和颜料，依照长期形成的表现形式及艺术法则而创作出的绘画作品。按其使用材料和表现方法，中国画又可细分为水墨画、重彩、浅绛、工笔、写意、白描等；按其题材又有人物画、山水画、花鸟画等。中国画的画幅形式较为多样，横向展开的有长卷（又称手卷）、横批，纵向展开的有条幅、中堂，盈尺大小的有册页、斗方，画在扇面上的有折扇、团扇等。中国画在思想内容和艺术创作上，反映了中华民族的社会意识和审美情趣，集中体现了中国人对自然、社会及与之相关联的政治、哲学、宗教、道德、文艺等方面的认识。

2）中国画的特点

中国画一词起源于汉代，主要是指画在绢、宣纸、帛上并加以装裱的卷轴画。中国画是中国的传统绘画形式，是用毛笔蘸水、墨、彩作画于绢或纸上。工具和材料有毛笔、墨、国画颜料、宣纸、绢等，题材可分人物、山水、花鸟等，技法可分具象和写意。中国画在内容和艺术创作上，体现了古人对自然、社会及与之相关联的政治、哲学、宗教、道德、文艺等方面的认知。

3）中国古代绘画的名家名品

（1）（唐）韩滉:《五牛图》。

《五牛图》是唐朝韩滉创作的黄麻纸本设色画，又名《唐韩滉五牛图》。

《五牛图》中的五头牛从右至左一字排开，各具状貌，姿态互异。一俯首吃草，一翘首前仰，一回首舐舌，一缓步前行，一在荆棵蹭痒。整幅画面除最后右侧有一小树外，没有其他的背景，因此每头牛可独立成章。

（2）（唐）阎立本:《步辇图》和《历代帝王图》。

《步辇图》是唐朝画家阎立本的名作之一，是中国十大传世名画之一，现藏于北京故宫博物院。图卷右半是在宫女簇拥下坐在步辇中的唐太宗，左侧三人前为典礼官，中为禄东赞，后为通译者。唐太宗的形象是全图焦点。阎立本煞费苦心地对其加以生动细致的刻画，画中的唐太宗面目俊朗，目光深邃，神情庄重，充分展露出盛唐一代明君的风范与威仪。阎立本为了更好地凸显出太宗的至尊风度，巧妙地运用对比手法进行衬托表现。一是以宫女们的娇小、稚嫩，即以她们或执扇或抬辇、或侧或正、或趋或行的体态来映衬唐太宗的壮硕、深沉与凝定，是为反衬；二是以禄东赞的诚挚谦恭、持重有礼来衬托唐太宗的端肃平和、蔼然可亲之态，是为正衬。该图不设背景，结构上自右向左，由紧密而渐趋疏朗，重点突出，节奏鲜明。

（3）（五代）顾闳中:《韩熙载夜宴图》。

《韩熙载夜宴图》是五代十国时期南唐画家顾闳中的绘画作品，现存宋摹本，绢本设色，藏于北京故宫博物院。

《韩熙载夜宴图》描绘了官员韩熙载家设夜宴载歌行乐的场面。其描绘的就是一次完整的韩府夜宴过程，即琵琶演奏、观舞、宴间休息、清吹、欢送宾客五段场景。整幅作品线条遒劲流畅，工整精细，构图富有想象力。

（4）（北宋）张择端:《清明上河图》。

《清明上河图》是明代画家仇英创作的一幅重彩风俗画作品，现收藏于辽宁省博物馆。

《清明上河图》为北宋画家张择端创作的风俗画，是他仅存的传世精品，中国十大传世名画之一，属国宝级文物，被誉为"中华第一神品"。作品采用散点透视构图法，生动记录了中国12世纪北宋都城汴京（又称东京，今河南开封）的城市面貌和当时社会各阶层人民的生活状况，是北宋全盛时期都城汴京繁荣的见证。现藏于北京故宫博物院。

5.书法

书法是中国及深受中国文化影响的周边国家和地区特有的一种文字美的艺术表现形式，包括汉字书法、蒙古文书法、阿拉伯书法和英文书法等。"中国书法"，是中国汉字特有的一种传统艺术。从广义上讲，书法是指文字符号的书写法则。换言之，书法是指按照文字特点及其含义，以其书体笔法、结构和章法书写，使之成为富有美感的艺术作品。汉字书法为汉族独创的表现艺术，被誉为无言的诗、无行的舞、无图的画、无声的乐等。

书画同源

　　汉语的非屈折语的或"单字形式不变"的特点，使汉字获得语境的整体意义生命，而毛笔具有书法效应：构造内在之势及时机化的揭示。汉字书法的美感生成与毛笔书写亦有内在关系。硬笔书写，静则一点，动则一线一形；其点其线本身无内结构，只是描摹成形而已。毛笔则不同，笔端是一束有韧性的软毛，沾水墨而书于吸墨之纸，所以充满了内在的动态造势和时机化的能力。汉字具有境象性、气象性。书法是将文字写得好看或有味道的技巧。中国书法自古以来就被视为最重要的艺术之一，书法家及其作品的地位绝不在画家、音乐家及其作品的地位之下。"书画同源"早已是人们公认的见解。中国书法能成为艺术，体现了汉字独特的美。

　　书法的分类如下：

1）篆书

　　篆书是大篆和小篆的统称。甲骨文，距今已有约三千年历史，是传世最早的可识文字，主要用于占卜。其笔法瘦劲挺拔，直线较多。起笔有方笔、圆笔，也有尖笔，手笔"悬针"较多。大篆指金文、籀文、六国文字，它们保存着古代象形文字的明显特点。

　　小篆也称"秦篆"，是秦国的通用文字，大篆的简化字体，其特点是形体均匀齐整、字体较籀文容易书写。

　　小篆的鼻祖——李斯，字通古，战国时代上蔡人（今河南上蔡县）。后当了秦国丞相，整理制定了秦代的标准书体小篆。现存于西安碑林博物馆中的《峄山碑》，系宋代摹刻。李斯所书的刻石多已毁没，存世的原石仅两块。

2）隶书

　　隶书，亦称汉隶，是汉字中常见的一种庄重的字体，书写效果略微宽扁，横画长而直画短，呈长方形状，讲究"蚕头燕尾""一波三折"。隶书起源于秦朝，由程邈整理而成，在东汉时期达到顶峰，对后世书法有不可小觑的影响，书法界有"汉隶唐楷"之称。如《汉鲁相韩勑造孔庙礼器碑》又称《韩明府孔子庙碑》《鲁相韩勑复颜氏繇发碑》《韩勑碑》等。

3）楷书

　　楷书又名正楷、真书、正书。从程邈创立的隶书逐渐演变而来，更趋简化，横平竖直。楷书有楷模的意思，张怀瓘《书断》中已先谈到过。六朝人仍习惯地用着它，如羊欣《采》文，王僧虔《论书·韦诞传》中云："诞字仲将，京兆人，善楷书。"那是"八分楷法"的简称。到北宋才以之代替了正书之名，其内容显然和古称是不一样的，名异实同和名同实异之例，大概有以上这些。楷书代表人物较多，楷书四大家分别是唐初欧阳询（欧体）、盛唐颜真卿（颜体）、唐朝柳公权（柳体）、元朝赵孟頫（赵体）。欧体的代表作品有《九成宫醴泉铭》。其作品风格是严谨工整、平正峭劲。颜体的代表作品有《多宝塔碑》《麻姑仙坛记》《颜勤礼碑》。颜真卿在书法上的地位极高，作品特点有：楷书端庄雄伟，气势开张；行书遒劲舒和，神采飞动。他的书法既有以往书风中的气韵法度，又不为古法所束缚，突破了唐初的墨守成规，自成一幅，称为"颤体"。

4）行书

行书是在隶书的基础上发展起源的，是介于楷书、草书之间的一种字体，是为了弥补楷书的书写速度太慢和草书的难于辨认而产生的。"行"是"行走"的意思，因此它不像草书那样潦草，也不像楷书那样端正，实质上是楷书的草化或草书的楷化。楷法多于草法的叫"行楷"，草法多于楷法的叫"行草"。行书的代表人物有王羲之、颜真卿、苏轼、赵孟頫、李志敏、沙孟海、董其昌等。

5）草书

草书是汉字的一种字体，特点是结构简省、笔画连绵。其形成于汉代，是为了书写简便在隶书基础上演变而来的。草书有章草、今草、狂草之分，在狂乱中觉得优美。《说文解字》中说："汉兴有草书。"草书始于汉初，其特点是：存字之梗概，损隶之规矩，纵任奔逸，赴速急就，因草创之意，谓之草书。草书代表人物是唐朝的张旭和怀素，二人合称"颠张狂素"。张旭的代表作是《草书右诗四帖》，其以崭新、高美的形式，巨大的气魂展开雄伟壮阔的书卷。其风格是"行笔如从空掷下，俊逸流畅，焕乎天光，若非人力所为"。怀素的代表作有《自叙帖》《苦笋帖》《食鱼帖》《圣母帖》《论书帖》《大草千文》《小草千文》等。他的作品风格是笔法瘦劲，飞动自然，如骤雨旋风，随手万变。他的书法虽率意颠逸，千变万化，而法度具备。

6. 戏曲

戏曲主要是由民间歌舞、说唱和滑稽戏三种不同艺术形式综合而成。它起源于原始歌舞，是一种历史悠久的综合舞台艺术样式。经过汉、唐到宋、金，才形成比较完整的戏曲艺术，它由文学、音乐、舞蹈、美术、武术、杂技以及表演艺术综合而成，约有三百六十个种类。它的特点是将众多艺术形式以一种标准聚合在一起，在具有的共同性质中体现其各自的个性。中国的戏曲与希腊悲剧和喜剧、印度梵剧并称为世界三大古老的戏剧文化，经过长期的发展演变，逐步形成了以"京剧、越剧、黄梅戏、评剧、豫剧"五大戏曲剧种为核心的中华戏曲百花苑。

综合性、虚拟性、程式性是中国戏曲的主要艺术特征。这些特征凝聚着中国传统文化的美学思想精髓，构成了独特的戏剧观，使中国戏曲在世界戏曲文化的大舞台上闪耀着独特的艺术光辉。

课堂讨论

1. 中国古代称戏曲班为"梨园"，为什么这么叫？是由谁创立的？
2. 唐朝是中国古典诗词最辉煌的时期，其原因是什么？

第三节　中国科学技术

思维导图

科学技术

1. 数学

古代数学，起源于人类早期的生产活动，产生于商业上计算的需要、了解数字间的关系、测量土地及预测天文事件。中国古代把数学叫算术，又称算学，最后才改为数学。

中国传统的价值观念以及筹算的技艺型价值取向，决定了中国古代数学的发展和构造模式，这种筹算数学的价值取向保证了中国古代数学机械化特色的发展方向，注重数学实际应用的层次不断发展，机械化的计算技术和水平不断提高。中国古人借助于算筹这一特殊工具，将各种实际问题分门别类，进行有效的布列和推演，在比率算法、"方程"术、开方术、割圆术、大衍求一术、天元术、四元术、垛积招差术等方面都取得了辉煌成果，在宋元时期，数学的发展进入鼎盛时期。同时，文化价值观的传统特点也造就了一批传播和发展作为技艺数学的群体，这是促进数学机械化发展的人才优势，尤其是在相对稳定的文化环境中，其传统价值观念发挥了重要作用。

我国古代主要数学著作有两个：

（1）《张丘建算经》。

《张丘建算经》三卷，据钱宝琮考，成书于公元 466—485 年。张丘建，北魏时清河（今山东临清一带）人，生平不详。最小公倍数的应用、等差数列各元素互求以及"百鸡术"等是其主要成就。

（2）《四元玉鉴》。

《四元玉鉴》为元代数学家朱世杰所著。朱世杰，字汉卿，号松庭，寓居燕山（今北京附近），"以数学名家周游湖海二十余年""踵门而学者云集"。朱世杰数学代表作有《算学启蒙》（1299年）和《四元玉鉴》（1303年）。《四元玉鉴》则是中国宋元数学高峰的又一个标志，其中最杰出的数学创作有"四元术"（多元高次方程列式与消元解法）、"垛积法"（高阶等差数列求和）与"招差术"（高次内插法）。

2. 天文历法

中国古历采用阴阳合历，即以太阳的运动周期作为年，以月亮圆缺周期作为月，以闰月来协调年和月的关系。古人根据太阳一年内的位置变化以及由此引起的地面气候的演变次序，把一年又分成二十四段，分列在十二个月中，即二十四节气，以反映四季、气温、物候等情况。

小知识

二十四节气歌

一月有两节，一节十五天

（正月）立春天气暖，雨水粪送完。（二月）惊蛰快起地，春分犁不闲。

（三月）清明多栽树，谷雨要种田。（四月）立夏点瓜豆，小满不种棉。

（五月）芒种收新麦，夏至快犁田。（六月）小暑不算热，大暑是伏天。

（七月）立秋种白菜，处暑摘新棉。（八月）白露要打枣，秋分种麦田。

（九月）寒露收割罢，霜降把地翻。（十月）立冬起完菜，小雪犁耙开。

（冬月）大雪天已冷，冬至换长天。（腊月）小寒快买办，大寒过新年。

3. 医药学

医药学有数千年历史，积累了丰富的内容和宝贵的临床经验，是中国人民和疾病斗争的经验总结，是中华民族灿烂文化的重要组成部分。在长期的临床实践中，医药学逐步积累了一些独特的诊疗方法，主要通过望诊、听诊、问诊、脉诊、尿诊、大便诊、痰诊等方法来观察和了解疾病的变化，分析判断疾病的症结。

（1）望诊：分为望形体、望口舌、望神态、望颜色和望呼吸。

（2）听诊：患者声音之高低强弱，咳嗽轻重清浊，嗳气腹鸣之时间等均可提示病变情况。

（3）问诊：通过谈话了解病状、病史。

（4）脉诊：医生的四根手指在患者两手腕的桡动脉处轻轻按压，获得患者脉搏跳动的节律、强弱等异常变化，判断疾病情况。

（5）尿诊：尿诊与脉诊同等重要。

（6）大便诊：大便量少应考虑过多食用富营养而少纤维的食物，或胆道阻塞使肠内胆液不足，或胃肠机能衰弱使物质滞留结肠回肠。

（7）痰诊：痰色白系质液生。色黄是混有胆液之象。若同时体温高则预示肺内有浊臭。

痰浊绿系质液被烧灼。痰色褐亦如是。色赤系血液亢盛或呼吸道破裂。

4. 地理学

中国地理学史是对中国地理学发展过程的研究。中国古代地理学知识萌芽很早，至春秋战国时代已在许多方面取得了杰出的成就。战国以后，逐渐形成传统的地理眩，即"方舆之学"。明中叶以后，徐霞客等注重实地考察、探讨自然规律，开辟了中国地理学研究的新方向。中国近代地理学是在西方近代地理学传入后才开始的，张相文、竺可桢、翁文灏等为中国传统地理学向近代地理学的转变和发展做出了贡献。中华人民共和国成立后，中国地理学在自然地理学、经济地理学等方面获得了丰硕成果。

中国古代地理知识萌芽于远古时代，春秋战国时期在地形、物候、水文、土壤地理、植物地理、地图和地理区划方面取得了杰出的成就，在人与自然的关系方面则出现了不少精彩的论述。

5. 生产技术

1）中国古代四大发明

中国古代四大发明是指造纸术、指南针、火药和印刷术（也指活字印刷术），是对世界具有很大影响的四种发明。

（1）发明造纸。

造纸术是中国四大发明之一，发明于汉朝西汉时期，改进于汉朝东汉时期。纸是中国古代劳动人民长期经验的积累和智慧的结晶，它是人类文明史上一项杰出的发明创造。造纸流程如下：

斩竹漂塘：砍下竹子置于水塘浸泡，使纤维充分吸水。可以再加上树皮、麻头和旧渔网等植物原料捣碎。

煮楻足火：把碎料煮烂，使纤维分散，直到煮成纸浆。

荡料入帘：待纸浆冷却，再使用平板式的竹帘把纸浆捞起，过滤水分，成为纸膜。此一步骤要有纯熟的技巧，才能捞出厚薄适中、分布均匀的纸膜。

覆帘压纸：捞好的纸膜一张张叠好，用木板压紧，上置重石，将水压出。

透火焙干：把压到半干的纸膜贴在炉火边上烘干，揭下即为成品。

（2）发明磁针。

指南针是用以判别方位的一种简单仪器，前身是司南。其主要组成部分是一根装在轴上可以自由转动的磁针。中国是世界上公认发明指南针的国家。指南针的发明是中国古代劳动人民在长期的实践中对物体磁性认识的结果。由于生产劳动，人们接触了磁铁矿，开始了对磁性质的了解。最早的指南针是用天然磁体做成的，这说明中国古代劳动人民很早就发现了天然磁铁及其吸铁性。

（3）发明火药。

火药是一种黑色或棕色的炸药，由硝酸钾、木炭和硫黄混合而成，最初均制成粉末状，后来通常制成大小不同的颗粒状，可供不同用途使用，在采用无烟火药以前，一直被用作唯一的军用发射药。火药的研究开始于古代道家炼丹术，古人为求"长生不老"而炼制丹药，炼丹术的目的和动机都是超前的，但它的实验方法还是有可取之处，最后导致了火药的发明。

中国的火药推进了世界历史的进程。火药动摇了西欧的封建统治，昔日靠冷兵器耀武扬威的骑士阶层日渐衰落了。火药的发明大大推进了历史的发展进程，是欧洲文艺复兴和宗教改革的重要支柱之一。

小知识

火药在古代军事上的应用

三国时有个聪明的技师马钧，用纸包火药的方法做出了娱乐用的"爆仗"，开创了火药应用的先河。唐朝末年，火药开始应用到军事上。人们利用抛射石头的抛石机，把火药包点着以后，抛射出去，烧伤敌人，这是最原始的火炮。后来人们将球状火药包扎在箭杆头附近，点着引线以后，用弓箭将火药射出去烧伤敌人。另外，还有把火药、毒药再加上一些沥青、桐油等，捣在一起制成毒球的，点着以后，用弓箭射出，杀伤敌人，是后来的"万人敌"。到了宋朝，人们将火药装填在竹筒里，火药背后扎有细小的"定向棒"，点燃火管上的火硝，引起筒里的火药迅速燃烧，产生向前的推力，使之飞向敌阵爆炸，这是世界上第一种火药火箭。

（4）发明印刷术。

印刷术是中国古代劳动人民的四大发明之一。雕版印刷术发明于唐朝，并在唐朝中后期普遍使用。宋仁宗时毕昇发明了活字印刷术。宋朝虽然出现活字印刷术，但并未普遍使用，而仍然是普遍使用雕版印刷术。

中国的印刷术，源远流长，传播广远。它是中华文化的重要组成，随中华文化的诞生萌芽，随中华文化的发展演进。如果从其源头算起，迄今已经历了源头、古代、近代、当代四个历史时期，长达五千余年的发展历程。早期，中国人民为了记载事件、传播经验和知识，创造了早期的文字符号，并寻求记载这些字符的媒介。由于受当时生产手段的限制，人们只能用自然物体来记载文字符号。例如，把文字刻、写在岩壁、树叶、兽骨、石块、树皮等自然材料上。由于记载文字的材料十分昂贵，因此只能将重要事件做简要记载。大多数人的经验，只能靠口头传播，严重影响着社会文化发展的速度。

小知识

中国新四大发明具体是指高速铁路、扫码支付、共享单车和网络购物。

2）中国古代的三大冶炼技术

（1）青铜冶铸技术。

中国古代最初是使用自然铜，商代早期已能用火法炼制铜锡合金的青铜。冶炼青铜的过程较复杂，大概是先把选好的矿石加入熔剂，再放在炼炉内，燃木炭熔炼，等火候成熟，取精炼铜液，弃去炼渣，即得初铜。初铜仍比较粗，需再经提炼才能获得纯净的红铜。红铜加锡、铅熔成合金，即是青铜。青铜的发明是人类文明史上的重大事件，由于其克服了纯铜的柔软弱点，且具有熔点低、铸造性能好等优点，逐渐成为古代铜器中的主要品种，代表了当时的科技水平和文化艺术水平，成为这一时代的鲜明标志。

（2）古代铸铁技术。

古人对铁器的大量需求，促成了铁范（铸铁金属型）的发明。1953年河北兴隆燕国冶铸遗址出土的铁范，曾用来铸造铁斧、锄、镰和车具。这些铁范结构合理，壁厚均匀，形状和铸件轮廓相一致，并已使用铁芯。有的铁范能一次铸两件器物（如双镰范、兴隆铁范），表明铸铁技术在这个时期已达到较高的水平。

（3）古代铸钢技术。

灌钢法是中国古代劳动人民发明的一种先进炼钢工艺，是中国早期炼钢技术一项最突出的成就。其由北齐著名冶金家綦母怀文发明。17世纪以前，西方各国一般都是采取熟铁低温冶炼的办法，钢铁不能熔化，铁和渣不易分离，碳不能迅速渗入。历经"块炼法""百炼钢""炒钢法"的发展，中国古代劳动人民发明了灌钢法，成功解决这一难题，为世界冶炼技术的发展做出划时代贡献。

3）中国古代科技的特点

中国古代科技具有很强的实用性，服务于生产和巩固统治的需要。中国古代科技著作大多是对生产经验的直接记载或对自然现象的直观描述，具有较强的经验性。古代科学理论的技术化倾向严重，而这些技术又不具有开放性，没有转化为普遍生产力。

（1）实用性：大多数是服务于农业和手工业，间接为强化大一统的君权服务。

（2）经验性：多是对生产经验的直接记载或对自然现象的直观描述。

（3）封闭性：古代科学理论的技术化倾向严重，而这些技术又不具开放性，没有转化为普通的社会生产力。

（4）片面性：对社会科学的研究多于对自然科学的研究。

4）中国近代科技发展迟滞的原因

中国古代科技曾经辉煌灿烂，辐射亚洲，远播世界，但到了16世纪（明清）以后，西方科技以惊人的速度突飞猛进，而中国科技却每况愈下，渐渐被世界抛弃，这是有深刻原因的。

（1）传统科技思维的局限。

其一是重实用、轻理论。注重科技的实用性曾经是中国古代科技巨大的推动力，但是过于讲究实用而轻视理论的探讨，则很难形成完备的、系统的、富有逻辑性的理论体系。

其二是重印象、轻分析。中国传统科学的辩证思维方式，使中国古代科学家在认识客观事物时仅满足于通过直觉得到总体印象，而不习惯于进行周密、详细的分析。

（2）重政轻技、重道轻器等传统观念的束缚。

中国是一个文化政治化倾向非常强烈的国家。从古至今，推崇政治。重视做官，鄙视技艺，轻视学问，成为整个国家的价值取向。孔子主张"学而优则仕"，后世读书人都被引上了歧路，很多科学巨著无人理睬，甚至成为绝版。《九章算术》在北宋以后，其术已不传，至明朝时已经无人知晓，倒是传到日本和朝鲜后，一直被用来作为教科书而代代流传。明末宋应星的《天工开物》，因与功名无关而很快失传，在日本却发展成为"天工学"，用以指导他们的科技发展。李时珍花了整整27年时间，完成了《本草纲目》，没想到献给朝廷后，明神宗只批了"书留览，礼部知道"的字样就被束之高阁了。

（3）封建制度的扼制。

封建专制制度对科技进步的束缚和障碍主要表现在以下两方面：

一是知识分子热衷功名仕途，科技人员社会地位低下。中国古代有成就的科学家几乎都是社会地位低下、淡于名利、安于贫贱的知识分子：精通医术的华佗被曹操所杀，唐朝僧人一行淡泊名利，不愿与武三思之类为伍，只好跑到河南嵩山做了和尚，他始终过着清贫的生活，却完成了子午线的测量。

二是明清两代的锁国政策和文化专制及其腐败的官僚政治，使中国近代科技发展渐渐与世界脱节。明清时期的统治者普遍认为，治国平天下，不需要科技，不需要设备，关键在于修身。

6. 农学

农学起源于公元五六千年前，是指封建时期以农为主、以畜牧业为辅的农学体系。体现和贯彻中国传统的天时、地利、人和以及自然界各种物质与事物之间相生相克关系的阴阳五行思想，精耕细作，轮种套种，用地与养地结合，农、林、牧相结合的一类典型的有机农业。

早在公元前五六千年前，中国的黄河、长江流域就已出现农耕作业。到了西周时期，以农为主、以畜牧业为辅的生产格局已经形成。由于农业是中国社会的经济基础，历代统治者重视农业生产，中国很早就形成独具特色的农学体系。

从总体上看，中国古代农业科学技术的特点是循环利用，低能消耗；以种植业为主，多种经营，综合发展；用养结合，使地力常新；集约耕作，提高土地利用率。在培养农作物及家畜家禽良种、改良农具、兴修水利工程等方面，都取得了领先世界的成就。

课堂讨论

1. 中国古代科技发展有哪些特点？
2. 为何四大发明对中西方产生了不同的影响？

第四节 中国历史文化常识

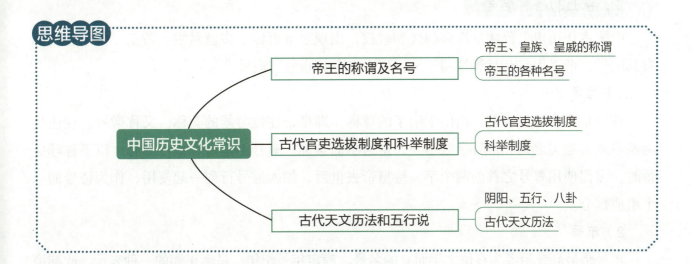

思维导图

中国历史文化常识

- 帝王的称谓及名号
  - 帝王、皇族、皇戚的称谓
  - 帝王的各种名号
- 古代官吏选拔制度和科举制度
  - 古代官吏选拔制度
  - 科举制度
- 古代天文历法和五行说
  - 阴阳、五行、八卦
  - 古代天文历法

一、帝王的称谓及名号

1. 帝王、皇族、皇戚的称谓

1）后、王、天子

奴隶社会中最高统治者可称"后""王""天子"。"后""王"的称谓源自原始社会。夏、商、周三代的最高统治者都称为"王","天子"这一称谓出现于西周。自周王室衰微后,诸侯国的君主也有称"王"的,如楚庄王。战国时各大诸侯国的君主均称为"王"。汉代开始,分封的诸侯称"王",也有封爵称"王"的。

2）皇帝

秦王嬴政认为自己"德兼三皇,功高五帝",将"皇"和"帝"连起来称"皇帝",为封建社会中历代君主沿用。"皇帝"也简称为"皇"或"帝",如"唐明皇""汉武帝"。"皇帝"的父亲被尊称为"太上皇"。

3）太皇太后、皇太后、皇后、嫔妃

太皇太后:皇帝的祖母;皇太后:皇帝的母亲;皇后:皇帝的正妻;嫔妃:皇帝诸妾的通称,具体有美人、贵人、才人、昭仪、婕妤、贵妃、贵嫔等称号。

4）皇太子、皇太孙

皇太子:皇帝诸子中皇位的法定继承人,也称"太子"。

皇太孙:由皇帝册立的有皇位继承权的嗣孙。

5）公主、驸马

公主：皇帝之女。汉代皇帝的姊妹称长公主，皇帝的姑母称大长公主。后代有所不同，有的以"长"指排行。

驸马：魏晋以后指皇帝的女婿，清代称"额驸"。

2.帝王的各种名号

中国古代历史上曾建立许多朝代和政权，出现过五百四十多位君主、帝王。各个朝代都有其国号，帝王生前有其尊号和年号，死后也有其庙号、谥号。

1）尊号

尊号是皇帝在位时期，由臣下给予的尊称，即皇帝在位时候的美称，又称徽号，往往是阿谀奉承、溢美之词。尊号字数不一，常遇事而累加。尊号不是每个皇帝都有。臣下称呼皇帝时，习惯使用尊号之首的两个字。待皇帝去世后，加入谥号行列一起使用，作为帝号的一个组成部分。

2）年号

年号是最高统治者为在位之年而立的名号。确定年号纪年，是奉正朔的一种表示。改朝换代以后，新的皇帝即位，践阼为主，需要重定正朔，以显示奉天承运，上顺天道，下合人意。年号是一种吉祥兴盛的象征，体现了在位帝王期盼江山永固、国泰民安和兴旺发达的心愿。

3）庙号

庙号是皇帝去世以后，奉祀时追尊的名号，即帝王的子孙在宗庙祭祀他时给他特立的名号。每个朝代开国之初都要建宗庙（或叫太庙和祖庙），供奉和祭祀列祖列宗。而帝王庙号则始于汉朝，宗庙正殿一般供奉七代或九代祖宗的神位，按照左昭右穆排列。庙号常用"祖"字或"宗"字，用字少，且都是褒扬之词。开国皇帝一般被称为"太祖"或"高祖"，如汉太祖、唐高祖、宋太祖；后面的皇帝一般称为"宗"，如唐太宗、宋太宗等。汉初曾规定无功德者不得称宗，因此汉文帝庙号为太宗，汉武帝为世宗，而西汉其余皇帝大都没有庙号。西汉十二帝，称祖或宗者仅五人，东汉十三帝，称祖或宗者七人；两晋十五帝，称祖或宗者七人。"祖"之泛滥，始于曹魏。到十六国时期，后赵、前燕、后秦、西秦等小国，其帝王庙号几乎无不称祖。唐朝更是无帝不称宗，因此庙号便失去其本来的意义。

4）谥号

谥号是帝王死后依其生平事迹或褒或贬而评定之称号，通常称某皇（王）某帝；谥号一般是由一些固定的、有一定内涵的字来评价死者的功过。

比如，有经纬天地的称为文，如隋文帝；有威强睿德的称为武，如汉武帝；好内远礼的称为炀，如隋炀帝；恭仁短折的称为哀，如金哀帝。

5）陵号

中国古代帝王陵寝的名号，称为陵号。与谥法相近，身后由臣子议定。陵号，由历代皇帝的陵墓而得名，如汉武帝的茂陵、唐太宗的昭陵、唐高宗的乾陵、明代的十三陵，等等。

二、古代官吏选拔制度和科举制度

1. 古代官吏选拔制度

中国古代人才选拔制度，起源于先秦时期的选士、养士制，历经两汉时期的察举制和魏晋南北朝时的九品中正制，定型为隋唐及后期的科举制。它直接影响了当时的教育目标、教育内容及考试方法。

1）先秦：世卿世禄制为主

（1）宗法制和嫡长子继承制。

（2）"客卿""食客"等制度。

（3）军功授爵制。

2）两汉：察举制、征辟制

察举制是由地方长官在辖区内随时考察、选取人才并推荐给上级或中央，经过试用考核再任命官职。对于被察举的人，朝廷会提出一些治国和经义方面的问题进行考核，叫作"策问"，应举者回答朝廷提出的问题，叫作"射策"或"对策"。

征辟制地位仅次于察举制，是一种自上而下选拔官吏的制度，就是征召名望显赫的人士出来做官，皇帝征召称"征"，官府征召称"辟"。察举的主要科目如下：

（1）孝廉：孝敬廉洁者（郡推举）。

（2）秀才：才能优秀者，汉光武帝为避讳改为茂才（州推举）。

（3）明经：通晓经义者。

（4）贤良方正：能直言极谏者。

3）魏晋：九品中正制

九品中正制是魏文帝曹丕时的吏部尚书陈群创议的。到西晋时形成了"上品无寒门，下品无士族"的局面。

九品：上上、上中、上下、中上、中中、中下、下上、下中、下下九个品级。

但类别只有上品、中品和下品（二品至三品为上品；一品为虚设，无人能达到；四品至五品为中品；六至九品为下品）三类。

中正：就是掌管对某一地区人物进行品评的负责人，也就是中正官。

品评主要有三个内容：家世、道德、才能。

4）唐：科举制

唐代取士，不仅看考试成绩，还要有名士的推荐。因此，考生纷纷奔走于公卿门下，投献自己的代表作，叫投卷。向礼部投的叫公卷，向达官贵人投的叫行卷。

制科：皇帝下诏临时举行的考试。

武则天时期，出现殿试、糊名、武举（科目：马射、步射、平射、马枪、负重摔跤等）。

新郎官：最早出现于唐代，是称呼考试登科及第的学子，"郎"是古代一种高级官员的称呼，唐代祝贺新科进士称为新郎官。

5）宋：科举制

宋太祖时期，共开十五次科场，录取四百五十五名进士。宋太宗扩大录取人数，太平兴国二年（977年）榜就录取了五百零七人，太平兴国三年（978年）榜录取了一百四十四人，太平兴国五年（980年）榜录取一百一十九名进士。科举制待遇佳，提拔快。唐、宋两代，"探花郎"是指年纪最小的进士。

宋英宗确立了每三年一次的三级考试制度：解试（州试）、省试（礼部）和殿试。科举及第成为天子门生。

科举开始实行糊名和誊录，并建立防止徇私的新制度。

南宋设立"琼林宴"，作为宣布登科进士名次的典礼。

6）元：铨选制度

高级职位中有相当部分被世勋子孙所占据；中、下级官员中的绝大部分，多由吏员出职，甚至由官复吏，再出职升任品级较高的官位；元代前期一直没有设科取士，后来虽然实行科举，对整个官僚构成的影响，也远不能与唐宋诸朝相比。此外，元朝铨选制度的另一个特点是优待蒙古、色目人。

7）明：科举制

（1）考试内容：四书五经、八股取士。

八股文："破题、承题、起讲、入题、起股、出题、中股、后股、束股、收结"。

（2）考试的流程。

①院试：州县，童生考中即为秀才，免除一人的徭役，见到县长大人可以不下跪。

②乡试（秋闱）：南、北直隶和各布政使司举行的地方考试，每三年一次。凡本省科举生员与监生均可应考。考中的称为举人，第一名为解元。

③会试（春闱）：由礼部主持的全国考试，乡试的第二年举行。考中的称贡士。

④殿试：由皇帝亲自主持，会试后当年举行。取分三甲：一甲三名，赐进士及第，第一名称状元，第二名称榜眼，第三名称探花，合称三鼎甲。二甲赐进士出身，三甲赐同进士出身。二、三甲第一名皆称传胪。一、二、三甲通称进士。

8）清：科举制

满人做官可不经过科举途径。汉人需科举为官。

考试的流程可分为初步考试和正式考试两种。

（1）初步考试。

①童试：又叫作"小考"，童生经过一定的考试选拔，在县里面选拔了以后到督学进行考试，督学考试合格就可以称作"秀才"。

②岁试：秀才每一年考一次，这也是一个选优的过程。

③科试：每三年秀才还要参加一次大的考试，主要是为了推举举人考试的资格。

（2）正式考试。

①乡试：秀才在参加乡试之前先要通过本省学政巡回举行的科考，成绩优良的才能选送参加乡试。考中为举人。举人实际上是候补官员，就是有做官的资格了。

②会试：参加会试的是举人，取中后称为贡士。

③殿试：参加殿试的是贡士，取中后称为进士，可以直接做官。

连中三元：解元、会元、状元。隋唐开始科举后，连中三元的只有十三人，唐朝两人，宋朝六人，金朝一人，元朝一人，明朝二人，清朝两人，明朝出现在洪武年间的黄观，正统年间的商辂。

2. 科举制度

科举制度是中国及受中国影响的周边国家通过考试选拔官吏的制度。科举从开创至清光绪三十一年（1905年）举行最后一科进士考试为止（世界上最后一届科举考试结束于1919年的越南阮朝），前后经历一千三百余年。科举制度是封建时代所能采取的最公平的人才选拔形式，它扩展了封建国家引进人才的社会层面，吸收了大量出身中下层社会的人士进入统治阶级。特别是唐宋时期，科举制度之初，显示出生机勃勃的进步性，形成了中国古代文化发展的一个黄金时代。

19世纪80年代后，随着西学的传播和洋务运动的发展，科举制度发生改变。1888年，清政府准设算学科取士，首次将自然科学纳入考试内容。1898年，加设经济特科，荐举经时济变之才。同时，应康有为等建议，废八股改试策论，以时务策命题。

1905年9月2日，袁世凯、张之洞奏请立停科举，以便推广学堂，咸趋实学。清政府诏准自1906年开始，所有乡会试一律停止，各省岁科考试亦即停止。

课堂讨论

1. "三皇""五帝"从何而来？

2. 隋朝和唐朝的科举制度有什么不同？

三、古代天文历法和五行说

1. 阴阳、五行、八卦

1）阴阳

阴阳是一个简朴而博大的中国古代哲学。

阴阳哲理自身具有三个特点：统一、对立和互化。在思维上它是算筹（算数）和占卜

（逻辑）不可分割的玄节点。

阴阳是中国古代文明中对蕴藏在自然规律背后的、推动自然规律发展变化的根本因素的描述，是各种事物孕育、发展、成熟、衰退直至消亡的原动力，是奠定中华文明逻辑思维基础的核心要素。概括而言，按照易学思维理解，其所描述的是宇宙间的最基本要素及其作用，是伏羲易的基础概念之一。阴阳有四对关系：阴阳互体、阴阳化育、阴阳对立、阴阳同根。

小知识

"阴阳"的起源

"阴阳"是在天地诞生之初产生的两股气流，这两股气流不断运动产生了万事万物。其也说明了各种事物产生的过程，太极生阴阳是事物最开始萌芽的一个过程，从简单的想法发展出复杂的事物。

"阴阳"是中国古人智慧的结晶，说明了一件事的两个方面，就是对立的两个方面，这是一个哲学概念，是客观存在的一个规律。古人能够发现自然的规律说明是自然真实存在的规律，是宇宙发展的结果，人们在做重要抉择的时候，也会用对立的方法来思考。

2）五行

五行是中国古代哲学的一种系统观，广泛用于中医、堪舆、命理、相术和占卜等方面。五行的意义包含借着阴阳演变过程的五种基本动态：水（代表浸润）、火（代表破灭）、金（代表敛聚）、木（代表生长）、土（代表融合）。中国古代哲学家用五行理论来说明世界万物的形成及其相互关系。它强调整体，旨在描述事物的运动形式以及转化关系。阴阳是古代的对立统一学说，五行是原始的系统论。

五行学说是中国古代劳动人民独创的，它光辉的哲学思想对中国科学事业的发展有极大的促进作用。五行学说的实质，认为世界是由木、火、土、金、水五种最基本物特性条件构成的，自然界各种事物和现象的发展、变化，都是这五种不同的条件不断运动和相互作用的结果。

3）八卦

八卦，见于《周易·系辞下》云："古者包牺氏之王天下也，仰则观象于天，俯则观法于地；观鸟兽之文与地之宜；近取诸身，远取诸物，于是始作八卦，以通神明之德，以类万物之情。"八卦生自太极、两仪、四象中，"四象生八卦"。

它也是中国古老文化的深奥概念，是一套用三组阴阳组成的形而上的哲学符号。其深邃的哲理解释自然、社会现象。八卦成列，象在其中矣；因而重之，爻在其中矣；刚柔相推，变在其中矣；系辞焉而命之，动在其中矣。八卦成列的基础是易象，重卦的基础则在于爻变，"爻在其中矣"便是易道周流的内在动因。八卦表示事物自身变化的阴阳系统，用"—"代表阳，用"--"代表阴，用这两种符号，按照大自然的阴阳变化平行组合，组成八种不同形式，叫作八卦。八卦其实是最早的文字表述符号。

每一卦形代表一定的事物。乾代表天，坤代表地，巽（xùn）代表风，震代表雷，坎代表水，离代表火，艮（gèn）代表山，兑代表泽。八卦就像八只无限无形的大口袋，把宇宙中万事万物都装进去了，八卦互相搭配又变成六十四卦，用来象征各种自然现象和人事现象；基于当今社会人事物繁多，八卦在中医里指围绕掌心周围八个部位的总称。八卦代表易学文化，渗透在东亚文化的各个领域。

2. 古代天文历法

1）古代计时的方法

计时方法（记时方法）是因安排工作、生活的需要而衍生出来的。计时方法包括日期规划和时间规划。日期规划，就是编制行事历明确日期；时间规划，就是明确日内时间的描述方法。

历史上，中国古人的计时方法，主要有十时辰制、百刻制、十六时辰制、十二时辰制，以及随佛教传入的六十点法等。这里说的"时辰"，是指时段。

（1）十时辰制。

十进制是自然而然的选择，因此早期的历法、时间才用了十进制。阴阳五行历，属于十月太阳历；十时辰制，则是时间的十进制划分。在十时辰制使用早期，选择了若干关键性的自然现象、生物反射、生活习惯作为时间的节点，帮助人们认知时间。到后来，才逐渐转变为使用数字或天干等代码来表述。

（2）百刻制。

百刻制是十时辰制的进一步划分，即把十时辰进一步划分成均衡的一百刻。百刻制可能起源于商代，有出土的汉代日晷，盘面上的刻度为一百刻中可能用到的 69 刻。此外，人们对时间测量精度的要求及百刻制的提出，推动了铜壶滴漏的产生（毕竟百等分圆周，对于手工制作，难度不小）。

（3）十六时辰制。

十六时辰制是历算的副产品。中国早期的历法，从阴阳五行历转变为四时八节历，历算过程中，将一年切分为十二个月时，会出现以 16 为分母的分数。古代人很早就认识到，一年的长度为 365 又 1/4 天，切分为 12 个月，则每个月有 30 又 7/16 天。十六时辰制就是配合历算而进行的时间划分。

（4）十二时辰制。

十二时辰的十二个时间节点（起点），为十二时。汉代命名为夜半、鸡鸣、平旦、日出、食时、隅中、日中、日昳、晡时、日入、黄昏、人定。随着人们工作、生活的多元化，逐渐词不达意，遂改用十二地支来表示，以晚上十一点为子时、凌晨一点为丑时、凌晨三点为寅时、早晨五点为卯时、上午七点为辰时、上午九点为巳时、中午十一点为午时、下午一点为未时、下午三点为申时、傍晚五点为酉时、晚上七点为戌时、晚上九点为亥时。

（5）时刻制、更点制。

时刻制是十二时和一百刻配合使用。早期的表述方法为"时 × 刻"，即"时后第 × 刻"；宋代以后为"时初 × 刻、时正 × 刻"，即"时初现后第 × 刻、时正位后第 × 刻"。

随着佛教的传入，印度的一日六十的分法传入中国，与十时辰制配合使用，形成了更点制。常用表述方法有 x 筹 y 点、x 鼓 y 点、x 更 y 点。x 筹 y 点，反映了十时辰制在历算中比十二时辰制更便于筹算。钟鼓楼授时，通常鼓声为更、钟声为点。古代城市实行宵禁，定时开门、关门，早晨开城门时间并不是太重要，因此人们通常会注意到相当频繁的钟声；晚上关城门时间则需要关注（不注意就得睡城里的大街上），因此净街鼓（起更）必然是关注焦点。注意点的差别，衍生了一个词语"晨钟暮鼓"。

（6）相关名称。

【子时】夜半，又名子夜、中夜，当地时间半夜零时。

【丑时】鸡鸣，又名荒鸡，当地时间凌晨二时。

【寅时】平旦，又称黎明、早晨、日旦等：时是夜与日的交替之际，当地时间凌晨四时。

【卯时】日出，又名日始、破晓、旭日等：指太阳刚刚露脸，冉冉初升的那段时间。

【辰时】食时，又名早食等：古人"朝食"之时也就是吃早饭时间，当地时间上昼八时。

【巳时】隅中，又名日禺等：临近中午的时候称为隅中，当地时间上昼十时。

【午时】日中，又名日正、中午等，当地时间中午十二时。中午一词，为十时辰制、十二时辰制的时间节点连用。

【未时】日昳，又名日跌、日央等：太阳偏西为日跌，当地时间下昼二时。

【申时】哺时，又名日铺、夕食等：当地时间下昼四时。

【酉时】日入，又名日落、日沉、傍晚：意为太阳落山的时候，当地时间傍晚六时。

【戌时】黄昏，又名日夕、日暮、日晚等：此时太阳已经落山，天将黑未黑。天地昏黄，万物朦胧，故称黄昏，当地时间晚上八时。

【亥时】人定，又名定昏等：此时夜色已深，人们也已经停止活动，安歇睡眠了。人定就是人静，当地时间晚上十时。

2）古代农历

（1）阴阳历。

阴阳历，在天文学中是指兼顾太阳、月亮与地球关系的一种历法。

阴阳历是兼顾月亮绕地球的运动周期和地球绕太阳的运动周期而制定的历法。阴阳历历月的平均长度接近朔望月，历年的平均长度接近回归年，是一种"阴月阳年"式的历法。它既能使每个年份基本符合季节变化，又能使每一月份的日期与月相对应。它的缺点是历年长度相差过大，制历复杂，不便于记忆。中国的农历就是一种典型的阴阳历。

（2）二十四节气。

节气是从阳历的角度表明当前时刻的信息，从天文学意义上来讲，二十四节气是根据地球绕太阳运行的轨道（黄道）360度，以春分点为0点，分为二十四等分点，两等分点相隔15度，每个等分点设有专名，含有气候变化、物候特点、农作物生长情况等意义。二十四节气即立春、雨水、惊蛰、春分、清明、谷雨、立夏、小满、芒种、夏至、小暑、大暑、立秋、处暑、白露、秋分、寒露、霜降、立冬、小雪、大雪、冬至、小寒、大寒。以上依次顺属，逢单的均为"节令"，通常简称为"节"，逢双的则为"中气"，简称为"气"，合称为"节气"。现在一般统称为二十四节气。

小知识

二十四节气歌

春雨惊春清谷天，

夏满芒夏暑相连，

秋处露秋寒霜降，

冬雪雪冬小大寒。

（3）天干、地支。

干支就字面意义来说，就相当于树干和枝叶。中国古代以天为主，以地为从，天和干相连叫天干，地和支相连称地支，合起来叫天干地支，简称干支。

天干有十个，就是甲、乙、丙、丁、戊、己、庚、辛、壬、癸，地支有十二个，依次是子、丑、寅、卯、辰、巳、午、未、申、酉、戌、亥。古人把它们按照一定的顺序而不重复地搭配起来，从甲子到癸亥共六十对，叫作六十甲子。

中国古人用这六十对干支来表示年、月、日、时的序号，周而复始，不断循环，这就是干支纪法。

传说黄帝时代的大臣大挠"深五行之情，占年纲所建，于是作甲乙以名日，谓之干；作子丑以名日，谓之枝，干支相配以成六旬"。这只是一个传说，干支到底是谁最先创立的，现在还没有证实，不过在殷墟出土的甲骨文中已有表示干支的象形文字，说明早在殷代已经使用干支纪法了。

本章小结 →

本章主要从中国历史发展概述、中国社会主义历史进程、中国古代思想文化、中国古代文学艺术、中国科学技术、中国历史文化常识六个方面进行详细讲解。紧扣考试大纲中关于历史文化的考试范畴：了解中国历史发展概述；熟悉中国历史文化；掌握古代思想、艺术、科技等相关知识。充分考虑了导游人员的知识需求，内容紧紧抓住导游人员的知识、技能需求，力求实用、简练，内容基本是要点性的介绍与讲解，做到易学、易记。

本章测试 →

（一）单项选择题

1. 仰韶文化以（　　）最为典型。

A. 新乐文化遗址 　　　　　　　　　　B. 河姆渡文化遗址

C. 屈家岭文化遗址 　　　　　　　　　D. 西安半坡文化遗址

2. 尧、舜、禹都是通过（　　）担任首领的。

A. 宗法制 　　　　B. 世袭制 　　　　C. 察举制 　　　　D. 禅让制

3.（　　）是中国古代社会思想活跃、民族融合、政治大变革的时期。

A. 西周 　　　　B. 商 　　　　C. 东周 　　　　D. 夏

4. 1927年8月1日，在以（　　）为书记的中共中央前委员会（简称前委）领导下，在南昌打响武装反抗国民党反动派的第一枪。

A. 叶婷 　　　　B. 毛泽东 　　　　C. 周恩来 　　　　D. 李达

5. 一二·九运动标志着（　　）。

A. 中国人民抗日救亡民主运动新高潮的到来

B. 中华全民族抗日战争的开始

C. 无产阶级以一个独立的政治力量登上了历史舞台

D. 革命力量实现大联合

6. 马克思列宁主义同中国实际相结合的第二次飞跃的理论成果是建设有中国特色社会主义理论，此理论被称为（　　）。

A. 科学发展观 　　　　　　　　　　B. 毛泽东思想

C. "三个代表"重要思想 　　　　　　D. 邓小平理论

7. 使儒学获得了独尊地位的人是（　　）。

A. 秦始皇 　　　　B. 汉武帝 　　　　C. 汉文帝 　　　　D. 孔子

8. 战国时期的孙膑曾著的著名兵书是（　　）

A.《孙膑兵法》 　　B.《孙子兵法》 　　C.《司马法》 　　D.《吴子》

9. 被誉为"史家之绝唱，无韵之《离骚》"的著作是（　　）。

A.《史记》 　　B.《春秋》 　　C.《左传》 　　D.《尚书》

10. 被后人尊为"画圣"的是（　　）。

A. 顾恺之 　　B. 张择端 　　C. 阎立本 　　D. 吴道子

11. 开中国现实主义文学之先河的是（　　）。

A.《乐府诗集》 　　B.《诗经》 　　C.《离骚》 　　D.《楚辞》

12. 中国最杰出的浪漫主义长篇神话小说是（　　）。

A.《红楼梦》 　　B.《三国演义》 　　C.《西游记》 　　D.《水浒传》

13. 下列不属于中医治疗疾病的具体方法的是（　　　）。

A. 药物疗法　　　　　B. 针灸疗法　　　　　C. 心理疗法　　　　　D. 饮食疗法

14. （　　　）被誉为"东方医学圣典"。

A.《唐本草》　　　　B.《针灸甲乙经》　　　C.《伤寒杂病论》　　D.《千金方》

15. （　　　）中有中国历史上第一次有确切日期的日食记录。

A.《春秋》　　　　　B.《甘石星经》　　　　C.《诗经》　　　　　D.《汉书·五行志》

16. 古代地学史上最系统、最完备的水文地理著作是（　　　）。

A.《梦溪笔谈》　　　B.《水经注》　　　　　C.《天工开物》　　　D.《徐霞客游记》

17. 下列关于古代书籍中常见的称谓描述错误的是（　　　）。

A. 除称名、字、号外，古人还有称官爵的

B. 还有称地望的

C. 唐代诗文中还常常见到以排行相称或以排行和官职连称的

D. 宋代女子也有被称为廿儿娘的

18. 祭天在南郊的（　　　），时间为冬至日。

A. 地坛　　　　　　　B. 天坛　　　　　　　C. 日坛　　　　　　　D. 月坛

19. 八卦是八种符号，象征（　　　）基本自然物象。

A. 五种　　　　　　　B. 六种　　　　　　　C. 七种　　　　　　　D. 八种

（二）多项选择题

1. 继炎帝、黄帝之后，黄河流域部落联盟的杰出首领有（　　　）。

A. 尧　　　　　　　　B. 舜　　　　　　　　C. 禹　　　　　　　　D. 伏羲

E. 蚩尤

2. 秦统一后，主要功绩有（　　　）。

A. 统一文字　　　　　B. 统一度量衡　　　　C. 统一货币

D. 修筑万里长城和驰道、直道　　　　　E. 开辟丝绸之路

3. 清朝前期，（　　　）使多民族国家的统一得到进一步巩固。

A. 击败沙俄对中国黑龙江流域的侵略

B. 张骞收复台湾，清政府设置台湾府

C. 平定准噶尔部噶尔丹分裂势力

D. 平定回部大、小和卓的叛乱

E. 加强了对西藏的管辖

4. 第二次全国人民代表大会阐明了中国革命的（　　　），制定了党的最低纲领和最高纲领。

A. 性质　　　　　　　B. 对象　　　　　　　C. 动力　　　　　　　D. 目标

E. 决定

5. 在习近平新时代中国特色社会主义思想指导下，中国共产党领导全国各族人民，统揽（　　　），推动中国特色社会主义进入了新时代。

A. 伟大斗争　　　　B. 伟大工程　　　　C. 伟大奋斗　　　　D. 伟大事业

E. 伟大梦想

6. 下列属于儒家代表人物的有（　　　）。

A. 韩非子　　　　B. 老子　　　　C. 孔子　　　　D. 孟子

E. 荀子

7. 下列关于中国哲学的流变大体描述正确的有（　　　）。

A. 周代子学　　　　B. 两汉经学　　　　C. 魏晋玄学　　　　D. 隋唐朴学

E. 宋明佛学

8. 隶书的特点有（　　　）。

A. 讲究蚕头雁尾　　B. 波磔分明　　C. 笔画遒劲凝重　　D. 结构茂密浑厚

E. 具有浓重的装饰趣味

9. "中国古典小说四大名著"是指（　　　）。

A.《金瓶梅》　　　　B.《水浒传》　　　　C.《西游记》　　　　D.《三国演义》

E.《红楼梦》

10. 属于元代的著名戏曲有（　　　）。

A.《西厢记》　　　　B.《窦娥冤》　　　　C.《桃花扇》　　　　D.《汉宫秋》

E.《牡丹亭》

11. 下列关于中医理论体系描述正确的有（　　　）。

A. 核心是整体观念和辨证论治的方法

B. 具体方法种类单一

C. 治疗的方法主要有药物疗法、针灸疗法、推拿疗法等

D. 八纲辨证是中医各种辨证的总纲

E. 望、闻、问、切"四诊法"为中医诊断的基本方法

12. 中国古代天文学的成就大体可以归纳为（　　　）。

A. 天象观测　　　　B. 仪器制作　　　　C. 天象调控　　　　D. 编订历法

E. 气象观测

13. 下列属于贬义的谥号有（　　　）。

A. 厉　　　　B. 昭　　　　C. 灵　　　　D. 幽

E. 炀

14. 以下与会试有关的词语有（　　　）。

A. 秋闱　　　　B. 春闱　　　　C. 举人　　　　D. 贡士

E. 会元

延伸阅读　→

1. 古天文学与占星。

2. 氏族的社会组织。

3. 诸子百家的相互影响。

4. 中国古代科学技术对世界的贡献。

5. 中国古代文学艺术的基本特征。

6. 中国古代官吏选拔制度。

第三章

中国民族民俗

节标题	学习要点
中国民族民俗概述	中国民族民俗概述: 56个民族的地理分布及特点（了解） 中国人口数量最多和最少的少数民族（了解）
汉族	汉族民俗文化（熟悉） 春节、清明节、端午节、中秋节的起源和庆祝活动（熟悉）
中国北方少数民族	中国北方少数民族及其民俗文化：满族、朝鲜族、蒙古族、回族、维吾尔族等（掌握）
中国西南少数民族	中国西南少数民族及其民俗文化：藏族、彝族、苗族、白族、纳西族、傣族等（掌握）
中国南方少数民族	中国南方少数民族及其民俗文化：土家族、壮族、黎族等（掌握）

导游应考提示 →

1. 了解中国56个民族的地理分布及民俗活动；重点掌握中国南方少数民族、北方少数民族以及西南少数民族的民俗文化。

2. 中国部分少数民族有相似的民俗、文化和宗教信仰，考生应注意总结并区分其中的不同之处。

3. 了解中国四大节日的起源并掌握其民俗活动；春节、清明节、端午节、中秋节是常考考点。

4. 在少数民族习俗文化中，应重点区分不同民族的民俗特点，如节日、歌曲、舞蹈、服饰、禁忌等。

5. 书中出现的时间、数量、方位等内容需熟记，这些内容是命题人经常考查考生记忆和知识熟练程度的命题单位。

6. 本章内容与第一章"旅游和旅游业"、第六章"中国饮食文化"、第七章"中国风物特产"相关联，考生学习时应前后对应，融会贯通，掌握相关内容。

第一节　中国民族民俗概述

思维导图

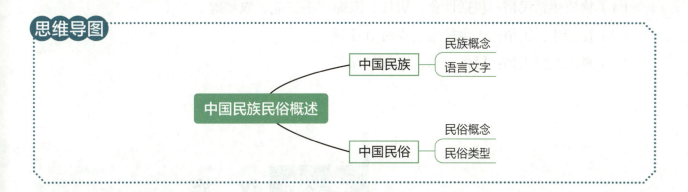

一、中国民族

1.民族概念

中国民族指的是中华民族，是由中华人民共和国政府官方定义为中华人民共和国境内获得认定的 56 个民族的统称，包括汉族、蒙古族、回族、藏族、维吾尔族、苗族、彝族、壮族、布依族、朝鲜族、满族、侗族、瑶族、白族，等等。

2.语言文字

中国是一个多民族、多语言、多文字的国家，有 56 个民族，共有 80 种以上语言，约 30 种文字。从语言的系属来看，56 个民族使用的语言分别属于五大语系：汉藏语系、阿尔泰语系、南岛语系、南亚语系和印欧语系，其中共有 10 个语族，16 个语支，60 多种语言。除汉族和回族使用汉语外，其他 54 个民族都有自己独特的语言。

课堂讨论

　1. 试论述中国民族的起源和发展。
　2. 讨论民俗对旅游的影响。

二、中国民俗

1.民俗概念

民俗就是民间的风俗习惯，是指一个民族或一个社会群体在长期的生产实践和社会生活中逐渐形成并世代相传、较为稳定的文化、习俗，也是人们传承文化中最贴近生活的一种文化，与人类历史一样古老。

2. 民俗类型

民俗类型大致可以分为三类：

（1）物质生活民俗：包括饮食、居住、服饰、手工业、农耕等。

（2）社会生活民俗：人生礼俗、岁时节日等。

（3）意识生活民俗：民俗观念、宗教信仰等。

第二节　汉　族

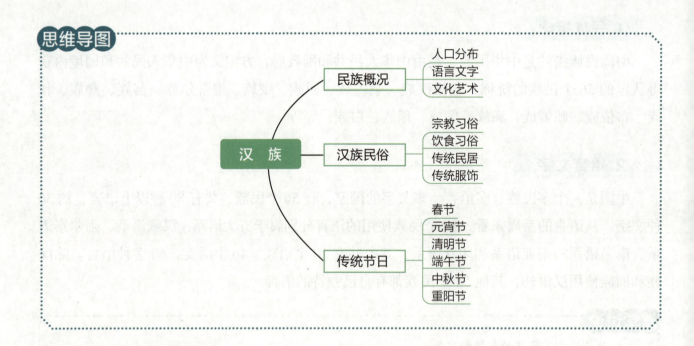

思维导图

汉　族
- 民族概况
  - 人口分布
  - 语言文字
  - 文化艺术
- 汉族民俗
  - 宗教习俗
  - 饮食习俗
  - 传统民居
  - 传统服饰
- 传统节日
  - 春节
  - 元宵节
  - 清明节
  - 端午节
  - 中秋节
  - 重阳节

一、民族概况

1. 人口分布

汉族是中华人民共和国人口最多的一个民族，在全国分布的特点是东密西疏，约占全国人口的九成。称谓始于汉代，并沿用至今。

2. 语言文字

汉族的语言属汉藏语系，是世界上历史最悠久、最丰富的语言之一，主要为七大方言，即北方方言、吴方言、湘方言、赣方言、客家方言、闽方言、粤方言。

3. 文化艺术

在悠久的历史长河中，汉族在文学文化艺术方面做出了卓越的贡献。在古代汉文文学发展中，诗歌的发展占显著地位，如《诗经》《楚辞》《乐府》《唐诗》《宋词》等，其他在绘画、书法、工艺美术、音乐、舞蹈、戏剧、曲艺等方面，也有不少蜚声中外的名家。

二、汉族民俗

1. 饮食习俗

汉族主要从事农业，主食以小麦、玉米、稻米等为主，辅以蔬菜、豆制品以及鸡、鱼、猪、牛、羊肉等，茶和酒是传统饮料。汉族人在不同地区形成了不同的烹饪方式，并形成了闻名中外的八大菜系：粤、闽、皖、鲁、川、湘、浙、苏。

2. 传统民居

汉族分布地区很广，因此其房屋建筑各有特色，比较有代表性的住所有北京的四合院、黄土高原的窑洞、南方的飞檐楼阁等。

3. 传统服饰

汉族服装比较复杂，从古到今，变化很大，古代服装有裙装、袍服、襦裤服等类型，到近现代发生了变化。

三、传统节日

汉族的节日很多，主要有春节、元宵节、清明节、端午节、中秋节，等等。

1. 春节

春节，即农历新年，是一年之岁首、传统意义上的年节，俗称新春、新年、大年等，口头上又称庆岁、过年、过大年，是中华民族最隆重的传统佳节，与清明节、端午节、中秋节并称中国四大传统节日。春节在传承发展的过程中，形成了许多习俗：买年货、扫尘、贴对联、吃年夜饭、守岁、拜年、拜神祭祖、放鞭炮、放烟花、逛庙会、赏花灯等。

2. 元宵节

元宵节是新年正月第一个月圆之宵，故称为元宵节，时间为每年农历正月十五。元宵节在西汉时就已受到重视，东汉时期佛教的传入推动了元宵节的发展，到唐代时，形成元宵节张灯的法定习俗，主要有赏花灯、吃汤圆、猜灯谜、放烟花等一系列传统民俗活动。

3. 清明节

清明节是传统的重大春祭节日，又称踏青节、三月节、祭祖节等，节期在仲春与暮春之交，约始于周代，距今有两千五百多年历史，兼具自然与人文两大内涵，既是自然节气，也是传统节日。清明节主要的礼俗为扫墓祭祖、放风筝、荡秋千、踢蹴鞠、插柳等。

4. 端午节

端午节又称端阳节、龙舟节等，为每年农历五月初五。端午节又值汛期，天气湿热，百虫和细菌繁殖快，疫病易生，因此自古传承下来的很多端午习俗都有辟阴邪与祛病防疫内容，如挂艾草、喝午时水、浸龙舟水、拴五色丝线辟邪以及洗草药水、薰苍术祛病防疫等习俗。此外，端午节习俗主要还有赛龙舟、祭龙、采草药、挂菖蒲、拜神祭祖、食粽、放纸鸢、赛龙舟、佩香囊等。其中，赛龙舟活动在中国南方沿海一带十分盛行。

5. 中秋节

中秋节又称祭月节、仲秋节、拜月节、月娘节、月亮节等，源于上古时代，普及于汉代，定型于唐朝初年，盛行于宋朝以后。中秋节成为官方认定的全国性节日，大约是在唐代。中秋节传统活动种类很多，如祭月、赏月、猜谜、吃月饼、赏桂花、饮桂花酒等。

小知识

霓裳羽衣曲

相传唐玄宗与申天师及道士鸿都中秋望月，突然玄宗兴起游月宫之念，于是天师作法，三人一起步上青云，漫游月宫。但宫前守卫森严，无法进入，只能在外俯瞰长安皇城。在此之际，忽闻仙声阵阵，清丽奇绝，婉转动人！唐玄宗素来熟通音律，于是默记心中。这正是"此曲只应天上有，人间能得几回闻！"日后，唐玄宗回忆月宫仙娥的音乐歌声，自己又谱曲编舞，这便是历史上有名的"霓裳羽衣曲"。

6. 重阳节

重阳节，中国老人节，每年的农历九月初九，因日与月皆逢九，故又称为"重九"，与除夕、清明节、七月半并称中国传统四大祭祖节日。重阳节早在战国时期就已经形成，到了唐代被正式定为民间的节日，此后沿袭至今，有登高祈福、秋游赏菊、佩插茱萸、拜神祭祖等习俗。如今，登高赏秋与感恩敬老是重阳节活动的两大重要主题。

　　1. 汉族有哪些禁忌？
　　2. 探讨汉族主要节日的变迁。

第三节　中国北方少数民族

思维导图

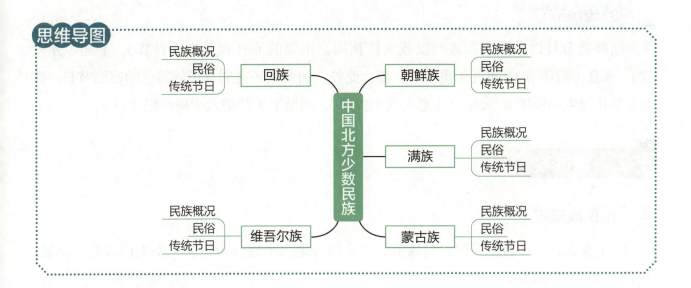

一、朝鲜族

1. 民族概况

　　（1）概况：朝鲜族主要分布在吉林、黑龙江、辽宁三省，吉林省延边朝鲜族自治州是最大的聚居区。朝鲜族长期以农耕为业，是中国著名的北方"水稻之乡"，为开发培育中国高寒水稻、种植东北优质大米做出了贡献。

　　（2）语言文字：朝鲜族使用朝鲜语和朝鲜文，一般认为属阿尔泰语系。

　　（3）文化艺术：朝鲜族人民具有悠久的文化艺术传统，能歌善舞，喜欢用歌舞来表达自己的感情。伽倻琴弹唱、顶水舞、扇子舞、长鼓舞、农乐舞等都是受人喜爱的传统歌舞节目。伽倻琴、奚琴、筒箫、长鼓、手鼓是朝鲜族的传统民族乐器。

2. 民俗

（1）宗教信仰：朝鲜族信仰宗教的人数不多，信教者有的信佛教，有的信基督教或天主教。

（2）饮食习俗：朝鲜族主要食物一般为大米和小米，以米饭为主，配以辣白菜，其次为打糕、苏叶饼、汤饺子、赤豆包、冷面、大酱汤、辣椒。

（3）传统服饰：朝鲜族喜穿素白衣服，一般为短衣长裤。男子上衣斜襟无扣，用布条打结外加坎肩，下衣裤裆肥大，裤脚系带。女子短衣斜襟无纽扣，以彩带为结，长裙分缠裙、筒裙，称为"则高利"和"契玛"。

（4）传统民居：朝鲜族的房屋多位于山坡下的平地上，房屋建筑多朝南、西南或东南。房墙外多刷白色，有瓦房与草房。室内有平炕，进屋脱鞋，席炕而坐。

（5）婚姻习俗：朝鲜族的婚姻为一夫一妻制，近亲、同宗、同姓不婚。

3. 传统节日

朝鲜族节日以及庆祝方式与汉族大体相同，主要的节日有元日（春节）、上元（元宵节）、寒食（清明节）、重九（重阳节）等。此外，朝鲜族还有别具民族特色的家庭节日：抓周（婴儿诞生一周年）、回甲节（老人六十大寿）、回婚节（结婚六十周年纪念日）。

二、满族

1. 民族概况

（1）概况：由于历史原因，满族散居于全国各地。满族分布地区主要生产大豆、高粱、玉米、烟草和苹果等。

（2）语言文字：满族有自己的语言、文字，创立于16世纪末，满语属阿尔泰语系满—通古斯语族满语支。17世纪40年代，满族人大量入关以后，普遍开始习用汉文。

（3）文化艺术：古代满族爱好歌舞，多由狩猎、战斗的活动演化而来。入关后，舞蹈必选身体强壮的人，穿豹皮唱满族歌，伴以箫鼓，称作"喜起舞"。文学方面，满族编纂了一系列著作，如《数理精蕴》《历象考成》《皇舆全览图》《四库全书》，等等。

2. 民俗

（1）宗教习俗：满族曾信仰萨满教，后来还信奉佛教，满族信教的人数不多。

（2）饮食习俗：满族传统主食有停悸 、煮饽饽（饺子）、米饭、林米水饭、高粱米（休米）豆干饭、豆糕、酸汤子等。尤其喜欢吃黏食和甜味食品，如饽饽、年糕等。流传至今的驴打滚、萨其玛都是满族传统点心。火锅、全羊席、酱肉也是满族人传统吃肉的方法。酸菜是他们喜欢的素食，或炒，或炖，或凉拌，逢年过节吃饺子，除夕必须吃手扒肉。

（3）传统服饰：满族的"旗袍马褂"是颇具特色的民族服装。旗袍是旗人服装的俗称，而马褂则是短旗袍的俗称。

（4）传统民居：满族的传统建筑形式是院落围以矮墙，院内有影壁（照墙），立有供神用的"索罗杆"。室内一般有西、中、东三间，西间称西上屋，中间是厨房，东间称东下屋，大门朝南。里屋有三铺炕，西炕为贵，供有祖宗神位，西墙上有祖宗神板。北炕为大，南炕为小。家中长辈多住北炕，小辈可住南炕。满族住房一般东南开门，其结构形似口袋，俗称"口袋房""曼子炕"。

（5）婚姻习俗：满族旧时婚姻重视门第，盛行早婚和娶大龄女。旧时满族结婚过程较为复杂，有议婚、小定、大定、过礼、送日子、开锁、送嫁妆、迎娶、坐帐、合卺、分大小，回门和住对月一整套过程。结婚时，新娘要在洞房炕上坐帐一日，称为"坐福"。

3. 传统节日

满族受汉文化影响，许多节日与汉族相近，如春节、端午节、中秋节等。满族的传统节日主要有四个，分别是颁金节、开山节、春节以及小年。其中颁金节是满族的"族庆"之日，开山节一般在每年的中秋以后，是一项为了采集草药获得丰收而进行的祝福活动。

三、蒙古族

1. 民族概况

（1）概况：蒙古族，有"马背民族"之称，中国的蒙古族主要分布在中国内蒙古自治区、东北、新疆、河北等地。蒙古族人民世居草原，以畜牧为生计。过着"逐水草而居"的游牧生活。

（2）语言文字：蒙古族拥有自己的语言文字。蒙古语属阿尔泰语系蒙古语族，有内蒙古、卫拉特、巴尔虎布利亚特、科尔沁四种方言。

（3）文化艺术：蒙古族是一个酷爱音乐的能歌善舞的民族，素有"音乐民族""诗歌民族"之称。传统舞蹈有"马刀舞""筷子舞""安代舞"等。最具特色的乐器为马头琴。《蒙古秘史》《蒙古黄金史》《蒙古源流》被称为蒙古族的三大历史巨著。著名的英雄史诗《江格尔》与藏族的《格萨尔王传》、柯尔克孜族的《玛纳斯》并称为中国三大英雄史诗。

2. 民俗

（1）宗教信仰：蒙古族早期信仰萨满教，萨满教是蒙古族古老的原始宗教，到了明清时期，藏传佛教兴盛起来。

（2）饮食习俗：蒙古族人民喜食肉类和奶制品，如手扒肉、羊背子、烤全羊、黄油、奶皮子、奶酪、奶豆腐、奶油等，喜饮奶茶（砖茶和牛奶交融的产物）。蒙古族的传统食品可分为白食和红食两种，白食为牛、羊、马、骆驼的奶制品，用白食招待客人是最高的礼遇；红食为牛羊牲畜的肉制品，其中最多的是羊肉。

（3）传统服饰：蒙古族的传统服饰也很有特色，具有浓郁的草原风格特色，以袍服为主，便于鞍马骑乘。蒙古族人民不论男女都爱穿长袍。牧区冬装多为光板皮衣，也有绸缎、棉布衣面者。夏装多布类。长袍身端肥大，袖长，多红、黄、深蓝色。

（4）传统民居：蒙古族人民世居草原，以畜牧为生计。由于其独特的生活特点，蒙古族的传统住房为蒙古包，使用面积大、采光好、冬暖夏凉、遮风挡雨，很适合游牧民族居住。

（5）婚姻习俗：蒙古族有抢婚和聘婚两种婚姻制度。公元13世纪以前，蒙古族社会多半为抢婚制。公元13世纪以后，蒙古族进入封建社会，即普遍实行聘婚制。

小知识

蒙古族的禁忌

蒙古族人民骑马、驾车接近蒙古包时忌重骑快行，以免惊动畜群；若门前有火堆或挂有红布条等记号，表示这家有病人或产妇，忌外人进入；忌在火盆上烘烤脚、鞋、袜和裤子等；蒙古族人民对守门的猎犬和狗都很爱惜，禁止外人打骂，否则，会被视为对主人不敬的行为。

3. 传统节日

蒙古族为游牧民族，其传统节日与生活方式息息相关，主要有蒙古族新年、成吉思汗纪念节、那达慕大会、马奶节、燃灯节和敖包节。

蒙古族新年亦称"白节""白月"，传说与奶食的洁白有关，含有吉祥如意的意思。蒙古族新年与传统春节时间一致，除夕之夜会吃手扒肉、点篝火，以示辞旧迎新。

那达慕大会在每年牲畜肥壮的季节举行，以表示丰收的喜悦之情。那达慕是蒙古语的音译，意为"游戏"或"娱乐"，届时，周边50~100千米范围的牧民都驱车赶来聚会，庆祝活动有进行物资交换、射箭、摔跤和赛马等。

四、回族

1. 民族概况

（1）概况：回族是中国人口较多的一个少数民族，总体上看，其分布特点主要表现为"大分散，小聚居"的格局。宁夏回族自治区是其主要聚居区，占全国回族总人口的18.9%。

（2）语言文字：回族通用汉语，不同地区持不同方言。在回族先民东迁初期，是阿拉伯语、波斯语和汉语同时使用的。

（3）文化艺术：西北地区的回族在长期的历史中发展出了丰富的民间曲艺，比较著名的就是"花儿"和"宴席曲"。

2. 民俗

（1）宗教信仰：回族信仰伊斯兰教，其民俗多带有宗教特色。

（2）饮食习俗：回族食俗有鲜明的特点，主食为面食，油香和馓子是回族具有特色的食物。茶是回族人喜欢的一种传统饮料，盖碗茶是回族普遍饮用的一种茶，有八宝茶、红糖砖茶、白糖清茶、冰糖锅锅茶等。

（3）传统服饰：回族最典型、最有特点的服饰是头饰，回族女子一般都头戴白圆撮口帽，戴盖头（也叫搭盖头），一般少女戴绿色的，已婚女子戴黑色的，有了孙子的或上了年纪的女子戴白色的。男子戴无檐小白帽，亦称"回回帽"或"礼拜帽"。由于伊斯兰教尚白色，因此回族视白色为最洁净的颜色。在衣、冠颜色上以白、绿、黑色为主。

小知识

回族的禁忌

根据伊斯兰教的规定，回族禁食猪、马、驴、骡、狗和一切自死的动物、动物血，禁食一切形象丑恶的飞禽走兽，无论牛、羊、骆驼及鸡禽，均需经阿訇或做礼拜的人念安拉之名，然后屠宰，否则不能食用。日常生活中，回族人不抽烟、不饮酒，但特别喜欢饮茶和用茶待客。忌在水井、水塘附近洗涤物品，尤其忌到回族人住房里洗澡。回族丧葬，按伊斯兰教教义，实行速葬、薄葬、土葬，反对赌博、游手好闲等。

3. 传统节日

回族每年主要庆祝开斋节、古尔邦节和圣纪节这三个节日。

（1）开斋节：斋月里，回族的生活安排得比平时要丰盛得多。一般都备有牛羊肉、白米、白面、油茶、白糖、茶叶、水果等有营养的食品。

（2）古尔邦节："古尔邦"一般在开斋节后70天举行。节前家家打扫卫生，炸油香、馓子、花花等。节日当天拂晓，沐浴净身、燃香，换上整洁的衣服赴清真寺参加会礼。活动结束后，还要举行一个隆重的宰牲典礼，所宰的肉一份自食，一份送亲友邻居，一份济贫施舍。

（3）圣纪节：圣纪节是纪念穆罕默德诞辰和逝世的纪念日。节日这天，回族人到清真寺诵经、赞圣，讲述穆罕默德的生平事迹。

五、维吾尔族

1. 民族概念

（1）概况：维吾尔族，主要分布在新疆维吾尔自治区。新疆位于欧亚大陆的中心，古称"西域"，是中国面积最大的省区。维吾尔族主要从事农业，以生产粮棉瓜果闻名于世。

（2）语言文字：维吾尔族有自己的语言，属阿尔泰语系中的突厥语族。

（3）文化艺术：维吾尔族素有歌舞民族之称，"赛乃姆"是人们喜欢的舞蹈，古典民间音乐《十二木卡姆》是维吾尔族的大型音乐套曲，被誉为东方音乐的瑰宝。维吾尔民间文学体裁形式多样，有民间故事、寓言、笑话、谚语等，其中比较著名的作品有《阿凡提的故事》《塔里木姑娘》等。

2. 民俗

（1）宗教信仰：维吾尔族信仰伊斯兰教，早先曾信奉佛教、萨满教、摩尼教、祆教、景教等宗教。

（2）饮食习俗：维吾尔族的传统饮食以面食为主，喜食牛、羊肉，蔬菜吃得较少，瓜果吃得较多。主食的种类很多，最常吃的有馕、手抓饭、烤包子、拉面、烤面、烤羊肉串、烤全羊等。维吾尔族喜欢喝茶，如奶茶和红茶。

（3）传统民居：维吾尔族的传统民居一般是土木结构的平顶方形平房，包括庭院和住房两部分，房顶有天窗可以晾晒瓜果。维吾尔族善于在盆地和河谷边缘开发绿洲，并开挖地下暗沟渠，用以灌溉农田，称作"坎儿井"。

（4）传统服饰：维吾尔族传统的男子外衣称为"袷袢"，长过膝、宽袖、无领、无扣，穿时腰间系一长带。女子普遍穿连衣裙，外罩坎肩或上衣。维吾尔族不论男女老幼都喜欢戴"朵帕"（四棱花帽），用黑白两色或彩色丝线绣出各种民族形式的花纹图案。

（5）婚姻习俗：维吾尔族的婚姻制度是一夫一妻制，家庭成员包括祖孙三代以内的直系亲属，多子女的家庭，儿子长大成婚后即与父母分家，另立门户，但是父母身边要留下一个最年幼的儿子。

（6）丧葬习俗：维吾尔族按照伊斯兰教教义，实行土葬、速葬。

3. 传统节日

维吾尔族传统节日有肉孜节、古尔邦节和诺鲁孜节等，前两个节日来源于伊斯兰教。

（1）肉孜节：又叫"开斋节"，因为它在封斋一个月后举行，一般要过三天。

（2）古尔邦节：又叫"宰牲节"，在肉孜节过后七十天举行，家境好的，都要宰一只羊。

（3）诺鲁孜节：又叫"纳吾肉孜节"，该节日每年3月21日起，延续3至15天不等。

课堂讨论
  1. 禁忌是如何产生的？对日常生活有何影响？
  2. 回族曲艺"花儿"是如何产生的？有何唱法？

第四节　中国西南少数民族

思维导图

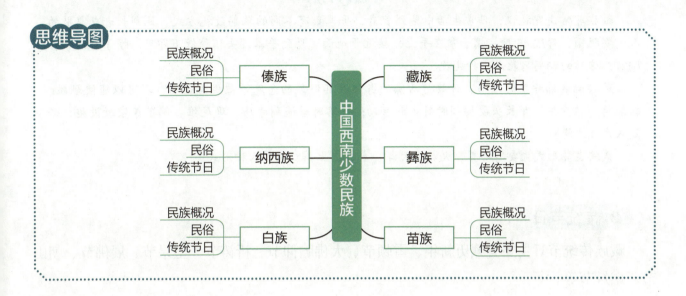

一、藏族

1. 民族概况

（1）概况：藏族，生活在青藏高原，主要分布在西藏自治区，是居住在中国及南亚地区古老的民族之一，藏区经济以畜牧业和农业为主。

（2）语言文字：藏族有自己的语言文字，属于汉藏语系藏缅语族藏语支，分卫藏、康、安多三种方言。现行藏文是公元7世纪初根据古梵文和西域文字制定的拼音文字。

（3）文化艺术：藏族文化艺术丰富多彩，包括哲学、韵律、医药、历算、史传、文学、小说、诗歌等。公元7世纪初藏文文献传世。典籍有藏文大藏经《甘珠尔》《丹珠尔》，史诗传说《格萨尔王传》等。《格萨尔王传》是中国三大英雄史诗之一，也是世界上最长的英雄史诗。

2. 民俗

（1）宗教信仰：藏族早期信仰"本教"，现在大部分人信仰藏传佛教。

（2）饮食习俗：藏族有着自己独特的食品结构和饮食习惯，其中酥油、茶叶、糌粑、牛羊肉被称为西藏饮食的"四宝"，此外藏族人喜欢饮用青稞酒、酥油茶等。

（3）传统民居：藏族建筑很有特色，样式很多，包括宫殿、寺院建筑等。最具代表性的民居是碉房，多为石木结构，一般分两层。

（4）传统服饰：藏族传统服饰为藏袍，不同地区在细节上又有些许不同，但共同点是色彩鲜艳、华贵美丽、引人注目。

小知识

藏族的习俗

藏族非常讲究礼仪，日常生活中见到长者、平辈都有不同的鞠躬致礼方式。见到长者或尊敬的人，要脱帽，弯腰45度，帽子拿在手上，接近于地面。见到平辈，头稍稍低下即可，帽子可以拿在胸前，这时的鞠躬只表示一种礼貌。

藏族地区佛寺里的经书、钟鼓与活佛的身体及其佩戴的念珠等被视为圣物，不可以随便触碰；转经筒、转寺院、叩长头要按顺时针方向移动；行路时若遇到寺庙、玛尼堆、佛塔等宗教设施，必须从左往右绕行。

藏族丧葬形式主要有塔葬、火葬、天葬、水葬、土葬、树葬六种形式。

3. 传统节日

藏族传统节日主要有藏历新年、雪顿节、大佛瞻仰节、祈祷节、望果节、展佛节、朝山节、燃灯节等。

藏历新年：每年藏历正月初一，一般从藏历十二月开始准备，置办年货，每家每户都会用酥油炸果子。

雪顿节：藏族人民的重要节日之一，每年藏历七月一日举行，为期四五天。雪顿是藏语译音，意思是"酸奶宴"，于是雪顿节便被解释为"喝酸奶的节日"。

二、彝族

1. 民族概况

（1）概况：彝族主要分布在滇、川、黔、桂四省（区）的高原与沿海丘陵之间，凉山彝族自治州是全国最大的彝族聚居区。

（2）语言文字：彝族有自己的语言——彝语，属汉藏语系藏缅语族彝语支，彝族文字为表意文字，又称音节文字，是中国最早的音节文字。

（3）文化艺术：彝族民间文学形式多样，内容丰富，绝大部分是广泛流传于民间的口头文学，代表作品有《西南彝志》《妈妈的女儿》《阿诗玛》等。彝族舞蹈也比较有特色，多为集体舞，如"跳歌""阿细跳月""打歌舞""锅庄舞"等。

2. 民俗

（1）宗教习俗：在历史发展过程中，彝族人民的宗教信仰还处于原始宗教阶段，自然崇拜、图腾崇拜、祖先崇拜和万物有灵的观念普遍存在于社会当中。

（2）饮食习俗：主食为土豆、玉米、荞麦、大米、燕麦等。肉食类以牛、羊、猪、鸡为主，待客需杀牲，以杀牛为贵，羊、猪次之。彝族人喜饮酒，个别地区也盛行饮茶。喜欢吃"坨坨肉"，喝"转转酒"，喜食酸、辣，许多蔬菜都做成酸菜食用。

（3）传统民居：凉山彝族民居为"瓦板房"；贵州和云南北部及中部是"土掌房"；广西和云南东部则是"干栏式"住宅。土掌房是彝族独特的民居建筑，堪称民居建筑文化与建造技术发展史上的"活化石"。

（4）传统服饰：彝族服饰种类繁多，男子喜穿黑色窄袖左斜襟上衣和多褶宽大长裤。头顶留二三寸[①]头发一小块，彝语称"子尔"（汉语称"天菩萨"），裹以青蓝布包头，在右前方扎成细长锥形"子贴"（汉语称"英雄结"）。女子穿镶边或绣花大襟右衽上衣和多褶长裙，美观大方。男女外出时都穿"擦尔瓦"。

（5）丧葬习俗：彝族丧葬类型众多，如树葬、陶器葬、岩石葬、水葬、天葬、棺木土葬、火葬等。

3. 传统节日

彝族传统节日有火把节、祭龙节、插花节、密枝节等。

火把节：一般为每年农历的六月二十四日举行，历时三天。节日期间，人们身着盛装，集中在村寨附近的平坝或缓坡上，唱歌、跳舞、赛马、斗牛、斗羊、摔跤等。

小知识

彝族的习俗

彝族男子发式多为蓄一绺长发推髻于头顶，即"天菩萨"，忌旁人用手触摸。彝族有敬"树神"的习惯，神树严禁砍伐；祭祀时忌外人观看。彝族宰杀家禽、家畜时，也忌外人在场。忌外人骑马进彝族寨子，到寨门的竹篱笆前必须下马。到彝族人家做客要坐在火塘的上方或右旁，忌用脚踏三脚架，忌掏挖火灰，尤其在其中挖洞。彝族人敬的酒肉，客人应食用，以表谢意，否则，就会被视为看不起他们。

三、苗族

1. 民族概况

（1）概况：苗族散布在世界各地，在中国主要分布于黔、湘、鄂、川、滇、桂、琼等省区。

（2）语言文字：苗族有自己的语言文字，苗语属汉藏语系苗瑶语族苗语支，分湘西、黔

---

① 1寸 ≈ 0.033 米。

东和川黔滇三大方言。由于苗族与汉族长期交往，有一部分苗族兼通汉语并用汉文。

（3）文化艺术：苗族是一个能歌善舞的民族，民间音乐主要有民歌曲、芦里调、吸纳调等，舞蹈主要有花鼓舞、皮鼓舞、芦笙舞、铜鼓舞、踩鼓舞等。此外，苗族民间文学丰富多彩，苗族古歌古词是苗族神话和口碑历史的主要载体，亦称"苗族史诗"。

2. 民俗

（1）宗教信仰：苗族人信仰万物有灵，苗族的原始宗教信仰包括自然崇拜、图腾崇拜、鬼神崇拜、祖先崇拜。

（2）饮食习俗：黔东南、湘西、海南岛和广西融水的苗族，主食为大米，也有玉米、红薯、小米等杂粮；黔西北、川南、滇东北的苗族，则以玉米、土豆、荞麦、燕麦等为主食。苗族人尤爱吃酸，几乎家家户户都自制酸汤、酸菜等，腌制鱼肉，喜饮酒。

（3）传统民居：苗族居所根据不同的地理位置建造不同类型的房屋，比较有代表性的建筑为黔东南和黔北部分地区的"吊脚楼"，建在斜坡之上，屋顶为双斜面。顶棚上层储存粮食、杂物，吊脚楼下堆放杂物或圈养牲畜。

（4）传统服饰：苗族服饰很有特色，男装简朴，一般为对襟大褂和左衽长衫两大类，下穿长裤，肩披织有几何图案的羊毛毡，头缠青色包头，小腿上缠裹绑腿。苗族女子上身一般穿窄袖、大领、对襟短衣，下身穿百褶裙。

（5）婚姻习俗：苗族青年男女婚姻比较自由，男女青年通过"游方""坐寨""踩月亮""跳花""会姑娘"等社交活动，自由对歌，恋爱成婚。

3. 传统节日

苗族是一个讲究礼仪的民族，岁时节庆众多，每月都有一个以上的节日，如苗年、过苗节、姊妹饭节、爬坡节、三月三、四月八、六月六、芦笙节等，其中以过苗年最为隆重，苗年相当于汉族的春节，通常在秋季举行。

四、傣族

1. 民族概况

（1）概况：傣族主要聚居在云南省西双版纳傣族自治州、德宏傣族景颇族自治州以及耿马傣族佤族自治县和孟连傣族拉祜族佤族自治县。傣族人喜欢依水而居，视孔雀、大象为吉祥物。

（2）语言文字：傣族有自己的民族语言，因分布地区不同而分别被称为傣语、泰语、老挝语等，属汉藏语系侗台语族（壮侗语族）台语支。

（3）文化艺术：傣族有自己的历法，文学作品丰富多彩，包括诗歌、传说、寓言等。

2. 民俗

（1）宗教习俗：傣族信仰小乘佛教，同时保留着原始鬼神崇拜的残余。农村中的佛寺很多，佛教对傣族人民的日常生活影响也比较大。此外，傣族还保存着原始的宗教信仰，供奉自己村寨泰北地区的"披恩"（家神），傣语称"丢拉曼"，也称"披曼"，是保护神，每年要祭祀两次，栽秧前为祈求丰收，秋收后为谢恩。

（2）饮食习俗：傣族主食以大米为主。所有佐餐菜肴及小吃均以酸味为主。肉类有猪、牛、鸡、鸭，不食或少食羊肉，善做烤鸡、烧鸡，喜欢吃鱼、虾、蟹、螺蛳、青苔等水产品。傣族人，饮大叶茶，嚼槟榔。竹筒饭清香可口，是傣族最具特色的民族食品。

（3）传统民居：傣族房屋受到气候等各方面的限制，具有鲜明的特点，以居住栏杆式竹楼或木楼为多。竹楼为二层住屋形式，高约两米。

（4）传统服饰：女子传统着窄袖短衣和筒裙，婚前一般着浅色大襟短衫、长裤，束小围腰。婚后改穿对襟短衫，黑色筒裙。傣族女子服装有地区性特点，因此往往被其他民族称为"花腰傣""大袖傣"等。傣族男子着无领对襟或大襟小袖短衫，下着长管裤，冷天披毛毡，多用白布或青布包头。男子文身的习俗很普遍，既表示勇敢，又可以驱邪护身、装饰身体。

小知识

傣族的禁忌

傣族忌讳外人骑马、赶牛、挑担和蓬乱着头发进村寨。进入傣家竹楼，要将鞋脱在门外，而且在屋内走路要轻。不得坐在火塘上方或跨越火塘，忌移动火塘三脚架，不许用脚踏火。不能进入主人室内，不能坐门槛。禁止在家吹口哨、剪指甲。进佛寺要低头，忌讳摸小和尚的头等。

3. 传统节日

傣族的传统节日有很多，大多与宗教有关，比如泼水节、关门节、开门节、花街节等。泼水节：亦称"浴佛节"，期间，大家用纯净的清水相互泼洒，祈求洗去过去一年的不顺。泼水节是傣族的新年，相当于公历的四月中旬，一般持续3至7天。

五、纳西族

1. 民族概况

（1）概况：纳西族主要居住在滇西北的丽江市。农业是纳西族的主要经济部门，主要种植大米、玉米、土豆、麦类、豆类、棉、麻。

（2）语言文字：纳西族有自己的语言文字，属于汉藏语系藏缅语族彝语支。纳西族使用的文字有两种，一种是图画象形文字，称为东巴文，属于图画记事和表意文字中间发展阶段的原始象形文字；另一种是表音的音节文字，称为哥巴文。

（3）文化艺术：纳西族文化丰富多彩，形式多样。宗教方面，被誉为纳西族宗教经书的《东巴经》，是古代纳西族社会生活的百科全书，对研究纳西族具有重要意义。文学作品代表作有《创世纪》《四库全书》《雪楼诗抄》等。纳西族人能歌善舞，民间流传较广的歌舞曲调有"喂麦达""哦热热""阿丽丽"。《白沙细乐》和《丽江古乐》是两部有名的大型古典乐曲。

2. 民俗

（1）宗教信仰：纳西族信仰东巴教、藏传佛教、汉传佛教和道教，其中东巴教的信仰人数较多。

（2）饮食习俗：纳西族一日三餐，早餐比较简单，午餐和晚餐比较丰盛。喜食牛肉汤锅和干巴，蔬菜品种较多。肉食以猪肉为主，大部分做成腌肉。典型的食品有：丽江火腿粑粑、麻补、琵琶猪等。纳西族的"三叠水"（雪山宴）是招待贵宾的方式。

（3）传统民居：纳西民居大多为土木结构，比较常见的有：三坊一照壁、四合五天井、前后院等几种形式。其中，三坊一照壁是丽江纳西民居中较常见的民居形式。

（4）传统服饰：丽江地区纳西族男子服饰与当地汉族男子相同，寒冬加穿羊皮披肩，中甸一带的穿大襟长衫，着过膝肥腿裤，腰系羊皮兜，扎绑腿。纳西族女子的服饰因地区而异。

3. 传统节日

纳西族传统节日有祭天、新年、棒棒会、三朵节、火把节、骡马会等。

六、白族

1. 民族概况

（1）概况：白族主要聚居在云南省大理白族自治州。

（2）语言文字：白族使用白语，一般认为白语属于汉藏语系藏缅语族。

（3）文化艺术：白族在艺术方面很有造诣，其建筑、雕刻、绘画艺术名扬中外。唐代修建的大理崇圣寺三塔、开凿于南诏年间的剑川石钟山石窟等都能体现白族精湛的工艺传承。

2. 民俗

（1）宗教信仰：白族有本主信仰，每位本主都有自己的节日。在白族人民的日常生活中，节庆、重大事件都要到本主庙去献祭，以祈求本主神的保佑。道教、基督教在白族地区也有一定的影响。

（2）饮食习俗：白族不同地区饮食不同，平坝地区以稻米、小麦为主食，山区以玉米、洋芋和荞麦为主食。善于制作各种腌菜，此外也喜爱粑粑、饵块、汤圆、米线、稀粥、糖饭（糯米与干麦芽粉制）等。喜食砂锅菜（以"砂锅弓鱼"最出名）、酸菜等，口味以酸、辣、冷为主，婚宴习惯用"喜洲土八碗"。白族喜饮茶，习惯用三道茶待客。

（3）传统民居：白族民间建筑，多为二层楼房，三开间，筒板瓦盖顶，前伸重檐，呈前出廊格局。墙面石灰粉刷，白墙青瓦，耀人眼目。

（4）传统服饰：白族崇尚白色，衣物以白色为贵。居住在大理地区的白族多穿白上衣、红坎肩，或是浅蓝色上衣、外套黑丝绒领褂，右衽结纽处接"三须""五须"银饰，腰系绣花短围腰，下着蓝色宽裤，足穿绣花"百节鞋"。

3. 传统节日

白族的传统节日主要有火把节、三月街、绕三灵、石宝山歌会等。三月街：每年农历三月十五至二十在大理城西的苍山脚下举行，又称"观音节"，是茶马古道上的交易节。

课堂讨论

三月街是哪个民族的传统节日？有什么活动？

第五节 中国南方少数民族

思维导图

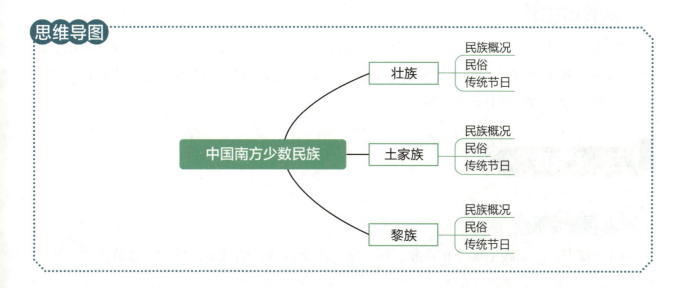

一、壮族

1. 民族概况

（1）概况：壮族，是中国人口最多的一个少数民族，广西壮族自治区是壮族的主要分布区。

（2）语言文字：壮族使用壮语，属汉藏语系壮侗语族壮傣语支。有南北两大方言，但语法结构、基本词汇大体相同。

（3）文化艺术：壮族文化由来已久，在布洛陀神话基础上创造的《布洛陀》长诗，是壮族的一部古老的创世史诗，是壮族社会的百科全书。广西南部的花山原始崖壁画是壮族文化艺术的精粹。壮族人民使用铜鼓已经有两千多年的历史，其居住的河池地区被誉为"铜鼓之乡"。壮歌久负盛名，定期举办对歌比赛，壮族人称之为"歌圩"。

2. 民俗

（1）宗教信仰：壮族崇拜祖先，信仰多神，魏晋以后，随着道教和佛教先后传入壮族地区，壮族形成以原始的麽教为主，融道教和佛教为一体，信仰多神的"宗教"。

（2）饮食习俗：壮族是中国较早栽培种植水稻的少数民族之一，因此其主食为大米，居住在干旱区的居民，主食为玉米。喜食水产和腌制的酸食，以牛鱼片为佳肴。

（3）传统民居：壮族建筑多数与汉族相同，部分地区居民还保持着古老的传统住房形式"干栏"，又称"麻栏"。分上下两层，上面住人，下面关养牲畜和存放杂物。

（4）传统服饰：壮族传统服饰因地区不同而有所差异，如广西西北部，中老年壮族女子多穿无领、左衽、绣花滚边的衣服和滚边、宽脚的裤子，腰间束绣花围腰，下身穿褶裙和绣花鞋，喜戴银首饰。

3. 传统节日

壮族的节日多与当地汉族相同，春节、元宵、春秋社日、清明、端午、中秋、重阳、除夕等传统汉族民间节日，也是壮族的岁时节日。壮族比较具有本民族特点的节日是"三月三"歌节、"牛魂节""中元节"等。

二、土家族

1. 民族概况

（1）概况：土家族主要分布在湘、鄂、渝、黔交界地带的武陵山区。土家族主要从事农业，织绣是土家族女子的传统工艺。土家织锦又称"西兰卡普"，是中国名锦之一。

（2）语言文字：土家族有自己的语言，属于汉藏语系藏缅语族，接近彝语支，没有本民族文字，通用汉文。

（3）文化艺术：土家族能歌善舞，爱唱山歌，包括情歌、哭嫁歌、摆手歌、劳动歌等。传统舞蹈有"摆手舞""八宝铜铃舞"及歌舞"茅古斯"。乐器有唢呐、木叶、"打家伙"等，土家族的摆手舞是比较流行的一种古老的舞蹈，与土家织锦并称为土家艺术之花。

2. 民俗

（1）宗教信仰：土家族信仰多神，表现为自然崇拜、图腾崇拜、祖先崇拜、土王崇拜等，巫风巫俗尤烈。

（2）饮食习俗：土家族以稻米、苞谷为主食，菜肴以酸辣为其主要特点。其他较有特点的食物还有粑粑、腊肉、油茶、合菜、团馓等。土家族人民喜饮酒，比较常见的是用糯米、高粱酿制的甜酒和咂酒。

（3）传统民居：土家族村落依山傍水，其传统民居主要有茅草屋、土砖瓦屋、木架板壁屋、吊脚楼四种类型，除此之外还有石板屋和岩洞。比较有特色的是"吊脚楼"，多依山靠河就势而建，呈虎坐形，属于干栏式建筑。

（4）传统服饰：男子一般上穿短衣，下穿青、蓝布缝制的统统裤，裤腰上有白布，穿时在腹前打折子，脚打绑带，用青布或白布包头。女子一般上穿短衣领右襟大褂，袖大而短，衣服边沿处镶有三条花边，下穿八幅罗裙。

3. 传统节日

土家族节日丰富多彩，正腊月间的年节（过赶年）、二月社日、三月寒食节、四月初八牛王节、六月初六向王节等，都是较为重大的节日。其中，最有特色的节日便是过赶年（土家族比汉族提前一天过年，即月大是腊月二十九，月小是腊月二十八，因此叫作"过赶年"）。

三、黎族

1. 民族概况

（1）概况：黎族主要聚居在海南省，主要以农业为主。

（2）语言文字：黎族有自己的语言，黎语属于汉藏语系壮侗语族黎语支。以前黎族没有文字，通用汉文，后来创制了以拉丁字母为基础的黎文。

（3）文化艺术：黎族虽然没有文字，但其口头文学丰富多彩，其民间文学作品中，如《大力神》《勇敢的打拖》《五指山大仙》等，都具有鲜明的民族性。黎族的舞蹈有《钱铃双刀舞》《打柴舞》《舂米舞》等，民间乐器有鼻箫、口弓、水箫、洞箫等。

2.民俗

（1）宗教信仰：黎族各地基本上保留着原始的宗教信仰，以祖先崇拜为主，也有自然崇拜。

（2）饮食习俗：黎族一般日食三餐，以大米为主，把生鱼、肉掺以炒米粉，加入少许食盐，用陶罐封存制作而成的肉茶、鱼茶是黎家腌制的特色风味食品。黎族男子喜烟、酒，女子爱嚼槟榔。

（3）居住习俗：黎族主要有船形茅屋和金字形茅屋两种房屋样式。船形茅屋是黎族传统的具有代表性的住宅，以木条、竹子、红白藤和茅草为建筑材料，房屋的骨架用竹木构成，十分原始和简单，属于传统竹木结构建筑。

（4）传统服饰：在传统服饰中，黎族女子常穿直领、无领、无纽对襟上衣，有的地方穿贯头式上衣，下穿长短不同的筒裙，束发脑后，插以骨簪或银簪，披绣花头巾，戴耳环、项圈和手镯。男子传统装束一般结发于额前或脑后，上衣无领、对胸开襟，下着腰布（吊襜），部分美孚黎（黎族的一个支系）男子上衣与女子无多大分别。

（5）丧葬习俗：黎族一般实行土葬，葬俗因地区、方言不同而存在差异。在五指山腹地，人死后，则鸣枪报丧，男人用独木棺葬于本村氏族公共墓地，外村嫁来的女子，则需抬回其娘家由娘家料理丧事，并葬在娘家的墓地。

3.传统节日

黎族的传统节日有春节、三月三、年仔节、迎春节、军坡节、鬼节、牛节、敬祖节等。其中三月三是黎族最重要的节日，节日那天，黎族人民集合在一起，预祝"山兰"（山地旱稻）、狩猎双丰收。老人们携带腌好的山味和酿好的糯米酒，来到村中德高望重的老人家里，席地围坐，在芭蕉叶和木瓜叶上痛饮。

本章小结 →

根据《全国导游人员资格考试大纲》的要求，本章讲述了中国民族文化、民俗民风、民间艺术等知识。通过学习本章内容，考生了解了中国56个民族的地理分布及特点，掌握了汉族以及中国少数民族的文化传统、民俗民风，熟悉了中国的传统节日、节庆活动等，增加了考生关于中国民族文化的知识储备。本章内容紧扣导游人员资格考试大纲，力求内容简练、易学、易懂。教学内容通过课堂讨论、本章测试等方法加以延伸，不仅丰富了考生的中国民族民俗知识，而且对其学习能力和应考能力也大有裨益。

（一）单项选择题

1. 在中国的传统节日中，既是节日又是节气的是（   ）。

A. 元宵节　　　　　　　B. 清明节　　　　　　　C. 端午节　　　　　　　D. 重阳节

2. 中国人口最多的民族及使用汉语的少数民族分别是（   ）。

A. 汉族、回族　　　B. 壮族、汉族　　　C. 满族、壮族　　　D. 维吾尔族、回族

3. 擦耳瓦、裕祥、旗袍分别是（   ）的传统服饰。

A. 满族、藏族、回族　　　　　　　　　B. 维吾尔族、彝族、蒙古族

C. 彝族、维吾尔族、苗族　　　　　　　D. 彝族、维吾尔族、满族

4. 在下列少数民族中，信仰崇拜多神的东巴教的民族是（   ）。

A. 白族　　　　　　B. 纳西族　　　　　　C. 彝族　　　　　　D. 土家族

5. （   ）是中国著名史诗之一，也是世界上最长的英雄史诗。

A《格萨尔王传》　　B.《丹珠尔》　　C.《甘珠尔》　　D.《创世纪》

6. "坨坨肉、转转酒"是（   ）的代表食品。

A. 满族　　　　　　B. 壮族　　　　　　C. 苗族　　　　　　D. 彝族

7. 纳西族是中国的一个古老民族，主要分布在（   ）三省区交界的地方。

A. 云南、四川和广西　　　　　　　　　B. 云南、西藏和广西

C. 云南、四川和西藏　　　　　　　　　D. 云南、四川和湖南

8. 被称为"瓦板房"的是（   ）的房屋。

A. 壮族　　　　　　B. 黎族　　　　　　C. 彝族　　　　　　D. 土家族

9. 朝鲜族非常尊敬老人，（   ）是子女为六十大寿的老人祝福祝寿的家庭日子。

A. 浴佛节　　　　　　B. 三月节　　　　　　C. 回甲节　　　　　　D. 回婚节

10. 有"维吾尔族音乐之母"誉称的是（   ）。

A.《十二木卡姆》　　　　　　　　　　　B.《福乐智慧》

C.《阿凡提的故事》　　　　　　　　　　D.《江格尔》

11. 鼻箫是（   ）独特的乐器。

A. 白族　　　　　　B. 苗族　　　　　　C. 黎族　　　　　　D. 彝族

12. 吊脚楼是（   ）最具特色的建筑。

A. 傣族　　　　　　B. 黎族　　　　　　C. 苗族　　　　　　D. 土家族

13. 竹竿舞、芦笙舞、孔雀舞分别是（   ）流行的民族舞蹈。

A. 黎族、白族、傣族　　　　　　　　　B. 苗族、傣族、朝鲜族

C. 傣族、苗族、朝鲜族　　　　　　　　D. 黎族、苗族、傣族

14. 火腿粑粑、琵琶猪是（　　）的特色食品。

　　A. 黎族　　　　　　　B. 白族　　　　　　　C. 纳西族　　　　　　D. 苗族

15. 芦笙节、火把节分别是哪个民族的节日？（　　）

　　A. 土家族、苗族　　　　　　　　　　　B. 纳西族、土家族

　　C. 苗族、彝族　　　　　　　　　　　　D. 黎族、傣族

16. 三月三、三月街、三朵节分别是哪个民族的节日？（　　）

　　A. 黎族、白族、纳西族　　　　　　　　B. 黎族、纳西族、白族

　　C. 白族、苗族、彝族　　　　　　　　　D. 壮族、白族、土家族

17. 《创世纪》《福乐智慧》两部著作所属的民族是（　　）。

　　A. 纳西族、维吾尔族　　　　　　　　　B. 彝族、苗族

　　C. 藏族、景颇族　　　　　　　　　　　D. 黎族、土家族

18. 过赶年、望果节依次是中国下列哪个少数民族的节日？（　　）

　　A. 土家族、藏族　　　　　　　　　　　B. 白族、纳西族

　　C. 藏族、纳西族　　　　　　　　　　　D. 白族、土家族

19. 四合五天井、干栏式分别是哪个民族的住宅类型？（　　）

　　A. 白族、傣族　　　　　　　　　　　　B. 傣族、白族

　　C. 彝族、苗族　　　　　　　　　　　　D. 土家族、白族

20. 雪顿节、盘王节、歌圩节分别属于（　　）。

　　A. 侗族、壮族、蒙古族　　　　　　　　B. 满族、藏族、瑶族

　　C. 藏族、瑶族、壮族　　　　　　　　　D. 蒙古族、苗族、壮族

21. "摆手舞"和"赛乃姆"分别是（　　）的民间舞蹈。

　　A. 傣族、土家族　　　　　　　　　　　B. 维吾尔族、黎族

　　C. 土家族、维吾尔族　　　　　　　　　D. 黎族、苗族

22. 《弦索十三套》和《十二木卡姆》分别是下列哪个少数民族的民间音乐？（　　）

　　A. 维吾尔族、蒙古族　　　　　　　　　B. 回族、满族

　　C. 满族、维吾尔族　　　　　　　　　　D. 蒙古族、回族

23. 下列少数民族中，没有本民族文字的是（　　）。

　　A. 彝族　　　　　　　B. 白族　　　　　　　C. 纳西族　　　　　　D. 土家族

（二）多项选择题

1. 农历九月九日重阳节又被称为（　　）。

　　A. 团圆节　　　　　　B. 重九节　　　　　　C. 晒秋节　　　　　　D. 卫生节

　　E. 老人节

2. 中国文学史上的"三大英雄史诗"有（　　）。

　　A.《江格尔》　　　　B.《格萨尔王传》　　　C.《玛纳斯》　　　　　D.《蒙古秘史》

E.《十二木卡姆》

3.有关少数民族节日的叙述，正确的有（   ）。

A.壮族歌传节　　　　B.苗族芦笙节　　　　C.彝族火把节　　　　D.傣族花衔节

E.黎族过赶年

4.把"火把节"作为本民族传统节日的有（   ）。

A.藏族　　　　　　　B.彝族　　　　　　　C.白族　　　　　　　D.壮族

E.纳西族

5.有关各少数民族饮食的描述，不正确的有（   ）。

A.蒙古族常用手抓羊肉或清水煮全羊款待客人

B."抓饭"是回族节日和待客不可缺少的食品

C.彝族以糌粑和酥油茶为主食

D."三道茶"是白族著名的传统茶俗

6.关于中国少数民族的描述，下列说法正确的有（   ）。

A.首饰、长袍、腰带和靴子是蒙古族服饰的四个主要组成部分

B.除了最盛大的节日"火把节"，彝族还有插花节、赛装节、虎节等民族节日

C.在泼水节这一天，傣族人民要拜佛、赕佛，然后彼此泼水嬉戏，相互祝愿

D.纳西族采用夏历纪年，因此许多节日都与汉族相同，如春节、清明节、端午节、中秋节等，但是其节日活动带有鲜明的民族特色

E.藏族长达 15 米的《神路图》堪称稀世瑰宝

7.下列关于中国少数民族的说法，正确的有（   ）。

A.壮族是中国少数民族中人口最多的一个民族

B."三月三"是黎族民间的传统节日

C.藏族的《格萨尔王传》是中国著名史诗之一

D.蒙古人的传统乐器是马头琴

E.维吾尔族同胞创造了长篇史诗《创世纪》

8.关于中国少数民族的说法，不正确的有（   ）。

A.维吾尔族的舞蹈轻巧、优美，以旋转快速、多变著称，有顶碗舞、大鼓舞等

B.土家族的传统节日有过赶年、中元节等

C.纳西族有自己的历法和文献，民间文艺活动丰富多彩

D.大理古城、石钟山石窟具有鲜明的白族民族特色

9.中国的民族语言大体上分属于五大语系，它们是（   ）。

A.汉藏语系　　　　B.阿尔泰语系　　　　C.南亚语系　　　　D.南岛语系

E.印欧语系

10. 下列关于少数民族特点的描述，正确的有（　　　）。

A. 傣族主要分布在云南省，80% 以上聚居在大理

B. 维吾尔族男女老少爱戴的四棱小花帽，称为"朵帕"

C. 壮族喜吃腌制的酸食，以生鱼片为佳肴

D. 三朵是苗族人千百年来笃信的保护神

11. 下列信仰多神的少数民族有（　　　）。

A. 土家族　　　　　　B. 壮族　　　　　　C. 黎族　　　　　　D. 彝族

E. 白族

12. 苗年是苗族一年中最主要的节日，此时的主要活动有（　　　）。

A. 斗牛　　　　　　B. 芦笙踩堂　　　　　　C. 铜鼓表演　　　　　　D. 游方

13. 以下服饰对应正确的有（　　　）。

A. "帮典"——藏族　　　　　　　　　　B. "披星戴月"——纳西族

C. "吊檐"——黎族　　　　　　　　　　D. "朵帕"——维吾尔族

延伸阅读 →

1. 汉族的节庆与禁忌。

2. 中国民俗的起源和分期。

3. 中华民族别称溯源。

4. 旅游对民俗产生的影响。

5. 民俗文化的产生和特点。

6. 民族"大杂居、小聚居"。

第四章

中国古代建筑

学习目标 →

节标题	学习要点
中国古建筑概述	中国古代建筑文化概述（了解） 台基、开间、斗拱、彩画、梁的概念、类型与功能（掌握）
宫殿与坛庙	中国现存古代皇家宫殿（了解） 宫殿与坛庙建筑的主要形式（掌握） 宫殿、坛庙的类型、布局和特点（掌握）
古城、古镇古村与古长城	古城、古长城的类型、布局和特点（熟悉）
陵墓	不同历史时期的陵墓形式特点（熟悉） 中国著名陵墓的名称及特点（了解）
古楼阁、古塔和古石桥	中国著名古楼阁名称、特点（熟悉） 中国著名古塔类型、特点（掌握） 古石桥的类型、布局和特点（掌握）

导游应考提示 →

1. 中国古代建筑的基本构件中的屋顶、开间、台基、斗拱、彩画是考试重点，官式建筑屋顶形式的排列顺序，开间、台基、斗拱的含义及彩画的三个等级需熟记于心。

2. 掌握中国宫殿的布局、类型和特点，熟悉北京故宫的基本概况。故宫主要建筑用途是常考考点，考生应注意加强记忆。

3. 掌握中国坛庙布局、类型和特点，熟记郊祭地点和时间，了解太庙的意义、社稷坛五方五色配置，天坛在礼制建筑中的地位，地坛的设计理念及"三孔"。

4. 古城考试的重点是中国现存古代城池的称谓及其主要特点，常考考点为南京古城和西安古城。

5. 封土、现存著名古代陵寝是陵墓考试内容的重点也是难点。考生应根据封土沿革熟记中国现存著名古代陵墓的封土方式。

6. 书中出现的时间、数量、方位等内容需熟记，这些内容是命题人经常考查考生记忆和知识熟练程度的命题单位。

7. 本章内容与第一章"旅游和旅游业"、第二章"中国历史文化"、第三章"中国民族民俗"、第五章"中国古典园林"、第八章"中国旅游诗词、楹联、题刻、游记"等相关联，考生学习时应前后对应，融会贯通，掌握相关内容。

第一节 **中国古建筑概述**

思维导图

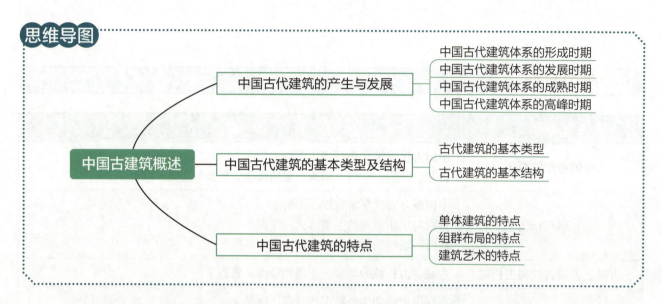

中国古代建筑通常是指近代建筑技术输入之前中国的建筑体系，并以汉族为主体的广大地区的建筑为代表。中国古代建筑具有悠久的历史传统和光辉的成就，形成了极具特色的建筑风格。中国古代建筑是东方建筑体系的杰出代表，中国古代建筑与以比萨斜塔为代表的罗马建筑、法国巴黎圣母院为代表的哥特式建筑一起，被称为世界著名三大古代建筑体系。

一、中国古代建筑的产生与发展

中国古代建筑经历了几千年的不断的演变过程，现已成为世界上独具风格的一门建筑科学，是世界上建筑艺术宝库中的一颗璀璨明珠。在中国古代建筑的发展历程中，主旋律是土木结构。在原始社会，我们的祖先从艰难地建造穴居和巢居开始，逐步掌握了营造地面房屋的技术，创造了原始的木架建筑，满足了最基本的居住和公共活动的要求。随后，中国土木结构的建筑历程大致经历了形成时期、发展时期、成熟时期和高峰时期四个阶段。

1. 中国古代建筑体系的形成时期

商代出现了中国历史上最早的宫殿建筑，春秋战国时期，形成了中轴对称的基本模式，奠定了中国古代城市建筑的基础。秦汉时期，中国建筑体系已基本形成。其主要标志是初步掌握了夯土和烧制砖瓦的技术、木构架结构渐趋成熟、拱券式结构有了发展。这个时期的建筑遗址主要有宫殿、陵墓、驰道、长城及都江堰、灵渠、郑国渠三大著名水利工程。

2. 中国古代建筑体系的发展时期

魏晋南北朝时期，中国的砖瓦质量和木结构技术有所提高，出现了佛寺、佛塔和石窟寺三大佛教建筑。这一时期留下的主要建筑有河南登封嵩岳寺、山西大同云冈石窟、甘肃敦煌莫高窟、甘肃天水麦积山石窟和河南龙门石窟等。

3. 中国古代建筑体系的成熟时期

隋唐时期是中国古代建筑的成熟阶段。隋朝开凿了贯通南北的大运河。首都大兴城规模宏大、分区明确、街道整齐，其建筑形制与前代相比有了很大提高。到了唐朝，建筑等级更为详密。陵墓、木构殿堂、石窟、塔、桥及城市宫殿，无论布局还是造型，均气魄雄伟，具有高度的艺术和技术水平，雕塑和壁画尤为精美。唐代建筑不仅是中国封建社会前期建筑发展最高峰，而且是中国建筑发展进入完全成熟阶段的佐证。主要表现在：砖的应用更加广泛、琉璃的烧制日趋完美、建筑构件比例定型化。如五台山南禅寺、唐昭陵、唐乾陵等。

4. 中国古代建筑体系的高峰时期

明清时期中国古代建筑体系完善和成熟，有故宫、天坛等建筑精品。朱元璋建立明朝，在建筑、水利造园等方面涌现出不少优秀的专门匠师和学术著作。制砖手工业进一步发展，修建了规模宏大的长城（明长城）和南北二京。一般府、州、县城垣多用砖砌，民间建筑也多使用砖瓦。明朝以及后来继起的清王朝，官家建筑装饰琐碎繁缛，但某些组群建筑的布局与形象颇富变化，圆明园即为典范，民间建筑类型和数量增多，质量提高。各民族建筑也于此时发展成熟。与此同时，皇家和私人园林有很大发展，成为此时期一份珍贵的文化遗产。因此，明清建筑继汉、唐、宋之后，成为中国封建社会建筑的最后一个高潮。

这一时期，砖的生产大量增加，琉璃瓦的数量及质量都超过过去任何朝代。官式建筑已经高度标准化、定型化了。

> **课堂讨论**
> 1. 试论述中国古代建筑的产生原因。
> 2. 中国古代思想对建筑形式的影响。

二、中国古代建筑的基本类型及结构

1. 古代建筑的基本类型

中国古代建筑是按照所有者的社会地位和身份来规定建筑的规模和形制的。森严的封建等级制度，把中国的古代建筑严格地分为三个类型，即殿式、大式和小式。殿式是指宫殿的样式，主要为帝王及后妃的居所；大式是各级官员和富商大贾的宅第；小式则是普通百姓的住房。

2.古代建筑的基本结构

中国古代单体建筑由台基、屋身、屋顶三部分构成，俗称"三段式"结构。

1）台基

"高基座、木构架、大屋顶"形象地概括了中国古代单体建筑的特点。台基也称基座，高级台基又称须弥座、金刚座。台基是高出地面的建筑物底座，用以承托建筑物，还可以防潮、防腐，同时用来突出中国古代单体建筑的高大雄伟。

2）屋身

屋身是中国古代建筑的主体部分，中国古代建筑采用木架构的梁柱式结构。主要包括：

（1）柱。柱是单体建筑的最重要的承重构件，是建筑的"腿"。它把建筑的荷载传递到台基上。柱常为松木或楠木制成的圆柱形木头。多根木头圆柱，用于支撑屋面檩条，又形成梁架。

（2）开间。四根木头柱子围成的空间称为间。建筑的迎面间数称为"开间"，或称"面阔"。建筑的纵深间数称"进深"。中国古代以奇数为吉祥数字，所以平面组合中绝大多数的开间为单数；而且开间越多，等级越高。如北京太庙的大殿开间为十一间。

（3）梁。即横梁，架于木头圆柱上的一根最主要的木头，以形成屋脊。常用松木、榆木或杉木制成，是中国传统木结构建筑中骨架的主要部件之一。

（4）斗拱。斗拱是中国古代建筑独特的构件。方形木块叫斗，弓形短木叫拱，斜置长木叫昂，总称斗拱。斗拱置于柱头和额房、屋面之间，用来支撑荷载梁架、挑出屋檐，兼具装饰的作用。

3）屋顶

屋顶，古称屋盖。中国传统屋顶有以下几种（其中以重檐庑殿顶、重檐歇山顶为级别最高，其次为单檐庑殿、单檐歇山顶）：

（1）庑殿顶。四面斜坡，有一条正脊和四条斜脊，屋面稍有弧度，又称四阿顶。重檐庑殿顶是建筑级别最高级的屋顶形式。如故宫的太和殿即为重檐庑殿顶式建筑。

（2）歇山顶。又称九脊顶，天安门城楼为重檐歇山顶式建筑。

（3）悬山顶。又称挑山顶。屋面上有一条正脊和四条垂脊。

（4）硬山顶。屋面双坡，两侧山墙同屋面齐平，或略高于屋面。

（5）攒尖顶。通常，亭、阁、塔均用此种屋顶。

（6）卷棚顶。江南一带的建筑习惯采用此种建筑形式。

> **小知识**
>
> ### 封火山墙
>
> 封火山墙是一种屋顶与墙山的组合形式。古建筑中屋面以中间横向正脊为界分前后两面坡，左右两面山墙或与屋面齐平或高出屋面。高出的山墙称封火山墙，其主要作用是防止火灾发生时，火势顺房蔓延，故得名。封火山墙常见于中国长江以南民间建筑中，从外形上看颇具江南民居风格。

三、中国古代建筑的特点

1.单体建筑的特点

1）材料使用

普遍以木材和砖瓦作为主要的建筑材料。

2）结构方式

中国古代建筑采用木构架结构，木构架结构具有如下优点：

（1）灵活地安排空间布局。

（2）榫卯吻合，有利于减轻灾害的影响。

"墙倒屋不塌"，形象地表达了木构架结构的特点。中国古代木构架有抬梁式、穿斗式、井干式三种不同的结构方式。抬梁式是在立柱上架梁，梁上又抬梁，所以称为抬梁式。宫殿、坛庙、寺院等大型建筑物中常采用这种结构方式。穿斗式是用穿枋把一排排的柱子穿连起来成为排架，然后用枋、檩斗接而成，多用于民居和较小的建筑物。井干式是用木材交叉堆叠而成的，因其所围成的空间似井而得名。这种结构比较原始简单，除少数森林地区外，现在已很少见。

2.组群布局的特点

1）以单体建筑为基础

以"间"为单元构成单体建筑，再以单体建筑组成庭院，进而以庭院为单元，组成各种形式的组群。

2）内敛含蓄的布局原则

中国古代建筑很少露出其全部轮廓，多以四合院的形式组织建筑空间，表现出中国建筑组群内敛含蓄的布局原则。

3）均衡对称、主次分明

就整体而言，重要建筑大都采用均衡对称的方式，以庭院为单元，沿着纵轴线与横轴线进行设计，借助于建筑群体的有机组合和烘托，使主体建筑显得格外宏伟壮丽。通常，中国古代建筑的布局形式有严格的方向性，常为南北向，只有少数建筑群因受地势限制采取变通形式，也有由于受宗教信仰或阴阳五行风水思想的影响而改变方向的。最著名的是北京故宫的建筑组群。

3.建筑艺术的特点

1）造型优美

中国古代建筑造型优美尤以屋顶造型最为突出，屋顶中直线和曲线巧妙地组合，形成向上微翘的飞檐，不但扩大了采光面，有利于排泄雨水，而且增添了建筑物飞动轻快的美感。

2）装饰精美

（1）彩画。清代彩画分为三类：和玺彩画是等级最高的彩画；旋子彩画等级次于和玺彩画，最大的特点是画面用带卷涡纹的花瓣，即所谓"旋子"；苏式彩画画面多为老百姓喜闻乐见的花鸟鱼虫、山水人物及象征富贵吉祥的图案。

（2）雕刻。雕饰的题材有花鸟鱼虫、奇禽异兽及山水风光、人物故事等。就材料来讲，有砖雕、木雕、建筑外的雕刻艺术品，如狮子、麒麟、铜龟、仙鹤等。

3）等级森严

（1）建筑的屋顶。以庑殿顶级别最高。

（2）房屋的开间与进深。皇宫最高级的宫殿面阔十一间，进深五间。

（3）建筑的台基。须弥座级别最高。

（4）建筑色彩的运用。皇宫用黄色琉璃瓦顶，红色砖墙；皇子、亲王等用绿色琉璃瓦顶；一般民居则只能用黑色或青色瓦片顶。

第二节 宫殿与坛庙

思维导图

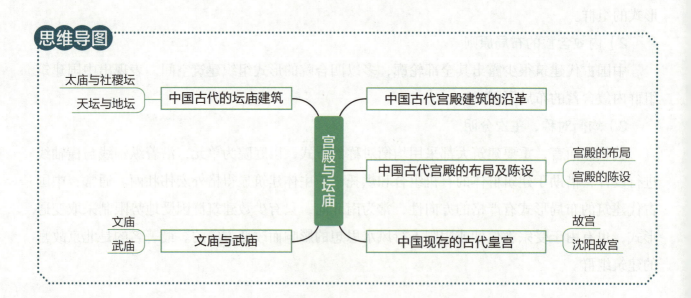

一、中国古代宫殿建筑的沿革

中国的宫殿建筑最早可以追溯到商代。春秋时期，出现了台榭这种高台建筑，秦汉以后，宫殿规模更加宏伟，有著名的阿房宫、未央宫、明光宫、建章宫等。隋唐时期，主要有唐代的大明宫和兴庆宫等。明清时期是中国宫殿建筑完全成熟的阶段，现存比较完整的有北京故宫和沈阳故宫。

二、中国古代宫殿的布局及陈设

1. 宫殿的布局

1）前朝后寝

皇帝办公、处理政务、举行大典的地方称为前朝，皇帝与后妃及子女们生活居住的场所称为后寝，这种布局早在周代就已形成。

2）中轴对称

为了表现君权受命于天和以皇权为核心的等级观念，宫殿建筑采取严格的中轴对称的布局方式。中轴线上的建筑高大华丽，轴线两侧的建筑低小而且简单。

3）左祖右社

"左祖右社"，即在宫殿的左前方设立祖庙，以祭祀帝王的先祖，因是天子的祖庙，故称"太庙"。宫殿的右前方设立社稷坛，"社"为土地，"稷"是谷神，社稷坛是皇帝祭祀土地神和粮食神的地方。明清时故宫的宫城的左前方建有太庙，右前方建有社稷坛。

2. 宫殿的陈设

1）华表

华表是一种中国古代传统建筑形式，属于古代宫殿、陵墓等大型建筑物前面做装饰用的巨大石柱，相传华表是部落时代的一种图腾标志，古称桓表。其既可以体现皇家的尊严，又可以给人以美的享受。

2）石狮

左雄右雌，雄狮右脚踏球代表权利，雌狮蹄下有一只小狮子象征子嗣昌盛，并有显示"尊贵"和"威严"的作用。

3）嘉量和日晷

嘉量是我国古时的标准量器，全套量器从大到小依次为斛、斗、升、合、龠，象征着国家的统一。日晷即日影，是利用太阳的投影和地球自转的原理，借指针所产生阴影的位置来显示时间的装置。

4）铜龟和铜鹤

铜龟和铜鹤常被置于宫殿前，用来象征君主福寿绵延。

5）吉祥缸

殿前放置吉祥缸，是用来防止火灾的。古代称其为"门海"，意谓缸中之水多似海。

故宫里的大缸

进入故宫，人们会发现有许多大缸，足足200多口；其实历史上是有308口的，只是后来被人带走不少。那么这些缸有何用处呢？它们并不是摆设，而是起到了消防的作用，古代建筑都是使用木材，如果不小心失火可是很危险的，尤其故宫这样的地方，更需要大量的缸来储水。现在故宫里面最悠久的缸已经有500多年了，明朝时就有。值得一提的是，这300多口缸大多数是铁缸。在三大殿门口的，就是规格最高的鎏金铜缸，它们的名字是金海，其他的都被称为门海。金海一共有18口，如果换算成人民币，大概造价就有1 100万元。史书记载它们每个能存水3吨，全是乾隆时造的。当年八国联军来的时候，把这18口缸上面的金子刮得干干净净。庆幸的是，缸全部都在，没砸也没毁。日本人来了之后，金海对他们来说没用了，因为金子都被刮了，门海却非常有用，因为是铁制成的，他们搬走了不少，用途就是制作子弹。

三、中国现存的古代皇宫

1. 故宫

故宫（旧称紫禁城）始建于明朝永乐年（公元1406年），历时十四年才全部完成。为明清两代二十四位皇帝的皇宫。它是世界上现存规模最大、保存最完整的宫殿建筑群，代表了中国古代建筑艺术的最高水平。故宫四面各开城门一座：南为正门午门，北为神武门，东为东华门，西为西华门，城的四角都建有重檐角楼。故宫建筑群中轴对称，中轴线上由南向北依次是午门、太和门、太和殿、中和殿、保和殿、乾清门、乾清宫、交泰殿、坤宁宫。最北端为神武门。内东路上由南向北依次是文华殿、奉先殿、斋宫和东六宫。太和殿高约27米，建在高约8米的三重汉白玉的台基上。紫禁城以中轴线为骨干，以三大殿为核心，明清两朝二十四个皇帝都在太和殿举行盛大典礼，如皇帝登基即位、皇帝大婚、册立皇后、命将出征。北京故宫于1925年被辟为故宫博物院，现收藏100多万件古代艺术珍品，是世界著名的古代文化艺术博物馆，1987年，被列入《世界文化遗产名录》。

2. 沈阳故宫

沈阳故宫始建于后金（1625年），占地6万平方米，共有建筑70余座，总计房间300余间。沈阳故宫是满族入关前的皇宫，也是中国现存的仅次于北京故宫的较完整的宫殿建筑，具有浓厚的民族和地方特色。沈阳故宫在建筑布局上分为东、中、西三路。东路为努尔哈赤所建，军事气氛极为浓厚，大政殿为其主体建筑；中路建筑为清太宗皇太极所建，是皇太极处理朝政之所；西路以文溯阁为中心，文溯阁仿浙江天一阁而建，内藏有《四库全书》。现已辟为沈阳故宫博物院，2004年被列入《世界文化遗产名录》。

四、中国古代的坛庙建筑

中国的礼制以"礼"为核心，突出地体现在两个方面：一是崇尚"天"、崇尚神灵、崇尚受命于天的帝王；二是崇尚祖先，因为祖先不仅赋予我们生命，而且还保佑着子孙后代，因此祖先是神圣的。为了寄托这种崇敬的心情，产生了许多坛庙建筑，这些坛庙建筑统称为礼制建筑。

1. 太庙与社稷坛

自周开始，都城布局规划中就有"左祖右社"的规定，明清两代的太庙和社稷坛建于皇城之内、宫城前方的中轴线两侧。

1）太庙

太庙位于宫城（天安门）左侧，是皇帝祭祀祖宗的地方，现在已被辟为劳动人民文化宫。太庙包括戟门、正殿、两庑、宫和祧庙，有明显的中轴线，左右配殿严格对称。太庙的主体建筑为三大殿，大殿对面是大戟门。大戟门外是玉带河与金水桥，桥北面东、西各有一座六角井亭，桥南面为神厨与神库。再往南是五彩琉璃门，门外的东南有宰牲房、治牲房和井亭等。

2）社稷坛

社稷坛位于宫城（天安门）右侧，以前是皇帝祭祀土地神和谷神的地方。古代以"社稷"指代江山、国家，所以祭祀社稷坛，既祈求风调雨顺、五谷丰登，也表示帝王的江山万代。由于祭祀社稷是由北向南，所以从北向南，社稷坛依次为正门、享殿、拜殿、五色土方坛。按五行中五方五色的位置，五色土覆于五色方坛中，中央为黄，东方为青，南方为红，西方为白，北方为黑，这与中国地理地貌惊人的相似。

2. 天坛与地坛

1）天坛

祭祀天、地、日、月是历代帝王登基后的重要活动。为了表示君权"受命于天"，皇帝是秉承"天意"治理国家，北京天坛是中国现存最大、等级最高的礼制建筑群。天坛始建于明永乐十八年（1420年）。天坛坛域北为圆形，南为方形，以象征"天圆地方"。天坛主体建筑有圜丘坛、皇穹宇、祈年殿和斋宫四部分，圜丘坛是皇帝冬至祭天的地方，台基堆砌九层石板，取"上天九重"之意。坛台中心嵌着一个圆形石板，称为太极石，皇穹宇是平时存放上天及诸神灵位的殿堂。殿外以圆形高墙围绕，是名列中国声学建筑之首的回音壁。祈年殿位于中轴线最北端，是全园最大的建筑。下方是高6米的三级汉白玉基座，基座上是高38米、直径32.73米的三重亭式圆殿，中央四柱代表一年中的四季，外围两排各有十二根柱子，分别代表十二个月和十二个时辰。天坛占地面积270万平方米，是中国现存最大的古代祭祀性建筑群，于1998年列入《世界文化遗产名录》。

2）地坛

地坛是明清两代皇帝"夏至"日祭祀地皇神祇的地方，也是明清北京五大坛之一。地坛始建于公元1530年，命名为方泽坛，公元1534年改名为地坛。地坛呈方形，整个建筑从整体到布局都是遵照中国古代"天圆地方""天青地黄""天南地北""龙凤""乾坤"等传统和象征传说构思设计的。

课堂讨论

　　1. 古代坛庙的核心思想是什么？

　　2. 什么是"左祖右社"？

五、文庙与武庙

1. 文庙

　　孔庙（文庙）是祭祀中国古代著名的思想家、教育家、儒家学派的创始人孔子的场所。孔庙位于山东曲阜，始建于公元前478年，原是孔子旧居。孔庙被建筑学家称为世界建筑史上的"孤例"。1994年，有曲阜"三孔"之称的孔庙、孔府、孔林被列入《世界文化遗产名录》。孔庙、故宫以及避暑山庄并称为"中国三大古建筑群"。

2. 武庙

　　山西解州关帝庙是祭祀三国蜀将关羽的场所。关羽为"武圣人"，佛家奉其为"伽蓝神"，道家供其为"关帝圣君"。始建于隋朝的解州关帝庙为武庙之祖，是现存规模最大的宫殿式道教建筑群和武庙，被誉为"武庙之冠"。

第三节　古城、古镇古村与古长城

思维导图

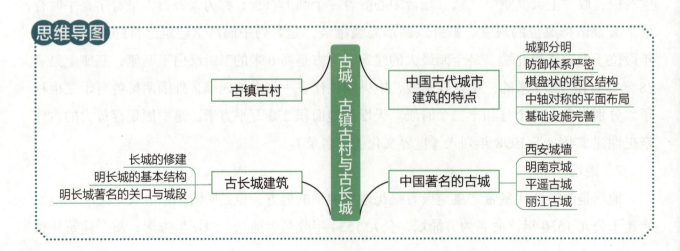

一、中国古代城市建筑的特点

1. 城郭分明

中国古代上至天子王侯，下至县郡治所都建有城和郭城在内、郭包在城的外围，有"内之为城，外之为郭"之说，统称城郭。从内到外依次是宫城、皇城、外城（即郭），明代的南京城和北京城较为特殊，筑有四道城墙。

2. 防御体系严密

古代城市有着十分严密的防御体系。大都筑有高大的城墙，矮者 4 米，高者可达 10 余米，厚约 12 米，坚固异常。城墙之上建有雉堞、女墙、门楼、角楼、马面等防御设施。城墙之外建有护城河（称为"城池"），护城河上设有吊桥，城墙四面设有数量不等的城门，城门之外往往加筑瓮城、罗城、箭楼等。

3. 棋盘状的街区结构

中国古代城市的道路结构多为棋盘状。据《周礼·考工记》记载，古代都城的规制是："匠人营国，方九里，旁三门，国中九经九纬，经涂九轨"，即都城九里见方，每边开有三门，东西南北各有九条道路，南北道路宽为车轨的 9 倍。中国各主要大、中城市的道路交通管网至今都保持着这种基本的格局。

4. 中轴对称的平面布局

中国古代城市采用中轴对称的平面布局。城市建设或以宫殿，或以官衙，或以钟楼等公共建筑为中心进行规划，反映了统治阶级严格的等级观念。

5. 基础设施完善

基础设施完善，具有完备的城市功能。中国古城设有"市"，供百姓们交换和采购。如北京城的市场和店铺共有 132 行，分布于皇城四周的大街小巷之中，并形成东单、西四牌楼、正阳门、鼓楼四个商业中心。其他的城市设施，如绿化、饮水、排水、防火、报时、报警等，一应俱全，极为完善。

二、中国著名的古城

1. 西安城墙

西安城墙是中国现存规模最大的、保存最为完整的明代城墙。是明洪武三年至十一年

（1370—1378年）在唐长安城的基础上修建的。明清时屡经修葺、增建，至今保存完好。

城的四面正中均辟有城门，东门名长乐，西门称安定，南为永宁门，北是安远门。每座门外设有箭楼，内建有城楼，两楼之间建瓮城。

城楼为歇山顶，重檐回廊，气势雄伟。箭楼是单檐建筑，内分四层，外辟有48个箭窗，作射击防御之用。城墙的内面建有六处马道，作为兵马登城之用。城墙的外面建有防御性的设施——敌台，因其上小下大，俗称"马面"。两敌台相距120米，恰在箭镞、火铳等武器的有效射程之内。城垣外围的护城河与城墙共同构成了一套完整的防御体系。

2. 明南京城

现存的南京城（原称应天府）城池建于元至正二十六年（公元1366年）至明洪武十九年（公元1386年）。原建的宫城、皇城及外城郭已不复存在，现仅存都城城垣。

明南京城在当时即有"世界第一大城"之称，是世界上保存下来的最大的砖石城墙。墙基为花岗岩大条石，外砌巨砖，十分坚固，是著名的"石头城"。

3. 平遥古城

平遥古城，位于山西中部平遥县内，是一座有2 700多年历史的文化名城，明朝初年，为防御外族南扰，始建城墙，洪武三年（公元1370年）在旧墙垣基础上重筑扩修，并全面包砖。

平遥古城的城墙总周长6 163米，墙高约12米，把面积约2.25平方千米的平遥县城一隔为两个风格迥异的世界。城墙以内街道、铺面、市楼保留明清形制；城墙以外称新城。

4. 丽江古城

丽江古城位于云南省丽江市古城区，又名大研镇，坐落在丽江坝中部，始建于宋末元初。城内的街道依山傍水修建，以红色角砾岩铺就，有四方街、木府、五凤楼、黑龙潭、文昌宫、王丕震纪念馆、雪山书院、丽江古城徐霞客纪念馆等景点。

丽江古城有着多彩的地方民族习俗和娱乐活动，纳西古乐、东巴仪式、占卜文化、古镇酒吧以及纳西族火把节等，别具一格。丽江古城体现了中国古代城市建设的成就，是中国民居中具有鲜明特色和风格的类型之一。

课堂讨论

1. 中国古长城有何价值？
2. 关于中国古长城，民间流行哪些谚语？

三、古镇古村

古镇古村是中国文化遗产的重要组成部分，反映了不同地域、不同民族、不同经济社会发展阶段聚落形成和演变的历史过程,真实记录了传统建筑风貌、优秀建筑艺术、传统民俗民风和原始空间形态。

当前,入选中国历史文化名镇名村的村镇共有 528 个,分布在全国 25 个省份,包括太湖流域水乡古镇群、皖南古村落群、川黔渝交界古村镇群、晋中南古村镇群、粤中古村镇群等。这些名镇名村中,既有乡土民俗型、传统文化型、革命历史型,又有民族特色型、商贸交通型,基本反映了中国不同地域历史文化村镇的传统风貌。

截至 2014 年,入选中国历史文化名镇名录的古镇共有 252 个。首批入选中国历史文化名镇的共有 10 个:山西省灵石县静升镇、江苏省昆山市周庄镇、江苏省苏州市吴江区同里镇、江苏省苏州市吴中区角直镇、浙江省嘉善县西塘镇、浙江省桐乡市乌镇、福建省上杭县古田镇、重庆市合川区来滩镇、重庆市石柱县西沱镇、重庆市潼南区双江镇。

截至 2014 年,入选中国历史文化名村的共有 276 个。首批入选中国历史文化名村的共有 12 个:北京市门头沟区斋堂镇爨底下村、山西省临县碛口镇西湾村、浙江省武义县俞源乡俞源村、浙江省武义县武阳镇郭洞村、安徽省黟县西递镇西递村、安徽省黟县宏村镇宏村、江西省乐安县牛田镇流坑村、福建省南靖县书洋镇田螺坑村、湖南省岳阳县张谷镇张谷英村、广东省佛山市三水区乐平镇大旗头村、广东省深圳市龙岗区大鹏镇鹏城村、陕西省韩城市西庄镇党家村。

四、古长城建筑

长城是中国最宏伟的一项古代工程,是上古至中古时期世界著名的军事防御体系,被称为世界中古七大奇迹之一。1987 年,长城被联合国教科文组织批准列入《世界文化遗产名录》。

1. 长城的修建

从春秋战国到明代,历时 2 700 多年,总长度达 5 万多千米。

1)秦长城

中国历史上第一次大规模地修筑长城是在秦代。秦长城西起甘肃临洮(今甘肃岷县),沿黄河北上到内蒙古临河,再向东折过阴山,接燕国北长城,一直绵延至辽东,通达今朝鲜平壤大同江北岸,全长 5 000 多千米。

2)汉长城

第二次大规模地修筑长城是在汉代。汉长城东起鸭绿江畔,向西经过内蒙古的阴山、居延海,再过甘肃的酒泉、玉门、敦煌,一直延伸到新疆的罗布泊和库尔勒,全长 1 万多千米,是中国历史上最长的长城。汉长城的修筑不仅抵御了北方匈奴的入侵,还保证了通向西域"丝绸之路"的畅通。

3）明长城

明长城西起甘肃嘉峪关，东到辽宁鸭绿江边，横亘9个省、区、市，全长7 500千米。今天人们所见到的长城，大部分是明朝修建的。

2.明长城的基本结构

1）城墙

以山西为界，山西以西多为夯土墙，东部则为条石墙或砖墙。

2）城台

城台又叫墙台，俗称"马面"，是凸出城墙之外的台子。

3）敌楼

敌楼又叫敌台，长城上每隔500~1 000米即建有敌楼一座。有空心和实心两种，实心可用于瞭望和射击，空心下层还可住人。

4）烽燧

烽燧又叫烽火台、烟墩、狼烟台，是用来报警的墩台建筑。遇有敌情发生，则白天施烟，夜间点火，鸣炮数目告知来敌数量。

5）关口

关口多建于长城沿线地势险要地段或交通要冲之地，著名的关口有："天下第一关"——山海关、"天下第一雄关"——嘉峪关、"万里长城第九关"——娘子关，以及著名的平型关等。

3.明长城著名的关口与城段

1）八达岭

八达岭城段位于北京市延庆区，是中国明长城中保存最完整、最具有代表性的段落之一，是长城精华之所在。八达岭始建于明朝洪武年间。

2）居庸关

居庸关位于北京市昌平区，是中国古代著名的关口，被誉为长城三大名关之一。

3）山海关

山海关位于河北省秦皇岛市，人称"两京锁钥无双地，万里长城第一关"。

4）嘉峪关

嘉峪关位于甘肃省嘉峪关市，是明代万里长城西端的终点，有"天下第一雄关"之称。

5）司马台长城

司马台长城位于北京市密云区，被专家们誉为"中国长城之最""奇妙的长城"，并已被联合国教科文组织认定为"世界珍品级"的人类特级文化遗产。

6）金山岭长城

金山岭长城位于河北省滦平县，是明长城中具有代表性的一段长城，被誉为"第二八达岭"。

7）九门口水上长城

九门口水上长城 位于辽宁省绥中县，被誉为"京东首关"。

第四节 陵 墓

思维导图

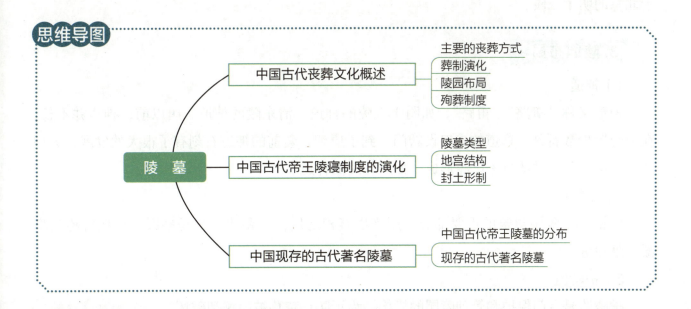

一、中国古代丧葬文化概述

1. 主要的丧葬方式

土葬，是中原地区汉族习惯的葬法。火葬，汉代以前火葬是边远地区少数民族的习俗。

水葬，是中国西南地区一些少数民族实行的一种葬法。天葬，又称鸟葬。悬棺葬，存在于南方、西南一些少数民族。

2. 葬制演化

1）单葬制

所谓单葬制，即一个皇帝一个完整的陵墓区。选点分散，陵园独立。汉武帝之前的帝王都是这种葬制。著名的陵墓有陕西省临潼区的秦始皇陵。

2）陪葬制

所谓陪葬制，即在帝王陵园外围有生前的爱将、功臣、贵戚的陵墓陪伴，形成以一代帝王陵为中心的陵墓区。这种葬制始于汉朝，到唐朝，群臣陪葬成了一个固定的制度。著名的陵墓有位于陕西省茂陵县的汉武帝茂陵，位于陕西乾县的唐高宗李治与武则天合葬的乾陵等。

3）群葬制

所谓群葬制，即同一朝代的帝王及其后妃、子女的陵墓集中在一个陵园内的葬制。这种葬制始于北宋，沿用于明清。这种群葬制还影响到与宋朝同代的党项羌族的王朝——西夏。

这样的陵墓群有六个：位于河南巩义的北宋帝王陵墓群；位于浙江绍兴的南宋帝王陵墓区；位于河北遵化的清东陵和位于易县的清西陵；位于宁夏银川贺兰山脚下的西夏王陵；位于北京的明十三陵。

3. 陵园布局

1）神道

神道又称"御路""甬路"，如明十三陵的神道，清东陵的神道。唐以前，神道并不长，在道旁置少数石刻，墓道的入口设阙门。到了唐朝，陵前的神道石刻有了很大的发展，大型的"石像生"仪仗队石刻已经形成，如唐乾陵的神道。

2）祭祀区

祭祀区是陵园建筑的重要部分，用来供祭祀之用，主要建筑物是祭殿，早期曾称为享殿、献殿等。

3）护陵监

护陵监是专门保护和管理陵园的机构，为了防止陵墓被盗掘和破坏。

4. 殉葬制度

1）人殉

活人殉葬制度自古就有并且一直延续到明清时代，历朝历代虽然明令禁止，但从未停止，尤其是中国商周奴隶制时代是殉葬最盛行的时期。殉葬制度是用活人殉葬，是商周奴隶社会时期的一种非常残酷的制度。殉葬人有活埋的，也有被杀或自杀后陪葬。考古发现的中国最早的殉葬制度始于商代。

2）器物随葬

在原始社会早期，墓中随葬品主要是死者生前喜欢和使用过的物品，包括陶器皿、石制和骨制的装饰品、工具等。进入阶级社会以后，贫富分化悬殊，王和贵族墓的随葬品极其丰富精美，包括青铜器、玉石器、漆木器等。秦汉至魏晋南北朝时期，随葬品主要是陶瓷器、陶制模型、陶俑和镇墓兽。宋至明清，随葬品以实用物品和珍宝为主，包括陶瓷器、金银器和玉器等。

3）墓志

墓志是中国古代丧葬制度持续发展的产物，有固定的形制和专门的文体，主要记述墓主人的姓名、卒年和生平事迹。墓志滥觞于秦汉之际，发展于魏晋，完善于北魏，兴盛于唐，延续至明清，经历了由砖造墓志到石刻墓志，由碑形墓志到方形墓志的发展历程。

> **课堂讨论**
> 1. 中国有哪些传统的丧葬礼仪？
> 2. 中国陵墓为什么要修神道？有何意义？

二、中国古代帝王陵寝制度的演化

1. 陵墓类型

中国陵墓景观包括地下和地上两部分。地下部分包括墓室结构、墓道及墓室的绘画及其随葬品；地上部分包括封土和陵园建筑。通常，陵是指地上建筑部分，墓是指地下安葬故人的部分。

1）无陵无墓

在上述五种丧葬方式中，天葬、水葬、悬棺葬属于此类，尸体或消失或置留在大自然中。

2）有陵无墓

有陵无墓即有地上祭奠用的建筑或墓碑，而没有地下的墓穴与尸体，如黄帝陵、炎帝陵、成吉思汗陵。

3）有陵有墓

有陵有墓即地上封土、祭奠的殿堂与地下墓穴、尸体同时存在的陵墓类型。这是普遍采用的土葬形式。今天用于旅游的陵墓建筑景观的主体就是这种类型的陵墓。

2. 地宫结构

1）黄肠题凑

"题凑"是一种葬式，始于上古，多见于周代和汉代，汉代以后很少再用。黄肠题凑是西汉帝王陵寝椁室，四周用柏木堆垒成的框形结构。根据汉代的礼制，黄肠题凑与梓宫、便房、外藏椁、金缕玉衣等同属帝王陵墓中的重要组成部分。但经朝廷特赐，个别勋臣贵戚也可使用。

2）砖石地宫

砖筑墓室始于战国末年，西汉晚期开始出现石室墓，五代时期已经开始盛行，从明朝开始地宫建筑发展到顶峰，用巨型条石建造大型拱券墓室。明十三陵中定陵的地宫和清东陵裕陵的地宫为砖石地宫的代表之作。

3. 封土形制

1）秦汉时期"方上"的封土形式

其典型代表是中国古代最大的帝王陵墓——秦始皇陵。

2）唐代帝王"以山为陵"

将墓穴修在山体中，以整座山体作为墓冢，气势宏大，雄伟壮观，如乾陵。

3）明清帝王陵墓的"宝城宝顶"

宝城上建有明楼，楼内立石碑，刻有皇帝的庙号、谥号。

小知识

盗墓入刑

《中华人民共和国刑法》第三百零二条规定：盗窃、侮辱、故意毁坏尸体、尸骨、骨灰的，处三年以下有期徒刑、拘役或者管制。第三百二十八条规定：盗掘具有历史、艺术、科学价值的古文化遗址、古墓葬的，处三年以上十年以下有期徒刑，并处罚金；情节较轻的，处三年以下有期徒刑、拘役或者管制，并处罚金；有下列情形之一的，处十年以上有期徒刑、无期徒刑或者死刑，并处罚金或者没收财产：

（1）盗掘确定为全国重点文物保护单位和省级文物保护单位的古文化遗址、古墓葬的；

（2）盗掘古文化遗址、古墓葬集团的首要分子；

（3）多次盗掘古文化遗址、古墓葬的；

（4）盗掘古文化遗址、古墓葬，并盗窃珍贵文物或者造成珍贵文物严重破坏的。

盗掘古人类化石、古脊椎动物化石罪：盗掘国家保护的具有科学价值的古人类化石和古脊椎动物化石的，依照前款的规定处罚。

三、中国现存的古代著名陵墓

1. 中国古代帝王陵墓的分布

帝王陵室，实际上包括陵基及其附属建筑，合称为陵痕。中国从第一个奴隶制王朝夏到最后一个封建王朝,历时 3 000 余年,其间,汉族和其他少数民族建立的统一王朝和地方政权,共有帝王 500 余人。至今地面有迹可循、时代明确的帝王陵寝共有 100 多座,分布在全国半数以上的省区。

2. 现存的古代著名陵墓

1)黄帝陵

黄帝陵是中原各族共同的祖先轩辕黄帝的陵墓,是中国保留至今最古老的帝陵,位于陕西黄陵县城北桥山顶,山下有汉代始建的轩辕庙与之呼应。

2)曾侯乙墓

曾侯乙墓是战国早期,周王族诸侯国中曾国的国君曾侯乙的一座墓葬,位于湖北随州城西 2 千米的擂鼓墩东团坡上。曾侯乙墓呈"卜"字形,墓坑开凿于红砾岩中,出土了曾侯乙编钟。

3)马王堆汉墓

马王堆汉墓是西汉初期长沙国丞相、轪侯利苍的家族墓地,出土时保存完好的女尸、丝绸和帛书等闻名于世。2016 年 6 月,马王堆汉墓被评为世界十大古墓稀世珍宝之一。

4)秦始皇陵

秦始皇陵是世界上最大的一座陵墓。秦始皇陵兵马俑坑被誉为"世界第八大奇迹"。1987 年,秦始皇陵兵马俑被列入《世界文化遗产名录》。

5)成吉思汗陵

成吉思汗陵位于内蒙古伊金霍洛旗,建筑造型为蒙汉文化结合的产物,具有很强的民族风格。其主体建筑由三座蒙古包式的大殿和与之相连的廊房组成。

6)明十三陵及明孝陵

明代最大的陵墓群,也是中国众多帝王陵墓中保存得比较完整的一处,其中包括:

(1)长陵。长陵是明朝第三位皇帝明成祖朱棣的陵墓。

(2)定陵。定陵是明代第十三位皇帝明神宗朱翊钧及其两位皇后的合葬陵墓。

(3)孝陵。明孝陵位于南京钟山,明朝开国皇帝朱元璋和皇后马氏合葬于此。

2003 年,联合国教科文组织将明十三陵和南京明孝陵正式列入《世界文化遗产名录》。

7)清东陵和清西陵

清东陵位于河北省唐山市遵化市,埋葬着 5 位皇帝、15 位皇后、136 位妃嫔、3 位阿哥、2 位公主,共 161 人。清西陵位于河北省保定市易县梁各庄,是清代自雍正时起四位皇帝的陵寝之地。清东陵和清西陵是现存规模宏大、保存最完整、陵寝建筑类型最齐全的古代皇室陵墓群。

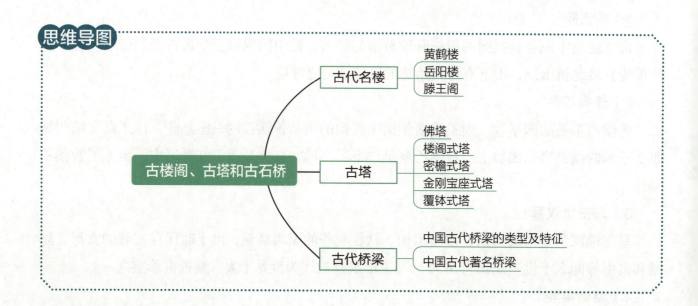

一、古代名楼

1. 黄鹤楼

号称江南三大名楼之一的黄鹤楼，始建于三国，位于湖北武汉长江南岸的武昌蛇山之巅，自古享有"天下江山第一楼"和"天下绝景"之称。黄鹤楼是武汉市标志性建筑，与晴川阁、古琴台并称"武汉三大名胜"。

2. 岳阳楼

岳阳楼位于湖南岳阳，有"洞庭天下水，岳阳天下楼"之誉，与湖北武汉黄鹤楼、江西南昌滕王阁并称为"江南三大名楼"。

3. 滕王阁

滕王阁位于江西南昌，有"江西第一楼"之誉。因唐太宗李世民之弟——滕王李元婴始建而得名，又因初唐诗人王勃《滕王阁序》诗句"落霞与孤鹜齐飞，秋水共长天一色"而流芳后世。

小知识

《岳阳楼记》范仲淹（选段）

庆历四年春，滕子京谪守巴陵郡。越明年，政通人和，百废具兴。乃重修岳阳楼，增其旧制，刻唐贤今人诗赋于其上。属予作文以记之。

予观夫巴陵胜状，在洞庭一湖。衔远山，吞长江，浩浩汤汤，横无际涯；朝晖夕阴，气象万千。此则岳阳楼之大观也，前人之述备矣。然则北通巫峡，南极潇湘，迁客骚人，多会于此，览物之情，得无异乎？

若夫淫雨霏霏，连月不开，阴风怒号，浊浪排空；日星隐曜，山岳潜形；商旅不行，樯倾楫摧；薄暮冥冥，虎啸猿啼。登斯楼也，则有去国怀乡，忧谗畏讥，满目萧然，感极而悲者矣。

二、古塔

古塔可分为佛塔、楼阁式塔、密檐式塔、金刚宝座式塔、覆钵式塔五种。

1. 佛塔

佛塔起源于古印度，是佛教的象征。佛塔最早用来供奉和安置舍利、经文和各种法物。根据佛教文献记载，佛陀释迦牟尼涅槃后火化形成舍利，被当地八个国王收取，分别建塔加以供奉。塔的层数一般为单数，如三、五、七、九、十一、十三层等，所谓救人一命，胜造七级浮屠，"七级浮屠"指的就是七层塔。

中国的佛塔按建筑材料可分为木塔、砖石塔、琉璃塔等，两汉南北朝时以木塔为主，唐宋时砖石塔得到了发展；按类型可分为楼阁式塔、密檐式塔、金刚宝座式塔、覆钵式塔等。

2. 楼阁式塔

楼阁式塔的形式来源于中国传统建筑中的楼阁，这种塔形体最高大，保存数量也最多。目前我们所知道的最早的楼阁式塔见于南北朝的云冈石窟和莫高石窟的雕刻中。隋唐以后，多用砖石为建塔材料，出现了以砖石仿木结构的楼阁式塔。楼阁式塔的平面，唐代为方形，宋、辽、金时代为八角形，宋代还出现过六角形。明、清时代仍采用八角形和六角形。塔的结构，唐代多为单层塔壁中空，内部呈筒状，设木楼梯、楼板。宋、辽、金各代均在塔的中心砌"砖柱"。唐代用方柱和八角柱。辽、宋多用圆柱，栏额之上用普柏枋。木结构楼阁各层有平座及栏杆，但砖石楼阁式塔，南北朝至唐代多不用平座，宋、辽、金始用平座。

早期著名的楼阁式塔有西安大雁塔、杭州六和塔、应县木塔、银川海宝塔、四川泸州报恩塔、河南卫辉镇国塔等。

3. 密檐式塔

密檐式塔的第一层特别高，以上各层骤变低矮，高度及面阔亦渐缩小，且越上收缩越急，各层檐紧密相接，密檐式塔也由此得名。现存最古老的砖塔——河南登封的嵩岳寺塔即属于密檐式塔。嵩岳寺塔是由木结构向砖石结构过渡的早期实例，全塔除塔刹和基石之外，均以砖砌筑。塔的下部是低平的基台，台上建塔身，塔身平面呈十二边形，是全国唯一的例子。

4. 金刚宝座式塔

金刚宝座式塔源于印度菩提伽耶的金刚宝座塔。塔的下部是一个巨大的金刚宝座，宝座下部有门，上建五个正方形密檐（代表五方五佛）。著名的有北京真觉寺金刚宝座塔、内蒙古呼和浩特慈灯寺金刚宝座舍利塔等。其中，慈灯寺的金刚宝座舍利塔，俗称五塔，建于清雍正年间。

5. 覆钵式塔

覆钵式塔又称喇嘛塔，是藏传佛教建塔常用的形式。这种塔的塔身源于印度佛塔的形式，是一个半圆形的覆钵，覆钵上是巨大的塔刹，覆钵下建有一个高大的须弥座。著名的覆钵式塔如北京妙音寺白塔、宁夏青铜峡一百零八塔等。

三、古代桥梁

1. 中国古代桥梁的类型及特征

（1）浮桥是一种临时性桥梁，多以舟船当作桥面或桥墩，又名"舟桥"，多用于战争中，故又有"战桥"之称。

（2）梁桥在中国出现的时间较早，建造数量也最多。"梁"是一种长方形的构件，将石梁或木梁架设在沟谷两岸便成为"梁桥"。因梁桥外形平直，故古代又称之为"平桥"，后人常将"桥""梁"合称为"桥梁"。

（3）悬索桥又叫悬桥、索桥、吊桥等，用以跨越山谷、大河、港湾和海峡。最早的悬索桥多用藤、竹、树枝、绳索等物缚架而成，故又称为竹索桥、麻网桥、藤网桥等。西汉时期出现了铁索桥，至明清时期大盛。

（4）拱桥即以拱作为桥身主要承重结构的桥。拱状如弧形，分为半圆形、圆弧形、多边形、尖拱形等多种不同的形式。建筑材料有石、砖、木、竹等。拱有单拱、多拱之分，多为奇数，中孔最大，两侧诸孔的高度和跨度按比例依次递减。

2. 中国古代著名桥梁

（1）安济桥。安济桥位于河北赵县，又名"赵州桥"，当地俗称"大石桥"。赵州桥建于隋朝时期，由著名的工匠李春设计建造，是世界桥梁史上极其伟大的一项成就。

（2）安平桥。安平桥坐落于福建福州，是中古时期中国乃至世界上最长的梁式石桥。安平桥有"天下无桥长此桥"的美誉。

（3）苏州宝带桥。宝带桥位于苏州，是中国古代孔数最多的联拱石桥。

（4）泉州洛阳桥。洛阳桥，又名万安桥，位于泉州市，是中国古代桥梁建筑史上的伟大创举，中国著名桥梁专家茅以升教授称赞说："洛阳桥是福建桥梁的状元"。

（5）卢沟桥。卢沟桥位于北京，始建于金代，是中国北方现存最长的一座古桥，也是北京现存最为古老的一座联拱石桥。

（6）程阳永济桥。永济桥，又名风雨桥，位于广西，是侗族建筑艺术的杰作。

本章小结

　　本章紧扣导游资格考试大纲中关于古建筑的内容，深入浅出地介绍了中国古建筑、宫殿与坛庙、古城与古长城、陵墓以及古楼阁、古塔和古石桥等内容。通过学习本章内容，考生应熟悉中国古代建筑的基本构成及其等级制度，了解中国古代建筑的历史沿革和基本特征，掌握宫殿、坛庙、陵墓、古城、古长城、古镇古村、古楼阁、古石桥和古塔的类型、布局、特点。本章教学内容实用、简练、易学、易懂，通过延伸阅读、小知识等内容，丰富了考生的中国古代建筑知识，提高了考生的学习能力和应考能力。

本章测试

（一）单项选择题

1. 屋面双坡，两侧伸出山墙之外，又称挑山顶的屋顶与屋面双坡，两侧山墙与屋面齐平或略高于屋面的屋顶分别是（　　）。

A. 庑殿顶、歇山顶　　　　　　　　　B. 歇山顶、硬山顶

C. 悬山顶、硬山顶　　　　　　　　　D. 卷棚顶、庑殿顶

2. 中国古代建筑屋顶造型优美，级别由高到低排列正确的一组是（　　）。

A. 重檐庑殿顶、单檐庑殿顶、单檐歇山顶、重檐歇山顶

B. 重檐歇山顶、重檐庑殿顶、单檐庑殿顶、单檐歇山顶

C. 重檐庑殿顶、重檐歇山顶、单檐庑殿顶、单檐歇山顶

D. 单檐歇山顶、单檐庑殿顶、重檐歇山顶、重檐庑殿顶

3. 从中国古代建筑中屋顶的级别和形式来看，故宫太和殿的屋顶应为（　　）。

A. 重檐歇山顶　　　B. 重檐庑殿顶　　　C. 硬山顶　　　D. 悬山顶

4. 中国古代建筑特有的一种支撑构件是（　　）。

A. 斗拱　　　　　B. 廊柱　　　　　C. 椽梁　　　　　D. 台基

5. 世界上现存最大、最完整的木结构建筑是（　　）。

A. 北京故宫　　　B. 沈阳故宫　　　C. 法国凡尔赛宫　　　D. 英国白金汉宫

6. 故宫中，皇帝即位、诞辰以及举行节日庆典和出兵征伐等重大国典的是（　　　）。

　　A. 太和殿　　　　　　B. 中和殿　　　　　　C. 保和殿　　　　　　D. 乾清宫

7. 中国现存最大、最完整的堡垒瓮城位于（　　　）。

　　A. 南京城墙　　　　　B. 西安城墙　　　　　C. 平遥城墙　　　　　D. 丽江古城墙

8. 下列帝王陵墓中，依次采用"以山为陵""宝城宝顶""方上"形制的一组为（　　　）。

　　A. 秦始皇陵、明长陵、唐乾陵　　　　　　B. 秦始皇陵、明定陵、清昭陵

　　C. 唐乾陵、清裕陵、秦始皇陵　　　　　　D. 唐乾陵、秦始皇陵、明长陵

9. 历代单葬制帝王陵墓中最大的是（　　　）。

　　A. 秦始皇陵　　　　　B. 成吉思汗陵　　　　C. 汉茂陵　　　　　　D. 唐乾陵

10. 西安大雁塔按照艺术造型和结构形式划分，属于（　　　）。

　　A. 密檐式　　　　　　B. 亭阁式　　　　　　C. 覆钵式　　　　　　D. 楼阁式

11. 中国现存最高的木结构大塔是（　　　）。

　　A. 山西应县木塔　　　　　　　　　　B. 北京妙应寺白塔

　　C. 河北定州开元寺塔　　　　　　　　D. 北京北海的白塔

12. 被誉为世界桥梁工程中的首创，世界上现存最大的敞肩桥是（　　　）。

　　A. 苏州宝带桥　　　　B. 安济桥　　　　　　C. 泉州洛阳桥　　　　D. 卢沟桥

13. 素有"天下第一雄关"之称的是（　　　）。

　　A. 山海关　　　　　　B. 嘉峪关　　　　　　C. 居庸关　　　　　　D. 娘子关

（二）多项选择题

1. 下列关于中国古代建筑的说法，正确的有（　　　）。

　　A. 斗拱是中国古代建筑的独特构件，方形木块为拱，弓形木块为斗

　　B. 建筑迎面的间数称为"面阔"，纵深间数称为"进深"

　　C. 中国古代建筑的营造必须严格遵循政府制定的等级

　　D. 庑殿顶和歇山顶是皇家专用的屋顶形式，其中又以重檐歇山顶等级最高

　　E. 中国古代建筑的装饰分为雕塑和彩绘

2. 中国古代建筑的结构特色有（　　　）。

　　A. 抬梁式　　　　　　B. 合院式　　　　　　C. 斗拱　　　　　　　D. 井干式

3. 下列关于中国古建筑屋顶的说法，正确的有（　　　）。

　　A. 庑殿顶：有五条脊，四面斜坡又称四阿顶，如故宫太和殿用重檐庑殿

　　B. 歇山顶：有九条脊，形成两坡和四坡屋顶的混合形式

　　C. 悬山顶：屋面双坡，没有明显的正脊，前后坡相连处砌成弧形曲面

　　D. 卷棚顶：两面斜坡，两侧山墙同屋顶齐平或高于屋面

4. 下列建筑中属于故宫建筑群的有（   ）。

A. 太和殿   B. 大成殿   C. 中和殿   D. 保和殿

E. 乾清宫

5. 太和殿在故宫中主要是用作（   ）的地方。

A. 进士殿试

B. 皇帝接受文武百官朝拜

C. 元旦及其他节日皇帝宴请各亲王、藩属

D. 皇帝登基和举行大典

E. 皇帝居住和处理政务

6. 曲阜"三孔"主要包括（   ）。

A. 孔府   B. 孔子   C. 孔林   D. 孔庙

E. 孔圣

7. 下列对于中国不同历史时期长城的描述，错误的有（   ）。

A. 中国历史上最早修长城的是楚国

B. 秦始皇统一六国后，将秦、齐、魏长城连接起来，俗称"万里长城"

C. 汉长城长 5 000 千米，是汉武帝在三次征服匈奴基础上修筑而成的

D. 明长城西起嘉峪关，东至玉门关，全长 7 000 千米以上

8. 以下关于封土的沿革，对应正确的有（   ）。

A. 秦——方上   B. 汉——方上   C. 唐、宋——以山为陵

D. 明清——宝城宝顶   E. 周代——方上

9. 下列中国古代建筑中开间为十一间的有（   ）。

A. 故宫太和殿   B. 故宫中和殿   C. 天坛祈年殿   D. 太庙大殿

10. 中国著名的江南三大名楼包括（   ）。

A. 太白楼   B. 滕王阁   C. 岳阳楼   D. 黄鹤楼

E. 望江楼

11. 被称为"中国四大古桥"的有（   ）。

A. 赵州桥   B. 卢沟桥   C. 洛阳桥   D. 宝带桥

E. 湘子桥

12. 下列关于中国古代佛塔的描述，正确的有（   ）。

A. 佛宫寺释迦塔是世界上现存最古老最高的木构建筑

B. 北海白塔为覆钵式塔

C. 嵩岳寺塔是中国现存最早的砖塔以及唯一的十二角形塔

D. 真觉寺金刚宝座塔是中国现存最早的金刚宝座式塔

13.下列关于中国石桥建筑的说法，正确的有（　　　　）。

A.泉州洛阳桥首创了种蛎固基法

B.程阳永济桥整座桥不用一颗钉或铁件

C.宝带桥是中国孔数最多的联拱石桥

D.程阳永济桥位于贵州省

E.卢沟桥是北京现存最古老的联拱石桥

延伸阅读 →

1.中国古建筑特点。

2.中国十大古建筑。

3.中国古建筑结构。

4.中国古建筑流派。

5.中国古建筑元素。

6.中国古建筑图解。

7.中国古建筑术语。

8.九问中国古建筑。

第五章

中国古典园林

学习目标

节标题	学习要点
中国古典园林概述	中国古典园林的定义（了解） 中国古典园林的起源和发展（熟悉） 中国古典园林的特征（熟悉） 中国古典园林的分类（掌握）
中国古典园林造园艺术	中国古典园林的造景要素（掌握） 中国古典园林的造景手法（掌握）
中国古典园林审美	中国古典园林的意境美（掌握） 中国古典园林的审美影响因素（掌握） 中国古典园林的欣赏方式（熟悉）
中国现存著名古典园林	中国现存著名古典园林（了解）

导游应考提示

1. 中国古代园林分类方法及不同园林类型代表考生需区分并熟记于心，尤其需区分皇家园林和私家园林建造方式以及两者不同的园林特征。

2. 中国古典园林造园艺术中理水、植物、建筑是常考考点。园林理水三法及园林中竹子、松柏、玉兰、牡丹、桂花、石榴、紫薇等花木的寓意；建筑中榭、舫、廊也是考试重点。

3. 中国古典园林构景方法及实例需标识并掌握。导游资格考试要求考生分析中国园林的构景手法，考生应熟记于心。

4. "中国四大园林""苏州四大园林""岭南四大园林"这类说法很可能出现在题干中，考生务必注意。此外，承德避暑山庄、北京颐和园、苏州拙政园所属园林类型、基本情况也应掌握。

5. 书中出现的时间、数量、方位等内容需熟记，这些内容是命题人经常考查考生记忆和知识熟练程度的命题单位。

6. 本章内容与第一章"旅游和旅游业"、第二章"中国历史文化"、第三章"中国民族民俗"、第四章"中国古代建筑"、第八章"中国旅游诗词、楹联、题刻、游记"等相关联，考生学习时应前后对应，融会贯通，掌握相关内容。

第一节 中国古典园林概述

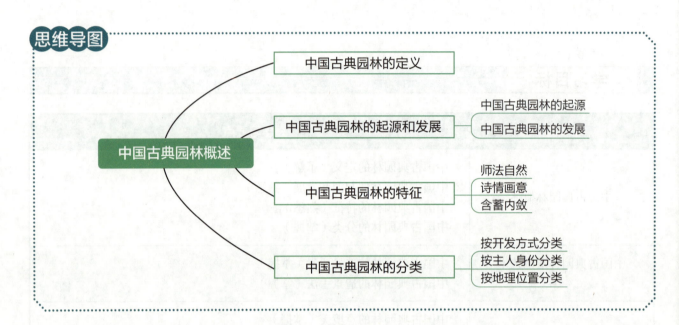

思维导图

中国古典园林概述
- 中国古典园林的定义
- 中国古典园林的起源和发展
  - 中国古典园林的起源
  - 中国古典园林的发展
- 中国古典园林的特征
  - 师法自然
  - 诗情画意
  - 含蓄内敛
- 中国古典园林的分类
  - 按开发方式分类
  - 按主人身份分类
  - 按地理位置分类

世界园林在漫长的发展过程中形成了三大体系，即东方园林体系、西亚园林体系和西欧园林体系，而东方园林体系以中国古典园林为代表。中国古典园林历史悠久，商周的帝王园林，汉代的贵胄富商园林，魏晋南北朝的士人园林和寺院园林，唐宋园林之风盛行，明清园林艺术到达巅峰，每个朝代的园林都在中国古典园林史上留下了浓墨重彩的一笔。

一、中国古典园林的定义

中国现代园林之父陈从周在《说园》中提出，"中国园林是由建筑、山水、花木等组合而成的一个综合艺术品，富有诗情画意。"曹林娣在《中国园林文化》中指出园林的两层含义，"广义的园林指在一定的地段范围内，利用并改造天然山水、地貌或者人为地开辟山水地貌。结合植物的栽植和建筑布置，从而构成一个供人们观赏、游憩、居住的环境。狭义的园林观念则是专指传统古典园林，即对一定的地段范围的选择和对该地段环境的改造，必须是通过整体的艺术构思规划并通过艺术的手段和工程技术完成的，因为创造出来的自然环境具有审美意义。"由此看来，中国古典园林是清代及以前人们借助自然事物，运用艺术手段，追求极致审美，在一定范围内精心打造的一个能够养体劳形、赏心悦目、陶冶情操的可游、可赏、可居的环境。

二、中国古典园林的起源和发展

1. 中国古典园林的起源

囿、台、园圃是中国古典园林的三个源头。囿是蓄养禽兽的地方，供帝王贵族进行狩猎活动，后种树养菜、修建房屋，成为帝王贵族狩猎期间休憩游玩之地。台是用土堆筑而形成的高台，用以观天象、通神明，后在台上修建房屋并种绿植，可登高望远，观赏风景。园、圃分别为种植树木的场地和种植蔬菜的场地。在一块有边界的土地上饲养禽兽、栽培植物、修建房屋，用以望天通神、观赏游玩，便具备了园林的初始功能，因此，囿、台、园圃共同构成了中国古典园林的原始雏形。

> **课堂讨论**
> 1. 中国古典园林的原始雏形是什么？
> 2. 中国古典园林分为哪些类型？

2. 中国古典园林的发展

1）先秦两汉园林

先秦两汉时期是中国古典园林的生成期。据史料记载，中国最早出现的园林是商纣王的"沙丘苑台"和周文王的"灵囿""灵台""灵沼"。春秋战国时期，各诸侯国君王开始修建苑囿，其中楚灵王的章华台最为著名。秦汉时期大规模修建离宫别苑，出现了"一池三山"的造园模式。此外，少数王公大臣、贵胄富商开始修建私家园林，如梁孝王的兔园、袁广汉的袁广汉园、梁翼的苑囿等。

2）魏晋南北朝园林

魏晋南北朝时期是中国古典园林的转折期。皇家园林的造园理念开始汲取各种流行思想、新兴文化的养分，融帝王气质、文人气息和宗教气氛于一体。随着玄学、隐逸思想的兴起，越来越多的士人寄情山水，以"山水比德""山水比道"的山水观修建园林，但主要以庄园的形式出现，其中最著名的要属谢灵运的庄园。佛教、道教广建寺观，并与园林环境紧密结合，逐渐形成寺观园林这一新类型。从此，中国古典园林形成了皇家园林、私家园林和寺观园林并行发展的局面。

3）隋唐园林

隋唐时期是中国古典园林的全盛期。皇家园林遍布长安和洛阳城内、近郊、远郊，最杰出的代表是位于洛阳的西苑，其规模之大，仅次于秦汉两代的上林苑。唐代的私家园林可分为城市私园（如长安私家园林）和郊野别墅园（如王维的辋川别业）。隋唐时期的寺观园林大多原为贵族宅第，往往带有私家园林之遗风。另外，还出现了衙署园林、驿站园林和书院园林。

4）宋代园林

宋代皇家园林集中在东京和临安，在造园思想、造园手法、风格特征上更接近私家园林。由于文人墨客积极参与造园活动，因此文人园林在私家园林中所占比例大，居主导地位，其风格特点可概括为简远、舒朗、雅致、天然。寺观园林受到文人之风的影响，汲取文人园林的精华，表现出文人情趣，如灵隐寺、慈净寺等。由于地方政府兴修园林，出现了许多公共园林，可供百姓游玩；同时，一部分皇家园林、私家园林和寺观园林也向百姓开放，使园林世俗化。

5）元代园林

元代皇家园林受到汉族文化影响，继承了中原皇家园林的特征，沿袭"一池三山"的造园模式。私家园林主要继承和发展唐宋以来的文人园林，重视叠山理水、花木栽植，在园中进行多种活动，如悠闲游憩、隐居读书、宴请宾朋、赋诗作对等。元代对宗教信仰持宽容政策，众多宗教大规模修建寺观园林，如大承天护圣寺、长春宫等。

6）明代园林

明代时，中国古典园林的发展走向巅峰。皇家园林将造园重点放在大内御苑上。私家园林继承和发展了宋代园林，后来受到王阳明心学的影响，将主观色彩注入园林，引发了园林的审美革命。明代园林主要分布在江南一带，以苏州园林和扬州园林为典型。寺观园林集中在风景名胜区，在风格上越来越接近私家园林。

7）清代园林

清代时，中国古典园林从巅峰走向衰败，北方的皇家园林和南方的私家园林形成中国古典园林后期发展的两个高峰。皇家园林兴建行宫和离宫，在前朝皇家园林旧址上扩修新园，如康熙在玉泉山修建了澄心园（后改名为静明园）、在清华园废墟上修建了畅春园等。乾隆年间，皇家园林建设达到历史上的高潮。道光以后，造园活动极少，仅对清漪园（后改名为颐和园）进行了重修。私家园林集中于江南地区，同治以后，造园活动从扬州转向苏州。

> **小知识**
>
> ### 三山五园
>
> 乾隆时期，北京西北郊已经形成一个庞大的皇家园林集群，其中规模最大的五座园林被称为"三山五园"。"三山"是指万寿山、香山和玉泉山；"五园"是指圆明园、畅春园、静宜园、静明园和清漪园。圆明园、畅春园为大型人工山水园，静明园、清漪园为天然山水园，静宜园为天然山地园。"三山五园"汇聚了中国风景式园林的全部形式，代表着后期中国宫廷造园艺术的精华。

三、中国古典园林的特征

1. 师法自然

师法自然是指以大自然为师加以效法。一是尊重自然，顺应自然。中国古典园林遵循自然的法则和规律，根据不同的地势地形、气候条件、动植物生长习性、基地状况，因地制宜修建园林。风格迥异的北方园林、南方园林、岭南园林就是最好的例证。二是模拟自然，再现自然。中国古典园林一直以来被视为自然的模拟物，力求通过山水泉石、花草树木、虫鱼鸟兽、亭台楼阁的有机组合，创造出一种居于人间闹市的理想园居环境，进而再现自然。三是源于自然，高于自然。中国古典园林取材于大自然，山、水、石、植物、动物等都是最常见、最核心的构景要素，对于这些要素的使用和配置绝非简单粗暴地组合在一起或者模仿其原始形态，而是发挥主观能动性，精心将其设计成一个高度概括、典型化的自然。

2.诗情画意

古典园林的诗情随处可见，无论是园名、景题的采用，匾额、楹联的点缀，诗文作品的场景、意境的复现，还是借鉴文学艺术创作手法来对园林进行整体规划，如欲扬先抑、欲抑先扬、曲折、悬念、对比等，都赋予了园林十分强烈的诗歌韵律。中国古典园林，尤其是风景式园林，常常从山水画中攫取灵感，甚至以名人画家的山水画作为造园模板，精心打造一番，成为一幅又一幅山水画。园中山、水、植物、动物、建筑的选择和组合遵循绘画原则，展现出线条美、空间美、寓意美、想象美。

3.含蓄内敛

含蓄内敛是深深刻在中国人骨子里的性格特征，在中国古典园林中体现得淋漓尽致。一是露浅藏深。中国古典园林重视分隔空间，在每个空间的连接处设置某种屏障以阻隔视线，加深层次感，尽量把景藏起来，驱使游园之人的好奇心，使其感受园林的深远意境。二是小中见大。中国古典园林是"壶中天地""芥子须弥"，将自然缩于一园中，以咫尺面积营造无限空间，通过面积的小来体现感受的大。无论是规模宏大的皇家园林，还是小巧精致的私家园林，都传递出对小中见大理念的思考和践行。

四、中国古典园林的分类

1.按开发方式分类

按照园林基地的选择和开发方式的不同，中国古典园林可分为人工山水园和天然山水园两大类型。人工山水园就是"在平地上开凿水体、堆筑假山，人为地创造山水地貌，配以花木栽植和建筑营构，把天然山水风景缩移摹拟在一个小范围之内"（《中国古典园林史》），多见于城镇的平坦地段，如苏州园林等。天然山水园则是"利用天然山水的局部或片段或把完整的天然山水植被环境圈起来作为建园的基址，然后再配以花木栽植和建筑营构"（《中国古典园林史》），一般建在城镇近郊或远郊的山野风景带，比如北京颐和园、杭州西湖等。

2. 按主人身份分类

1）皇家园林

皇家园林是指隶属于皇帝个人和皇室的园林，在历史上称作苑、囿、宫苑、苑囿、御苑等。特点是占地面积大，真山真水多，建筑群复杂，装饰装潢华丽；选址、规划和建造都严格遵循礼制观念和等级制度，凸显一派森严的帝王气象；广泛借鉴其他园林类型的造园手法和风格特征，融南北方园林之精华，聚民间园林之荟萃。著名的皇家园林有上林苑、西苑、艮岳、圆明园、颐和园、避暑山庄等。

2）私家园林

私家园林是相对于皇家园林而言的，是指隶属于政府官员、皇亲国戚、富商巨贾、文人墨客等的园林，在历史上称作园、庄、山庄、草堂、别业、别墅等。其特点是规模较小，常用假山假水，建筑小巧精致，装饰淡雅素净；善于叠山理水、花木配置和建筑营造，运用多种手法使造园要素默契配合，融为一体；可居可游可赏，富有文人气息和书卷气息。著名的私家园林有瞻园、拙政园、寄畅园、个园、留园、网师园、清晖园、可园、余荫山房、梁园等。

3）寺观园林

寺观园林是指寺观建筑和自然环境紧密结合而形成的园林化的环境，与私家园林近乎无差。其特点是多见于风景名胜区，体现自然美景和宗教文化的融合；以栽培名贵花木而闻名于世，广泛种植有着美好寓意的植物，如松柏、银杏、牡丹、桃树等。著名的寺观园林有宝光寺、少林寺、大慈恩寺、灵隐寺、大承天护圣寺等。

3. 按地理位置分类

1）北方园林

北方园林又称黄河类型园林，主要分布在黄河流域的西安、洛阳、开封和北京等历史古都，以北京园林为代表，多为皇家园林。其特点是规模宏大，金碧辉煌，粗犷豪气，庄重肃然；以自然山水为景，较少使用人造景观，强调大自然与建筑物之间的融合；大量运用中轴线、对景线，体现出对称感、凝重感、庄严感；园中水面比率较少，少见南方园林小桥流水之景；多种植松、柏等四季常青树木。

2）江南园林

江南园林又称长江类型园林，主要分布在长江下游太湖流域的南京、无锡、扬州、苏州、上海、杭州、嘉兴等地，以苏州、杭州的园林为代表，多为私家园林。江南园林的特点是规模较小，粉墙黛瓦，温婉雅致，自由活泼；常用假山假水，园中花木种类、数量繁多，建筑小巧精致；多设置屏障，分隔空间，增加层次感；多运用欲扬先抑的手法来突出园中的重点；富有文人气质和书卷气息。

3）岭南园林

岭南园林有广东园林、广西园林、福建园林、海南园林等，以广东园林为代表。其特点是规模较小，大多为宅园，一般为庭院和庭园的组合，建筑比重较大；颇具热带风光，建筑物都较高且宽敞。著名的岭南园林有广东的四大名园（顺德清晖园、佛山梁园、番禺余荫山房和东莞可园）、广西雁园、福建菽庄花园等。

4）巴蜀园林

巴蜀园林主要分布在川西平原和重庆地区。其特点是规模较小，古朴自然，清幽雅秀；以天然景观为主，因地制宜营造建筑；匾额、楹联颇多，自然景观与文人景观相互交织，融为一体；对民众开放，具有公共游览性。著名的巴蜀园林有成都的武侯祠、杜甫草堂、望江楼，眉山的三苏祠，崇州的罨画池，峨眉山的清音阁、伏虎寺，乐山的凌云寺、乌尤寺等。

第二节　中国古典园林造园艺术

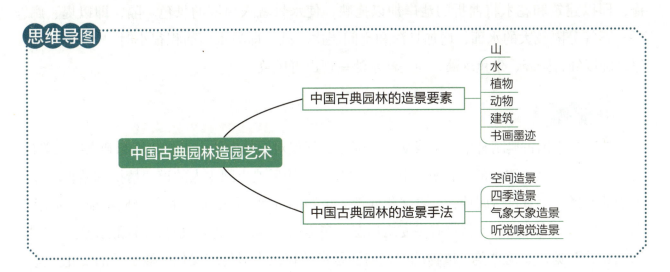

思维导图

中国古典园林造园艺术
- 中国古典园林的造景要素
  - 山
  - 水
  - 植物
  - 动物
  - 建筑
  - 书画墨迹
- 中国古典园林的造景手法
  - 空间造景
  - 四季造景
  - 气象天象造景
  - 听觉嗅觉造景

经过三千余年的发展，中国古典园林形成了自己独特的造园艺术，大致分为两个方面：一方面是造景要素，有山、水、植物、动物、建筑和书画墨迹；另一方面是造景手法，包括四季造景手法、气象天象造景手法以及空间造景手法，如缀景、添景、夹景、框景、抑景、障景、透景、漏景、隔景、对景、借景等。

一、中国古典园林的造景要素

1. 山

山是园林之骨，堆山叠石是造园最主要的因素之一。假山结构分为拉底、中层和收顶三个部分。拉底铺置于假山根基上，常用硬度大、抗压强的山石，不讲究形态。中层是拉底和收顶的过渡带，用量最多，是整个假山造型的首要部分。收顶是假山的最上面部位，也是假山最重要的观赏部位，以姿态和纹理最好的山石为点缀，凸显假山的气势。假山用石以湖石和黄石两大类为主。湖石，即太湖石，主要产于太湖流域，以浙江长兴所产最为出名，具有透、瘦、漏、皱四大特点。湖石假山属上海豫园的玉玲珑、苏州留园的冠云峰、杭州竹素园的绉云峰为最佳，被誉为"江南三大奇石"。黄石，即武康黄石，产于浙江武康，色泽黄褐或灰黑，质地坚硬，耐侵蚀。著名的黄石假山有上海豫园的大假山、扬州个园的秋山等。以假山得名的中国古典园林有苏州狮子林、苏州环秀山庄、上海豫园、扬州个园、南京瞻园等，其中环秀山庄的湖石假山为中国之最。

2. 水

水是园林之脉，自然理水是造园最主要的因素之一。园林中水的形态有静态的湖泊、水池、水塘等，还有动态的溪流、喷泉、瀑布等。中国古典园林理水手法有三：掩、隔和破。掩，即以建筑和花木将曲折的池岸加以掩映，使水景融入周围的景色。隔，即以堤、廊、桥、石等分隔较大的水面，增加景深和空间层次。破，即当水面面积很小时，可用乱石为岸，配以细竹野藤、朱鱼翠藻，使一洼水池呈现山野风致。

3. 植物

植物是中国古典园林中不可或缺的一部分，不仅对园林中的山水、建筑起到点缀、美化的作用，还被赋予浓厚的文化寓意和情感寄托，间接反映出园主人的道德情操和精神境界。植物的选择，一看自然属性，二看文化属性。植物的自然属性是指植物的物质特征，包括姿态、质感、气味和颜色。植物有多姿之形态，多样之质感，清香之气息，斑斓之色彩，给人以视觉、触觉、嗅觉之美。植物的文化属性是指植物在中国传统文化中被赋予的文化意蕴，如菊花象征简朴淡泊，莲花象征洁净无瑕，竹子象征刚正不阿，松柏象征坚强不屈，石榴象征多子多孙，紫薇象征高官厚禄，玉兰、牡丹、桂花象征荣华富贵等。

4. 动物

动物姿态百千，色彩绚烂，鸣叫悦耳，点缀于园林中的山水之间，营造出一种动静相宜、生机勃勃的景象。与植物一样，动物的选择也看自然属性和文化属性。动物的自然属性有形、色、乐。为追求姿态美，园林中多养孔雀、鹤、鸽、鹿、鱼、鹅等。为追求色彩美，皇家园林多养孔雀和锦鸡，私家园林多养鹤；湖池中多养鸳鸯，水池中多养金鱼。为追求音乐美，园林中多养鹤、画眉、黄莺、蝉、青蛙等。动物也有深厚的文化寓意，如鹤象征高尚情操，马寄寓远大志向，牛、啄木鸟、蜜蜂歌颂吃苦耐劳，鸳鸯、大雁比喻爱情专一、忠贞不渝等。

5. 建筑

园林中的建筑不同于一般建筑，它是园林的重要组成部分，是实现园林可居、可行、可赏、可游的关键因素。在中国古典园林中，一般以山水风景为主，建筑为辅；但从局部来看，建筑往往是一组风景中的重点，山水、植物、动物都围绕着它进行规划设计。园林中的建筑种类繁多，常见的有厅、堂、斋、馆、亭、台、楼、阁、轩、榭、舫、廊、桥、墙等。

厅堂是园林中的主体建筑，常为全园的布局中心。厅一般内部较大，装修精美，视野开阔，多设门窗，作为聚会、宴请、赏景之用。堂往往比较封闭，只在正面开设门窗，有的作会客之用，有的作宴请、观戏之用，有的作书房之用。

斋建在幽深僻静之处，装修风格朴素淡雅，具有高雅绝俗之趣，在园林中大多为静修、读书、休息之用。斋的形式多变，可以是一座完整的院落，如北京北海静心斋，也可以是一个小小的庭院，如苏州网师园殿春簃小院。

馆的构造与厅堂类似，布置随意大方，体量可大可小，作起居、宴请、游览、眺望之用。如颐和园宜芸馆是后妃们居住的地方，听鹂馆是慈禧太后看戏的地方。

亭是一种开敞的小型建筑，由屋顶和柱子构成，四面通风，视野开阔，可建在园林的任何地方，主要用以休憩、避雨、纳凉和观赏周围景色等。

小知识

真趣亭的由来

相传乾隆皇帝下江南，来到狮子林游玩，觉得此山有奇趣，游了好一阵子。有人请他为山边的一个亭子御题亭名，他取过笔来，漫不经心地写了"真有趣"三字。在旁的新科状元看了觉得太俗，但又不好说，于是他灵机一动，便婉转地对乾隆皇帝说，这"有"字写得最好，能否将"有"字赐予他。皇帝听了，复看三字，顿觉话中有话，于是便做个顺水人情，故此亭就命名"真趣"。今狮子林中的真趣亭，仍保留着这块御题"真趣"之匾。

台在园林中是位于厅堂前的建筑，供纳凉赏月之用，一般称作月台或露台。

楼阁是园林中的高层建筑，多建在景色清幽之处，非常适合远眺观景。楼是两层及以上的建筑，在明代大多位于厅堂之后，屋顶一般使用硬山式或歇山式，可用作卧室、书房或用来观赏风景。阁与楼结构近似，但更小巧，四面开窗，一般用来观景或藏书。

轩是一种高而敞的建筑，但体量不大，常常傍山临水而建，如颐和园的养云轩和鱼藻轩。

榭是建在高土台或水面（或临水）上的建筑。园林中的榭多建在水边，被称为"水榭"，通常一半伸入水中，一半架在岸边，是观赏水景的好去处。

舫是园林中的一种水上建筑，或亲近水岸，或远离水岸。其造型酷似船，分为船头、中舱、尾舱三部分。船头较高，作敞篷和露台，用以观景；中舱最矮，两侧开长窗，作休息、宴请、观景之用；尾舱最高，建有两层，下为实上为虚。著名的舫有拙政园的香洲、怡园的画舫斋、颐和园的清晏舫等。

廊是园林中连接两个建筑物或观赏点的通道，作遮风避雨、联系交通、观赏游览之用。从横剖面的形状看，廊可以分为四种类型：双面空廊（两边通透）、单面空廊（一侧沿墙）、复廊（在双面空廊的中间加一道墙）、双层廊（复道廊，分上、下两层）。从整体造型及所处位置来看，又可以分直廊、曲廊、回廊、爬山廊和桥廊等。苏州沧浪亭的复廊、拙政园的水廊、留园的曲廊被誉为"江南三大名廊"。

桥在园林中有沟通园路、联系各景点、分隔水面空间等作用。按照造型，桥可分为拱桥、平桥、廊桥、曲桥等。按照材质，又可分为石桥、木桥、竹桥等。

墙在园林中有乱石墙、磨砖墙、漏砖墙、白粉墙等数种，通常用于过渡、分隔、装饰，往往饰有花窗、景洞，还与廊道结合形成单墙廊、复墙廊，使园中景观更加别致。

小知识

美人靠

美人靠也叫"飞来椅""吴王靠"，学名"鹅颈椅"，是一种下设条凳、上连靠栏的木制建筑，因向外探出的靠背弯曲似鹅颈，故名。其优雅曼妙的曲线设计合乎人体轮廓，靠坐着十分舒适。美人靠通常建于回廊或亭阁围槛的临水一侧，更兼得凌波倒影之趣。

6. 书画墨迹

山水、植物、动物、建筑是中国古典园林的物质实体，书画墨迹则承载着中国古典园林的精神灵魂。中国古典园林中的书画墨迹表现为园名、景题、匾额、楹联、刻石、字画等。园名、景题，即给园林、景致取名，一般着墨不多，却寓意深厚，对园景有提示和深化的作用，乃点睛之笔，多取自古诗文，如"寄畅园"之名取自王羲之的《答许椽》诗"取欢仁智乐，寄畅山水阴"。匾额是指横置于门楣或月洞门上的题字牌，用来题刻园名、景名，也有用来颂人写事。楹联通常与匾额搭配出现，或悬挂在厅、堂、亭、榭的楹柱上，或树立门旁，大多取自古诗词，也有即兴创作。刻石是指山石上的题诗刻字，内容大体有景物题咏、名人轶事、诗赋图画等。字画主要布置于厅堂之内，散发出一股墨香。

课堂讨论

1. 中国古典园林有哪些常见建筑？
2. 中国古典园林造景有哪些方法？

二、中国古典园林的造景手法

1. 空间造景

1）缀景与添景

缀景即点缀景色，在园林建筑的外部及内部点缀一些山、石、花、草、木等小景，作美化之用。添景，即添置景观，在主要观赏点的周围及主要观赏点之间添置山、石、花、草、木等小景，起到丰富景观、增加景深、过渡景观的作用。

2）夹景与框景

夹景是利用树木、岩石、建筑、断崖等将游人视线两侧外的贫乏景物遮蔽起来，以形成狭长的视觉空间，增加景深，营造出一种连绵曲折之趣。框景是利用假山洞口、门、窗、柱框、树框等将远处的景观框在其中，以形成风景如画的奇妙感觉。

3）抑景与障景

抑景是指在园林入口处或园中景点入口处设置障碍物，将里面的景色挡住，不让游人一览无遗。抑景的形式多种多样：用假山作屏障，叫山抑；用树木来遮挡，叫树抑；用曲折廊道隔开视线，叫曲抑。抑景又称欲扬先抑法、欲露先藏法。障景是把有碍观瞻的景物屏障起来，目的是不破坏景观的美感。

4）透景与漏景

透景是指不在景观面前设置障碍物，使游人的目光能直接落到景观上。在安排透景时，常常与轴线或放射形直线道路和河道统一考虑，以减少因开辟透景线而砍伐大量树木。漏景是指在一些景观前面设置漏墙、漏窗、漏屏风、疏林等，使景观若隐若现，充满含蓄、神秘之感，趣味十足，如沧浪亭的石漏窗、留园的石木漏窗、狮子林的连续玫瑰漏窗等。

5）隔景

隔景是指将景物或景点进行隔断，增加空间层次感，造成景观的曲折变化。隔景可分为实隔和虚隔。实隔是用墙、山石或建筑隔离出一个较为封闭安静的环境，而虚隔则用空廊、漏窗、树木或水面来达到隔而不断的效果。

6）对景

对景，即在游人视线所及的正前方设置景观，可丰富景观、引人入胜。对景多为人为设置，也有借助自然景观而形成的对景。对景有动观对景和静观对景之分。动观对景是游人行走时能欣赏到的对景，多设在路口或转弯处。静观对景是游人坐息时能欣赏到的对景，多设在游人视线所及之处。

7）借景

借景是把园林外面的景观借进来，以丰富本园的景致。借景有远借、近借、仰借、俯借、实借、虚借、应时而借等多种。远借是指借园林外远处的景物，如颐和园借西山和玉峰塔，避暑山庄借僧冠峰和磬锤峰。近借是指借园林外近处的景物，也可借园林内不同区域的景观，如拙政园中的宜两亭和一枝红杏出墙来。仰借是借用视线以上的景观，如山峰、古塔、飞鸟、浮云等。俯借是借用视线以下的景观，若站在低处，可观游鱼、水流、倒影等；若站在高处，全园之景尽收眼底。实借是借园林中一直存在的景观，如山水、树木、亭台楼阁等。虚借是借园林中特定时间才会出现的景观，如朝阳、彩霞、明月、繁星、晨钟、暮鼓等。

2. 四季造景

运用四季更替来创造四时之景，是中国造园艺术的一大特色。四季造景表现为适应四季变化的假山造型和动植物配置。在四季假山方面，扬州个园乃其中之佼佼者。个园里，春季假山用的是石绿斑驳的笋石，似雨后春笋之状；夏季假山用的是青灰色的湖石，如云翻雾卷之态；秋季假山用的是色泽斑斓的黄石，达层林尽染之境；冬季假山用的是晶莹雪白的宣石，喻寒风静穆之情。在植物配置方面，须春发、夏荣、秋萧、冬枯或春莫、夏荫、秋毛、冬骨。在动物配置方面，"春有鸭子知水暖，夏有知了啼不停，秋有大雁往南飞，冬有家猫怀里抱。"按照季节造景，园林更能体现出动植物的生长规律和游人在不同季节中的心境变化。

3. 气象天象造景

巧用气象、天象来创造雨景、雾景、雪景、月景等景观，也是中国造园艺术的一大特色。雨景如拙政园的小飞虹，可欣赏到似珠、似线、似瀑的雨滴落入地面和水中，产生趣味不同的意境。雾景如承德避暑山庄的烟雨楼，雨滴落到较大的水面便会产生雾景，雨前的雾景迷茫，雨后的雾景清新，仿佛再现了浙江嘉兴南湖上的云烟之美。雪景如西湖的断桥，可欣赏到银装素裹的西湖、白堤和似断非断的断桥。月景如拙政园的与谁同坐轩，每当月映水中，清风徐来，品味苏轼的"与谁同坐？明月清风我"（《点绛唇·闲倚胡床》）。

4. 听觉嗅觉造景

除用视觉进行造景外，听觉、嗅觉造景也十分普遍。中国古典园林中声景的营造以风声、雨声、水流声、虫鸟鸣叫声等自然声为主，以人声、琴声、钟声、梵音等活动声为辅。听风声，可去承德避暑山庄的万壑松风、拙政园的听松风处。听雨声，可去拙政园的听雨轩。听水声，可去寄畅园的八音涧。听鸟啼，可去太平山庄半山亭。嗅觉景观主要通过花卉的香气来实现，如西湖曲院的荷香、拙政园雪香云蔚亭的梅香。

第三节　中国古典园林审美

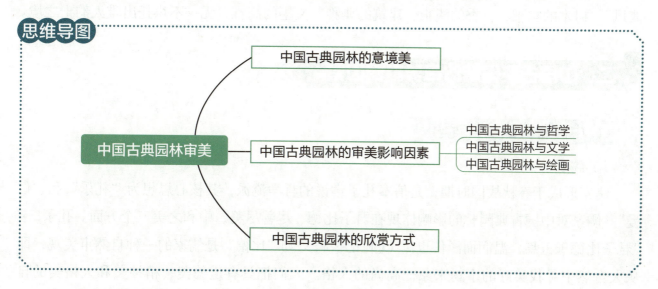

中国古典园林是山水、花木、建筑、墨迹等组合而成的一个综合艺术品，富有诗情画意。园林的生成，简单而又复杂，源于古人对自然山水的热爱，也离不开古人对美的极致追求。不能品园，则不能游园；不能游园，则不能造园。

一、中国古典园林的意境美

中国古典园林在美学上的最大特点是重视意境的创造。彭一刚在《感悟与探寻》中谈及中西园林的不同美学思想时就指出，"由于对自然美所持的态度不同，反映在造园艺术的追求上便有个侧重。西方造园虽不乏诗意，但刻意追求的是形式美；中国造园虽然也注重形式，但倾心追求的是意境美。西方造园意在悦目，而中国造园意在赏心"。可见，中国古典园林最根本、最核心的是意境美。

意境是中国艺术创作和鉴赏上的一个极其重要的美学范畴。按照字面意思，意即意象，属于主观的范畴，如理念、感情等；境即景物，属于客观的范畴，如景物、生活等。《大辞海》中写道，"意境是文学作品中所描绘的客观图景与所表现的思想感情融合一致而形成的一种艺术境界。具有虚实相生、意与境谐、境生象外，追求象外之象、韵外之致的审美特征，能使读者产生想象和联想的广阔空间，在思想感情上受到感染，并对人生、宇宙形成深邃的领悟。"因此，意境的产生是情景交融的结果，是人们为探求美的形象而展开的生动联想。

中国古典园林的意境是诗情画意，即诗画之境与实际景物的交融，故中国古典园林被誉为"无声的诗，立体的画"。中国古典园林的意境美借助造景要素和造景手法来体现或深化，可以用四个字来概括：曲、藏、透、雅。曲，即"曲径通幽处，禅房花木深"，运用曲径、曲廊、曲桥、曲池、曲树、曲蔓等营造意味无穷之境。藏，即"景露则境界小，景隐则境界大"，通过把某些精彩的景观藏于偏僻幽深之处或隐于山石树梢之间，表现深远悠长之境。透，即"山蝉带响穿疏户，野蔓盘青入破窗"，借助假山门洞、门窗、亭柱、漏墙等加大景深，丰富景观，定格画面，创造永恒无限之境。雅，即"梨花院落溶溶月，柳絮池塘淡淡风"，树木的幽雅、花香的淡雅、建筑的典雅、文墨的高雅，无一不烘托出雅人韵士之境。

二、中国古典园林的审美影响因素

1. 中国古典园林与哲学

1）儒家

　　儒家形成于春秋战国时期，是信奉孔子学说的哲学流派，其核心思想为"礼乐"和"仁爱"。儒家对中国古典园林的影响体现在君子比德、尽善尽美、中和之美三个方面。孔子曰："君子比德于玉焉，温润而泽仁也。"（《礼记·聘义》）"比德"是儒家的一种自然审美观，即从大自然中寻找美好的事物来象征高尚的人格。人们把具有道德美、精神美和人格美的自然物置于堂前屋后，以表示自己的高尚品德。山水是比德的对象，如"智者乐水，仁者乐山"（《论语·雍也》）。植物也是比德的对象，如"岁寒，然后知松柏之后凋也"（《论语·子罕》）。中国古典园林往往配置山、水、竹、松、梅、兰、菊、莲等自然物。儒家认为，美与善缺一不可，尽善尽美才是最理想的审美状态。为实现这种审美状态，中国古典园林在设计时兼顾美观和实用，努力打造一个可居、可游、可赏的空间环境。"中和之美"是儒家的一种美学思想，它追求的是一种"哀而不伤，乐而不淫"（《论语·八佾》）的平衡境界，不要求过分跳跃的激动美，致力于让人的情感处于一种温和舒适的状态。中国古典园林在景物营造、颜色搭配方面力求和谐之美。

2）道家

　　道家形成于春秋战国时期，是信奉老、庄等道家学说的哲学流派，其核心思想为"道"。在道家看来，"道"是宇宙本源，也是统治宇宙中一切运动的法则，还是美为之产生和存在的根本。道家对中国古典园林的影响体现为道法自然、无为之道、虚实相生三个方面。老子说："人法天，天法地，地法道，道法自然。"（《道德经》）老子的"道法自然"道出了以自然为至美的本质。在这种思想下，中国古典园林崇尚自然美，将山、水、花、木等自然景物作为造景要素，并在这些要素的组合、搭配上不显露人为痕迹，形成了一个高度概括、典型化的自然。"无为"是道家最基本的精神之一，其本质是顺应自然的变化。道家认为，在遵循自然、顺应自然的前提下，不用刻意追求，好的结果自然就会来到。中国古典园林的造景手法，如借景、框景等，就体现了这一精神。无论是借景还是框景，都不是刻意去创造景观，而是借助已有的物品充当工具，创造性地组合景物，从而形成新的景观，达到"无为而无不为"的境界。受到道家虚实观的影响，中国古典园林注重虚实结合，一方面，将广阔的景色收入有限的空间，尽显自然之道；另一方面，将实实在在的景物与游人的感情结合起来，使情因景生，景因情合，达到情景交融之境界。

3）禅宗

禅宗是印度佛教与中国儒家思想、道家思想等传统文化融合的产物，其核心内容为"心性论"。禅宗的"明心见性"是指发现自己的真心，见到自己本来的真性，通过禅坐静默等修持方式在日常生活中参悟。禅宗对中国古典园林的影响体现在梵我合一、芥子须弥、禅意禅境三个方面。禅宗提倡"梵我合一"，要求把内心和自然放在同等地位，追求亲近自然，具体在中国古典园林中表现为居住环境园林化，即居住空间与庭院花园紧密相连，为更加接近自然，假山假水成为代替真山真水的最佳选择。"芥子须弥"是"心性论"的另一种表达方式，意思是微小的芥子能容纳巨大的须弥山，是小中见大的审美情趣。中国古典园林以小园林、小空间、小场景取胜，让人从小空间进入大空间，由有限进入无限，给人一种"心境浩瀚则无边界"的感受。"禅意禅境"是禅宗美学思想的一个独特之处，认为具有什么样的心境，就会产生什么样的禅意禅境，特别强调空灵、静寂、淡远、清寒之感。因此，中国古典园林采取虚实相间的造景手法，给人一种空旷的美感；运用钟声、蛙声等以动衬静；在风格上追求朴素、淡雅；选址于名山大川，与世隔绝，表现出一种归隐的人生情趣。

课堂讨论

1. 何谓"意境"？
2. 中国古典园林的意境美是什么？

---

2. 中国古典园林与文学

中国古典园林与中国文学盘根错节，难分难离。首先，文学创作手法运用于造园之中。中国古典园林的游览路线往往形成诗文韵律般的空间序列，具体表现手法为欲扬先抑和曲折。"欲扬先抑"是指将好的景物先藏起来，之后再引导游人慢慢发现，旨在给游人留下深刻的印象。中国古典园林入口处常设假山、廊道或狭小空间，令人产生豁然开朗之感。"曲折"强调的是一种非重复、非单调的变化之美。中国古典园林常常布置曲径、曲廊、曲桥、曲室、曲池、曲树、曲蔓等，营造一种"曲径通幽处，禅房花木深"的意境之美。其次，诗文丰富园林内容并点醒园林意境。中国古典园林中的诗文主要表现为园名、题景、匾额、楹联、刻石等，通过对景物的特点进行高度概括，赋予了景观精神内涵，如沧浪亭上的楹联"清风明月本无价，近水远山皆有情"，诗人将清风、明月之虚景与绿水、青山之实景结合起来，使景观富有诗情文韵，耐人寻味。最后，诗文境界在园林中重现。中国古典园林会刻意营造出诗文中的意境，如留园模仿陶渊明《桃花源记》中武陵渔人见到世外桃源的意境，首先，在园之西部筑一座土石大假山，凿一条"之"字形小溪，并在两岸植桃树成荫，然后，在小溪尽头的廊壁上刻"缘溪行"三字。

小知识

沧浪亭的对联

北宋庆历年间，苏舜钦花四万铜钱买下一座三面临水的废园，好友欧阳修得知后，特地写了一副对联送去，联云"清风明月本无价，可惜只卖四万钱"。苏舜钦看罢下联，只觉得粗俗不堪，一时不知欧阳修是何用意，只得先将联语收起。一日，苏舜钦大病初愈，登上沧浪亭端坐小酌，看着眼前美景，脱口吟诵："东出盘门刮眼明，萧萧疏雨更阴晴。绿杨白鹭俱自得，近水远山皆有情"。突然间，他想到"近水远山皆有情"可对"清风明月本无价"，便请人将"清风明月本无价，近水远山皆有情"刻在沧浪亭两边的石柱上。

3. 中国古典园林与绘画

中国古典园林与中国绘画相互影响，相互渗透。一是绘画理论指导造园活动。许多"画理"成为"园理"，如唐代画家张璪的"外师造化，中得心源"，提倡造园要"源于自然，高于自然"；宋代画家郭熙的"春山淡冶而如笑，夏山苍翠而如滴，秋山明净而如妆，冬山惨淡而如睡"（《山水训》），倡导景色要按照四季更替而有所变化。二是将绘画作为造园模板。许多园林依照画家的构图进行造景，如拙政园内山石树木的形状、景物的排布、空间的开合等都与黄公望的构图相似。

三、中国古典园林的欣赏方式

中国古典园林有动观、静观之分。动观，即动态观赏园林，所观之景随脚步的移动而变化，需要沿着曲折的游览路线一步一景，慢慢去发现探索不同的景色。静观，即静态观赏园林，所观之景随脚步的停驻而定格，或坐或立，仔细观赏四周景色，感受风景如画之境。

动观重在游，静观重在赏。动观需要较长的游览线，通过路、径、廊、桥来实现对游人的引导，使各种景物映入游人眼帘，然后又使这些景物从游人视线中退去，起到移步异景的观景效果。静观需要较多可驻足的观赏点，借助厅堂、楼阁、轩榭、漏窗、漏墙、盆景园等景物，促使游人或伫立，或静坐，或徘徊，或倚栏眺望，为游人提供了一个了解这些景物的机会，也为游人创造一个静思联想的空间。

一般而言，小园应以静观为主，动观为辅；大园则以动观为主，静观为辅，然而，小园虽小，游人坐久了，也要起来走走；大园虽大，游人走累了，也要坐下来休息。可见，动中有静，静中有动，动观静观密不可分。

思维导图

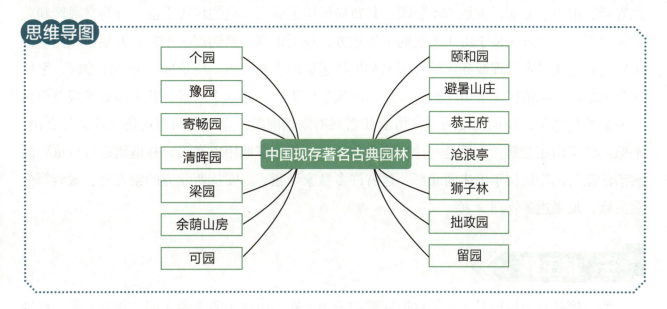

中国现存古典园林多为明、清两代所建，其精华集中在江南一带。由于篇幅有限，本节仅介绍具有代表性的十四座园林。其中，颐和园、避暑山庄、拙政园和留园被誉为"中国四大园林"；沧浪亭、狮子林、拙政园和留园被誉为"苏州四大园林"，分别代表了宋、元、明、清四个朝代的园林艺术风格；清晖园、梁园、余荫山房和可园被誉为"岭南四大园林"，也称为"广东四大园林"或"粤中四大园林"。

一、颐和园

颐和园是中国目前保存最完整的皇家园林，被誉为"皇家园林博物馆"，于 1998 年被列入《世界遗产名录》。清乾隆十五年（1750 年）开始大规模兴建颐和园，时名清漪园。1860 年为英法联军所毁，1886 年光绪皇帝和慈禧太后重建，1888 年更名颐和园，取颐养太和之意。1900 年又为八国联军所破坏，1903 年又重修，遂成今状。颐和园毗邻圆明园，坐落在北京西北郊，距城区 15 千米，占地约 290 公顷，主要由万寿山和昆明湖两部分组成，可大致分为行政、生活和游览三个区域。行政区以仁寿殿为中心，是当年慈禧太后和光绪皇帝坐朝听政、会见外国使臣的地方。生活区主要由三座大型四合院组成，即慈禧的乐寿堂、光绪的玉澜堂、后妃们的宜芸馆。游览区是颐和园的核心，包括昆明湖景区和万寿山前山、后山后湖景区。后湖东端有谐趣园，仿无锡寄畅园而建，是中国最负盛名的园中之园。

二、避暑山庄

避暑山庄又称承德离宫或热河行宫，是中国现存最大的皇家园林，于1994年被列入《世界遗产名录》。始建于清康熙年间，有七十二景。避暑山庄自康熙四十七年（1708年）驻跸使用以后，皇帝每年秋狝前后均要在此长期停住，消夏避暑、处理军政要务。山庄位于河北省承德市中心北部，占地564公顷，其布局运用了前宫后苑的传统手法，分为宫殿区和苑景区两部分。宫殿区位于山庄南端的平坦地方，包括正宫、松鹤斋、东宫和万壑松风四组建筑群，是清代皇帝处理政务、举行庆典和生活起居的主要场所。苑景区又分为湖泊区、平原区和山峦区。湖泊区位于山庄东南，是山庄风景的重点，有三十一景，其中多数景观是模仿江南名胜建造的，如烟雨楼的形状仿浙江嘉兴南湖烟雨楼，金山岛的布局仿江苏镇江金山。平原区位于山庄北部，主要是一片片草地和树林，其中草地用以赛马，林地用以进行重要的政治活动。山峦区位于山庄西北部，建有许多皇家寺庙，以安抚西北方的蒙古族、藏族等少数民族，加强边疆管理。

三、恭王府

恭王府是目前规模最大、保存最完整的一座王府。始建于清乾隆年间，初为大学士和珅的私邸，和珅死后，被嘉庆皇帝赐予庆僖亲王永璘，至咸丰元年，又被赐给恭亲王奕䜣，故得名恭王府。恭王府位于北京市西城区柳荫街，占地约6公顷，分为府邸和花园两部分。府邸有中、东、西三组院落。府邸最深处横有一座两层的后罩楼，东西长达156米，后墙共开88扇窗户，内有108间房，俗称"99间半"，取道教"届满即盈"之意。花园名萃锦园，是模仿皇宫内的宁寿宫而修建的，其东、南、西三面被马蹄形的土山环抱，有三条轴线和府邸对应。

四、沧浪亭

沧浪亭是苏州现存最古老的一座园林，于2000年被列入《世界遗产名录》。始建于北宋庆历年间，最初为五代时期吴越国中吴军节度使孙承祐的池馆，庆历四年（1044年）被诗人苏舜钦以四万贯钱之价买下废地，在北碕筑亭并将其命名为"沧浪亭"。沧浪亭位于江苏苏州三元坊沧浪亭街3号，占地1.08公顷。园内以山为主，山下凿有水池，山水之间以一条曲折的复廊相连；山的周围是建筑物，通过复廊上的漏窗，建筑物与山水、花木融为一体。园中树老石拙，景色不多加粉饰，门洞造型多变，漏窗图案繁多。

五、狮子林

狮子林有"假山王国"之称，于2000年被列入《世界遗产名录》。始建于元至正二年

（1342年），是高僧天如禅师的弟子们买地为其修建的禅林，初名狮子林寺，后改菩提正宗寺。因园内竹林下多怪石，形似狮子；又因天如禅师得法于浙江天目山狮子岩，再加上为纪念师父的修行经历，弟子们取佛经中"狮子座"的典故，称其为狮子林。狮子林坐落于江苏省苏州市姑苏区东北街，呈东西稍宽的长方形，占地1.1公顷，可分为祠堂、住宅和庭园三部分。狮子林东南多山，西北多水，四周高墙深宅，曲廊环抱。狮子林以假山著称，假山占地约0.15公顷，多为太湖石，造型曲折多变，模拟佛教中的人体、狮形、兽像等。狮子林假山是中国园林中唯一现存的大规模假山，具有重要的历史和艺术价值。

六、拙政园 ▶▶

拙政园是苏州现存最大的一座园林，于1997年被列入《世界遗产名录》。明正德八年（1513年）前后，王献臣用大宏寺的部分基地造园，借用晋代潘岳《闲居赋》中"拙者之为政也"句意，取名拙政园。拙政园位于江苏省苏州市城东北角，占地5.2公顷，分为住宅区和花园两部分。住宅为典型的苏州民居。花园分为三个部分：东部，原为归田园居，以田园风光为主，风格舒朗明快；中部，原为复园，以池岛假山取胜，是拙政园的主景区，为精华所在；西部，原为补园，有曲折水面和中区大池相接。

小知识

六红的故事

王献臣去世后，拙政园传到其不争气的儿子手里，因其子好赌，被人在赌局中设下圈套，结果在一夜豪赌中，把整个园子输给徐氏。据记载，当时徐少泉拿了一千两银子和王献臣的儿子赌博，两个人就约定，谁掷出去的骰子上六个点的颜色都是红的，谁就获胜。两个人博了很长时间也分不出胜负，徐少泉就把王献臣的儿子灌醉，怂恿他拿拙政园来做赌注。趁着王献臣的儿子迷迷糊糊时，徐少泉偷偷地拿出了一个六面都是六个红点的骰子，这骰子一掷出来，众人惊叫，只有王献臣儿子蒙在鼓里，不知道对方在作弊，稀里糊涂就把拙政园给输掉了。

七、留园 ▶▶

留园，于1997年被列入《世界遗产名录》。始建于明万历二十一年（1593年），为太仆寺卿徐时泰的东园。清嘉庆年间，刘恕得此园并重整，在园内大量种植白皮松，将其更名为寒碧山庄，俗称刘园。留园位于江苏省苏州市阊门外留园路338号，占地2.33公顷，大致分为中、东、西、北四部分。中部乃原留园所在，是一个山水花园。中央有一水池，西北岸叠黄石假山，东南岸布置建筑物，乃典型的南厅北水、隔水相望的江南宅院模式。东部以曲院回廊见胜，并有三座石峰，冠云峰居中，高5.6米，为苏州诸园现存湖石之冠。西部主要有土石相间的大假山，有南北向的土阜，为全园最高处。北部为田园风光，建筑全毁，植有竹、李，并辟有盆景园。

八、个园

个园是扬州现存历史最悠久、保存最完整的盐商园林。清嘉庆二十三年（1818 年），两淮盐业商总黄至筠在明代寿芝园旧址上重新修筑，广植修竹，由于竹叶形如"个"字，便取名个园。个园坐落于江苏扬州东北角，占地 2.4 公顷，分为中部花园、南部住宅和北部品种竹观赏区三部分。个园最负盛名的是四季假山，被陈从周誉为"国内孤例"。四座假山形成环线，寓意春、夏、秋、冬时序更迭，周而复始。

九、豫园

豫园为上海目前保存较为完整的旧园林，是明代四川布政使上海人潘允端为侍奉其父潘恩所建，取"豫悦老亲"之意，故名为豫园。豫园位于上海黄浦区豫园老街 279 号，占地 2 公顷。豫园内有五条龙墙，即点春堂西侧的穿云龙、大假山后面的卧龙、和煦堂边上的双龙戏珠、内园里的眠龙，它们将全园四十余处景观分隔开来，透出园林丰富的景层。其中，穿云龙是豫园的标志性建筑之一，常常作为背景出现在豫园的门票及宣传画上。

十、寄畅园

寄畅园原为惠山寺僧舍，明嘉靖初年（1527 年前后）曾任南京兵部尚书的秦金买下此处，建成园林，名"凤谷山庄"。万历十九年（1591 年），秦金后人秦燿被朝廷卸职，转而寄情山水，遂回家改造园林，并根据王羲之《答许掾》诗："取欢仁智乐，寄畅山水阴"，更名寄畅园。寄畅园坐落在江苏省无锡市惠山横街，毗邻惠山寺，占地约 1 公顷。园内沿惠山东麓山势筑假山，形成惠山余脉，又引来山泉，建造曲折山涧，得一景曰"八音涧"。

十一、清晖园

清晖园始建于明天启元年（1621 年），是状元黄士俊于大良城南门外的凤山脚下修建的黄氏祠堂、天章阁和灵阿之阁。清乾隆年间，黄氏家族衰落，当地龙氏望族进士龙应时买下旧址，经数代人扩建，至民国初年趋于定型。园名"清晖园"取自谢灵运《石壁精舍还湖中作》诗："昏旦变气候，山水含清晖"。清晖园位于广东省顺德区大良镇清晖路 23 号，占地2.2 公顷，分为南、中、北三部分。南庭为水景观赏区，以方池为主，池内种满荷花，池边布置建筑。中庭是全园的重点区域，许多主要建筑及室外庭院都在这个区域。北庭为住宅景区，建筑小院相互依靠，小巷廊道曲径通幽。

十二、梁园

梁园位于广东省佛山市，占地约2.13公顷，是岭南四大园林中规模最大的一座园林。始建于清嘉庆年间，是佛山梁氏家族梁蔼如、梁九章、梁久华、梁九图叔侄四人陆续修建而成的佛山梁氏宅园，由"十二石斋""群星草堂""汾江草芦""寒香馆"等不同地点的多个建筑群组成，其中主体位于广松风路先锋古道，其他则位于松风路西贤里及升平路松桂里。梁园总体布局以住宅、祠堂、园林三者浑然一体最具当地大型庄宅园林特色。园内可见各种"平庭""山庭""水庭""石庭""水石庭"等岭南特有的组景及"草庐春意""枕湖消夏""群星秋色""寒香傲雪"等春夏秋冬四景。

十三、余荫山房

余荫山房又称余荫园，是岭南四大园林中保存最完整的一座园林。始建于清同治三年（1864年），为举人邬彬的私家花园，为纪念先祖的福荫，取"余荫"二字作园名。余荫山房位于广东省广州市番禺区南村镇东南角北大街，占地约0.16公顷。全园分为东、西两部分。东庭有一八角形水池，周围布置了假山、古树和一些建筑物，池中有一座八角亭。庭内桥、廊、小路，都采取同八角形周边成平行或垂直的方向。西半部有一石砌的方形荷花池，周围所有建筑和组景都同方塘平行，呈方形构图。东、西两庭并列，纵贯轴线，构成整齐的几何形布局，这在中国古代宅园中比较罕见。

十四、可园

可园始建于清道光三十年（1850年），为张敬修的私家宅邸。张敬修原本想起名"意园"，取"满意"之意，但嫌其直白，偶从客人随口应诺"可以"得名"可园"，含有"可以""可人""无可无不可"三层意思。可园位于广东省东莞市莞城街道博厦社区，占地约0.22公顷，其布局模式为建筑绕庭，是"连房广厦"式庭园的典型代表。其主要建筑可分为三个组群：东南部为门厅组群，用以接待客人和分散人流；北部为厅堂组群，是园主人生活起居所在，旁有湖泊，可观湖景；西部为楼阁组群，用以接待宴请客人和眺望观景。

▌ 本章小结 →

　　本章主要从中国古典园林概述、中国古典园林造园艺术、中国古典园林审美、中国现存著名古典园林四个方面进行详细的讲解。紧扣考试大纲中关于中国古典园林的考试范畴：了解中国古典园林的定义；熟悉中国古典园林的起源、发展、特征；掌握中国古典园林的分类、造景要素、造景手法、意境美、审美影响因素、欣赏方式等相关知识。本章充分考虑了导游人员的知识需求，内容紧紧抓住了导游人员的知识和技能需求，力求实用、简练，内容基本是要点性的介绍与讲解，做到易学、易记。

本章测试 →

（一）单项选择题

1. 中国古典园林最初的形式是（　　　）。

　　A.囿　　　　　　　B.园　　　　　　　C.池　　　　　　　D.苑

2. 根据园林所有者的身份和园林所处位置划分，苏州拙政园所属的园林类型组合正确的是（　　　）。

　　A.公共园林、江南园林　　　　　　B.私家园林、岭南园林

　　C.皇家园林、江南园林　　　　　　D.私家园林、江南园林

3.《园冶》是中国古代造园专著，为著名造园家（　　　）撰写。

　　A.计成　　　　　　B.蒯祥　　　　　　C.喻皓　　　　　　D.陈从周

4. 中国第一个被列入《世界遗产名录》的皇家园林是（　　　）。

　　A.颐和园　　　　　B.承德避暑山庄　　C.苏州园林　　　　D.北海公园

5. 世界上最大的古代木结构建筑群，中国现有最完整、最典型的皇家园林，中国现存占地面积最大的古典皇家园林分别是（　　　）。

　　A.颐和园、避暑山庄、故宫　　　　B.故宫、避暑山庄、沈阳故宫

　　C.故宫、颐和园、避暑山庄　　　　D.避暑山庄、故宫、沈阳故宫

6. 在园林水际或池中建造起来仿造船的造型被称为（　　　）。

　　A.廊　　　　　　　B.榭　　　　　　　C.舫　　　　　　　D.台

7. 在颐和园后山的苏州河中划船，远方的苏州桥主景为两岸起伏的土山和美丽的林带所夹峙，构成明媚动人的景色，这属于造园手法中的（　　　）。

　　A.抑景　　　　　　B.框景　　　　　　C.夹景　　　　　　D.添景

8. 登上杭州花港观鱼的藏山阁，远处的南屏山、西山层林尽入眼帘，这是（　　　）。

　　A.抑景　　　　　　B.借景　　　　　　C.框景　　　　　　D.添景

9. "虽由人作，宛自天开"是（　　　）的造园理念。

　　A.波斯园林　　　　B.中国古典园林　　C.英国园林　　　　D.古埃及园林

10. 寺观园林出现在（　　　）时期。

　　A.秦汉　　　　　　B.魏晋南北朝　　　C.唐宋　　　　　　D.明清

11. 全园的野景、画境、意境的汇集点是在（　　　）。

　　A.厅堂　　　　　　B.楼阁　　　　　　C.亭榭　　　　　　D.馆斋

12. "四季假山"和"五条龙墙"分别位于（　　　）。

　　A.个园、豫园　　　　　　　　　　　　B.拙政园、留园

　　C.可园、寄畅园　　　　　　　　　　　D.网师园、狮子林

13. 有康熙、乾隆御题七十二景的著名园林是（　　　）。

A. 避暑山庄　　　　　B. 颐和园　　　　　C. 北海公园　　　　　D. 拙政园

14. 中国古典园林中一种既"引"且"观"的建筑是（　　　）。

A. 榭　　　　　B. 舫　　　　　C. 轩　　　　　D. 廊

15. 颐和园内的谐趣园、圆明园内的廓然大公（后来也称双鹤斋）均仿（　　　）而建。

A. 拙政园　　　　　B. 豫园　　　　　C. 寄畅园　　　　　D. 个园

16. 园名出自王羲之诗句的寄畅园在（　　　）。

A. 无锡　　　　　B. 苏州　　　　　C. 东莞　　　　　D. 杭州

17. 园内山水布置和景点题名蕴含着浓郁的隐逸气息，意谓"渔夫钓叟之园"的是（　　　）。

A. 网师园　　　　　B. 寄畅园　　　　　C. 留园　　　　　D. 个园

18. 著名太湖石"玉玲珑"是（　　　）的主要景观之一。

A. 可园　　　　　B. 留园　　　　　C. 个园　　　　　D. 豫园

19. 园主特别爱竹，园内翠竹成片，园名取自清袁枚诗句的是（　　　）。

A. 豫园　　　　　B. 留园　　　　　C. 寄畅园　　　　　D. 个园

20. 广东四大名园中保存原貌最好的古典园林是（　　　）。

A. 可园　　　　　B. 清晖园　　　　　C. 梁园　　　　　D. 余荫山房

（二）多项选择题

1. 下列关于园林的描述，不正确的有（　　　）。

A. 皇家园林的特点是规模宏大，建筑体型高大，色彩富丽堂皇

B. 江南类型园林的代表有寄畅园、清晖园

C. 寄畅园是中国山麓别墅园林

D. 透过梅花、竹子等图案的窗隙，看见园外或院外的美景，这种构景手法是框景

E. 杭州西湖北面的保俶塔，与南面重建的雷峰塔，就是一组绝妙的对景

2. 下列关于园林分类的说法，正确的有（　　　）。

A. 颐和园、恭王府、北海公园都是皇家园林

B. 拙政园、留园、恭王府都是私家园林

C. 拙政园、留园是私家园林，避暑山庄、北海公园是皇家园林

D. 颐和园、恭王府是皇家园林，沈园、豫园是私家园林

E. 北海公园、颐和园是皇家园林，拙政园、恭王府是私家园林

3. 以下被列入《世界遗产名录》的园林有（　　　）。

A. 颐和园　　　　　B. 留园　　　　　C. 避暑山庄　　　　　D. 寄畅园

E. 个园

4. 北方园林多集中于（　　　）。

A. 北京　　　　　　B. 上海　　　　　　C. 洛阳　　　　　　D. 西安

E. 开封

5. 下列选项说法正确的有（　　　）。

A. 竹子象征人品清逸和气节高尚　　　　B. 牡丹象征荣华富贵

C. 莲花象征幽居隐士　　　　　　　　　D. 松柏象征坚强和长寿

E. 兰花象征幽居隐士

6. 以下关于造园艺术的表述，正确的有（　　　）。

A. 榭建于水边或花畔，借以成景

B. 轩一般指地处高旷、环境幽静的建筑物

C. 北京颐和园 700 多米的长廊是双面空廊

D. 榭是仿造舟船造型的建筑

7. 中国古典园林的特色有（　　　）。

A. 通过人工美追求几何形　　　　　　　B. 是大自然山水形象的艺术再现

C. 整齐一律，均衡对称　　　　　　　　D. 虽由人作，宛自天开

E. 布局形式以自由、变化、曲折为特点

8. 以下关于黄河类型的园林的描述，正确的有（　　　）。

A. 建筑富丽堂皇　　B. 景致细腻精美　　C. 河湖、园石较多　　D. 以北京为代表

E. 园林风格粗犷

9. 有关廊的描述，正确的有（　　　）。

A. 不仅有交通的功能还有观赏的用途　　B. 是园林中的主体建筑

C. 让游人移步换景，品味周围景色　　　D. 是围合空间的构件

E. 有单廊和复廊之分

10. 中国现存著名园林中，以假山著称的园林有（　　　）。

A. 狮子林　　　　　　B. 个园　　　　　　C. 可园　　　　　　D. 余荫山房

E. 环秀山庄

11. 明清时期是中国园林艺术的精深发展阶段，属于这一时期的园林有（　　　）。

A. 沧浪亭　　　　　　B. 拙政园　　　　　　C. 留园　　　　　　D. 狮子林

E. 个园

12. 园林中的动物主要用来（　　　）。

A. 观赏娱乐　　　B. 科学研究　　　C. 寄予美好寓意　　　D. 商品出售

E. 扩大和深化自然境界

13. 以下关于私家园林的描述，正确的有（　　　　）。

A. 居住和游览合一　　　　　　　　　B. 真山真水多

C. 建筑体型小巧玲珑　　　　　　　　D. 建筑色彩淡雅素净

E. 表现园主人寄情山水的心态

14. 抑景主要有（　　　　）之分。

A. 远抑　　　　　　B. 曲抑　　　　　　C. 近抑　　　　　　D. 山抑

E. 树抑

15. 江南类型的园林也称（　　　　）。

A. 南方类型　　　　B. 热带类型　　　　C. 岭南类型　　　　D. 扬子江类型

E. 亚热带类型

16. 太湖石具有（　　　）的特点，常置于假山的上部，供游人玩赏品味。

A. 皱　　　　　　　B. 瘦　　　　　　　C. 漏　　　　　　　D. 硬

E. 透

17. 下列描述正确的有（　　　　）。

A. 避暑山庄是中国现存最大的古典园林

B. 颐和园有康熙、乾隆命名的七十二景

C. 拙政园是苏州最大的园林

D. 沧浪亭是苏州现存园林中最古老的

E. 可园是岭南风格的园林

18. 既是中国四大园林又是苏州四大名园的有（　　　　）。

A. 狮子林　　　　　B. 留园　　　　　　C. 拙政园　　　　　D. 豫园

E. 沧浪亭

19. 关于颐和园，以下叙述正确的有（　　　　）。

A. 始建于清乾隆十五年（1750 年）

B. 咸丰十年（1860 年）被英、法侵略军焚毁

C. 光绪十二年（1886 年）开始重建

D. 光绪十四年（1888 年）改名"颐和园"

E. 光绪二十一年（1895）遭八国联军破坏

20. 在中国园林中，可临水观景的建筑有（　　　　）。

A. 榭　　　　　　　B. 楼阁　　　　　　C. 廊　　　　　　　D. 舫

E. 斋

延伸阅读 →

1. 中国园林的起源和功能。

2. 中国园林演变的时代背景。

3. 中国古典园林的园艺美学。

4. 月神传说与中国古典园林。

5. 中国园林中的传统文化。

6. 中国古典园林的组成要素。

7. 中国古典园林的艺术手法。

8. 欣赏中国古典园林的方法。

第六章

中国饮食文化

学习目标 →

节标题	学习要点
中国饮食文化概述	中国烹饪的发展历史及风味流派（掌握） 中国"八大菜系"的形成、特点及代表性菜品（了解）
中国风味特色菜	中国风味流派的划分（掌握） 宫廷菜、官府菜、寺院菜的特点和代表菜品（熟悉）
地方名点小吃	中国风味小吃及面点（掌握）
中国名茶与名酒	中国传统名茶、特点及代表名品（了解） 中国传统名酒工艺及特点（掌握） 中国白酒名称、产地、类型及特色（掌握） 中国黄酒、啤酒及品牌、产地、特色（熟悉）

导游应考提示 →

1. 中国"八大菜系"的特点及代表性菜品考生需熟记于心，尤其需了解、区分"八大菜系"的不同工艺和风味特点。

2. 中国绿茶、红茶、乌龙茶是考查的重点，各代表性名茶不同的制作工艺是考试的难点。考生应熟记不同茶叶的冲泡方法。

3. 在考查酒类知识的试题中，中国传统名酒工艺是考试的难点。中国名酒的名称、产地、类型及特色考生应熟记于心。

4. 书中出现的时间、数量、方位等内容需熟记，这些内容是命题人经常考查考生记忆和知识熟练程度的命题单位。

5. 本章内容与第一章"旅游和旅游业"、第二章"中国历史文化"、第三章"中国民族民俗"、第七章"中国风物特产"相关联，考生学习时应前后对应，融会贯通，掌握相关内容。

第一节　中国饮食文化概述

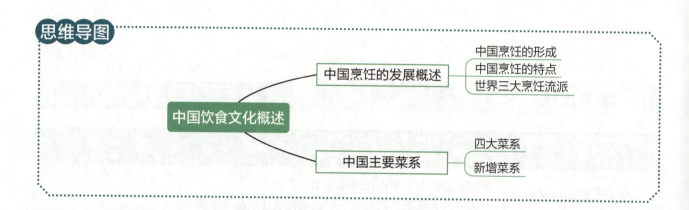

思维导图

中国饮食文化概述
- 中国烹饪的发展概述
  - 中国烹饪的形成
  - 中国烹饪的特点
  - 世界三大烹饪流派
- 中国主要菜系
  - 四大菜系
  - 新增菜系

一、中国烹饪的发展概述

1. 中国烹饪的形成

（1）中国烹饪具有独特的民族特色和浓郁的东方魅力，是中国对人类文明的巨大贡献，由于食品在用料、加工及烹制调味中所具有的风格特点不同，形成了不同的风味流派。"烹"就是煮的意思，"饪"是熟的意思，狭义地说，烹饪是指对食物原料进行热加工，将生的食材加工成熟食品。人类的熟食是从用火开始的，但用火仅仅是中国烹饪的第一步，中国烹饪还包括了器具和调味品的使用。中国烹饪自诞生起，经过了一个漫长的发展过程，才形成了今天博大精深的饮食文化体系。

（2）中国烹饪的发展过程大致可分为五个阶段。史前时期由生食向用火制作熟食转变，夏商周时期烹饪原料丰富和青铜器具广泛使用，魏晋南北朝时期食材进一步丰富和铁制器具普及，唐宋时期经济的繁荣发展为烹饪提供了良好的物质条件，人们更加注重食物的色、香、味，食疗养生逐渐兴起。元明清时期是中国的民族大融合时期，此时的烹饪融合各民族的饮食文化，得到了更加全面的发展。中国烹饪历经了长时间的发展逐渐形成了自己独特的风味流派。

2. 中国烹饪的特点

（1）古代烹饪、近代烹饪、现代烹饪以及当代烹饪的发展历史证明，中国烹饪的技术体系与烹饪文化内涵都是随着社会的发展而不断丰富变化的，这种发展变化是构成中国烹饪基本特征的重要内容。从大的方面来讲，烹饪原料越来越丰富，在食材选择上有所考究，精细加工，讲究火候，讲求风味，合理膳食，力求色、香、味、形均为上等。

（2）中国烹饪集科学性、艺术性、文化性为一体。不仅要讲究配料调味的科学性，还要讲究色、香、味等审美元素的应用，许多菜肴的名称也包含着高超的语言艺术魅力，这都说明了中国烹饪是科学和艺术高度结合的产物，是中华民族物质文明和精神文明的光辉结晶之一。

3.世界三大烹饪流派

中国烹饪作为东方烹饪流派的代表，是世界三大烹饪流派之一，东方菜系以中国烹饪为主，主要分布于东亚、东北亚、东南亚等地。此外，法国烹饪是西方烹饪流派的代表，分布于欧洲、美洲、大洋洲等地。土耳其烹饪是阿拉伯烹饪流派的代表，属清真菜系，主要分布于中亚、西亚、南亚、北亚。

二、中国主要菜系

1.四大菜系

中国是一个餐饮文化大国，长期以来在某一地区由于地理环境、气候物产、文化传统以及民族习俗等因素的影响，形成有一定亲缘承袭关系、菜点风味相近、知名度较高，并为部分群众喜爱的地方风味著名流派。中国菜系最初分四大菜系，即山东（鲁）、淮扬（苏）、四川（川）、广东（粤）菜系；后又出现浙江（浙）、福建（闽）、湖南（湘）、安徽（徽）菜系，形成了中国八大菜系。

1）鲁菜

（1）鲁菜的形成。山东的粮食、海产品、蔬菜和水果种类繁多、品质优良，这些得天独厚的条件使鲁菜的选料高至山珍海味，低涉瓜果蔬菜，丰富的原料也为精细选料创造了条件。山东菜菜系风格形成时间较早，从秦汉至南北朝时期，山东菜逐渐形成了自己的独特风格和一定的体系。在南北朝时已初具规模，明清时已形成稳定流派。山东饮食文化极其深厚，北魏《齐民要术》中记录山东的菜肴、面点、小吃达百种以上，烹饪方法众多。山东菜主要由济南菜、胶东菜（又称"烟台菜"或"福山菜"）和孔府菜组成，素有"北方代表菜"之称。从隋唐到两宋是山东菜的蓬勃发展时期。到明清之际，经过几次大融合的山东菜已形成自己完整的风味体系。

（2）菜品特点。受儒家"温柔敦厚"与中庸的影响，在调味上极重纯正醇浓，咸、鲜、酸、甜、辣各味皆有，很少使用复合味，其注重以当地特产为材料，精于制汤，善用葱香调味，烹调法以爆、炒、扒、熘较多，尤其以爆方法称绝，爆有油爆、火爆、汤爆、酱爆、葱爆、芫爆等。此外，海鲜和面食制作也十分擅长，对于各种海产品，鲁菜厨师都能运用多种烹饪方法烹制出众多鲜美的菜肴。

（3）代表菜品：葱爆海参、糖醋鲤鱼、扒原壳鲍鱼、锅塌豆腐、油爆双脆、九转大肠、奶油鱼翅等。

2）苏菜

（1）苏菜的形成。苏菜也称淮扬菜，唐宋时，苏菜经历了大发展，已成为"南食"中重要组成部分，元代已具规模，至明清完全形成流派。江苏地理位置优越，物产丰富，烹饪原料应有尽有，水产品种类多、质量好。鱼鳖虾蟹四季可取，太湖银鱼、南通刀鱼、两淮鳝鱼、镇江鲥鱼、连云港的河蟹等更是其中的名品。一年四季，水产禽蔬野味不断，使得江苏菜用料广泛，尤其喜用品质精良的鲜活原料。此外，江苏风味还善用江鲜家禽，不仅制作精细，而且款式多样，如以鸭为原料，可以制成板鸭、八宝鸭、香酥鸭、黄焖鸭和三套鸭等。

（2）菜品特点。苏菜是扬州、淮安、镇江、南京等风味菜肴的总称，取料不拘一格而物尽所用，重鲜活，讲究刀工、火工和造型。以鲜活、鲜嫩为主要特点。擅长烹饪河鲜，以炖、焖、煨、焐、蒸为主，重视调汤。使用焖法时，常常要用专门的焖笼、焖橱。而使用炖法也有讲究，砂锅中的菜肴在旺火上烧沸后要移至炭火上慢慢炖焖，有时在砂锅口还要蒙上一层皮纸，以防原味外溢。

（3）代表菜品：三套鸭、清炖狮子头、叫花鸡、松鼠鳜鱼、大煮干丝、水晶肴蹄、霸王别姬等。

3）川菜

（1）川菜的形成。四川物产丰富，古称"天府之国"，六畜兴旺，瓜蔬繁多，而且山珍野味、江鲜河鲜种类繁多。其中虫草、竹荪、雅鱼、江团、郫县豆瓣、保宁醋等饮食资源、调料为制作川菜提供了丰富的原料，使川菜在用料上具有了广泛和博采众长的特征。西汉两晋时川菜已初具轮廓。两宋时，"川食""川菜"进入汴京、临安市肆，为其风味奠定了基础。明清时期，辣椒传入四川，使川味更具特色。这一时期也是川菜的成熟定型时期，这时川菜在前代已有的基础上博采各地饮食烹饪之长，进一步发展，逐渐成熟定型，最终在清末形成了一个特色突出且较为完善的地方风味体系。

（2）菜品特点。主要以成都、重庆两个流派为主。烹调以小炒、小煎、干烧、干煸见长。味型丰富，以麻辣、鱼香等著称。川菜素有"一菜一格、百菜百味"之誉，如家常味、鱼香味（咸甜酸辣而兼有鱼香味）、怪味、红油味、麻辣味、酸辣味、椒麻味、椒盐味、甜香味、咸甜味等几十种味道。

（3）代表菜品：鱼香肉丝、宫保鸡丁、麻婆豆腐、水煮鱼片、干煸牛肉丝、水煮牛肉、回锅肉、锅巴肉片等。此外，川菜的代表小吃有龙抄手、钟水饺、赖汤圆等。

4）粤菜

（1）粤菜的形成。粤菜又称广东风味菜，在南宋以后，粤菜初具规模，明清时期是广东风味菜的快速发展时期，清中叶后形成"帮口"，清末有"食在广州"之说。广东地处亚热带，天气炎热，这给食俗带来很大影响，其口味清淡，较重汤菜。历史上中原人多次向岭南移民，清末时大量广东人流至海外。近代列强用炮火打开中国南大门，使得中外文化在这里碰撞与交融。由于长期人口南迁，粤菜广泛吸取了川、鲁、苏、浙等地方菜和西餐的烹饪精华，并结合本地习惯加以变化，如粤菜中的松子鱼和菊花鱼就是由苏菜中的"松鼠鳜鱼"演化而来。此外，旅居海外的华侨还把欧美、东南亚的烹调技术传回家乡，使广东菜吸取了西方烹饪之长，最终走向成熟完善。

（2）菜品特点。粤菜由广州、潮州、东江三地风味组成，常常以生猛海鲜为原料活杀后烹食，在调味上讲究清而不淡、鲜而不俗、嫩而不生、油而不腻，既重鲜嫩又兼顾浓醇。烹调方法多样而善于变化，长于煎、炸、清蒸、煲，口味鲜嫩爽滑，突出食材原味。

（3）代表菜品：三蛇龙虎会（龙虎斗）、油泡鲜虾仁、脆皮乳猪、虾子扒海参、蚝油鲜菇、脆皮炸海蜇、广东香肠、白斩鸡、蜜汁叉烧等。

小知识

张学良与红烧肉

张学良活到 100 岁，应该和他的饮食偏好有很大关系。张学良酷爱红烧肉。一次中国银行沈阳分行总经理卞福孙举办了一场盛大的宴会，特别邀请张学良出席。席上张学良很少动筷，于是卞福孙特意让家厨做了一盘红烧肉上席。张学良夹了一块放进口中，但觉甜软香糯、肥而不腻，赞不绝口。

回到府中，张学良意犹未尽，向赵四小姐称赞晚宴中的红烧肉。赵四小姐当即提出欲以帅府大厨与卞福孙交换那个家厨。清末民初之际，家有良厨是一个人身份显赫的象征，张学良明白这样夺人所爱非常不妥。但最后还是给卞福孙写了一封信，提出很想再吃一次"那盘红烧肉"，所以要借家厨一用。卞福孙当然晓事，立即将家厨赠予帅府。

从此张学良很长时间都把这名家厨带在身边，据说当时这名厨师的身价已经高达月薪 60 大洋。赵四小姐是浙江人，所以十分喜爱这道口味偏甜的红烧肉。后来赵四小姐和张学良也都学会了这道菜。

2. 新增菜系

中国的膳食文化发展到清代初期时，鲁菜、淮扬菜、川菜、粤菜已成为最具影响力的地方菜，被称为"四大菜系"，发展到清末时，浙菜、闽菜、湘菜、徽菜新地方菜系分化形成，与"四大菜系"一起构成了中国传统饮食的"八大菜系"。

1）浙菜

（1）浙菜的形成。浙江有着浓厚的饮食文化积淀，《梦粱录》《武林旧事》等古代文献已说明了当时杭州饮食文化的发达、烹饪技术的高超。浙菜起源于新石器时代的河姆渡文化，经越国先民的开拓积累，汉唐时期的成熟定型，宋元时期的繁荣和明清时期的发展，浙菜的基本风格逐渐形成。

（2）菜品特点。由杭州、宁波、绍兴三地风味为主，选料苛求"细、特、鲜、嫩"，口味鲜嫩清脆，烹调以炒、炸、烩、熘、炖、焖、蒸见长。

（3）代表菜品：西湖醋鱼、东坡肉、龙井虾仁、叫化童鸡、蜜汁火方、清汤越鸡等。

2）闽菜（福建菜）

（1）闽菜的形成。福建菜系源于华东南部沿海地区。唐代，福建已有海蛤、鲛鱼皮作为皇家贡品，宋时已成为水稻、茶叶、甘蔗、水果的著名产区。早在两晋、南北朝时期的"永嘉之乱"以后，大批中原衣冠士族入闽，带来了中原先进的科技文化，与闽地古越文化的混合和交流，促进了当地饮食文化的发展。晚唐五代时期，河南光州固始的王审知兄弟带兵入闽建立"闽国"，对福建饮食文化的进一步开发和繁荣，起到了积极的促进作用。

（2）菜品特点。以烹制海鲜见长，主要以福州、闽南、闽西三地特色为主，烹调以炒、熘、煎、煨为主。口味上福州偏酸甜，闽南多香辣，闽西浓香醇厚。

（3）代表菜品：佛跳墙、淡糟鲜竹蛏、沙茶焖鸭块、荔枝肉、雪花鸡、菊花鱼球、鸡丝燕窝等。

3）湘菜（湖南菜）

（1）湘菜的形成。以湘江流域、洞庭湖、湘西山区三地风味组成。春秋战国时期，湖南主要是楚人和越人生息的地方，多民族杂居，饮食风俗各异，祭祀之风盛行。在公元前300多年的战国时代，伟大的诗人屈原被流放到湖南，写出了著名的《楚辞》。其中《招魂》和《大招》两篇就反映了当时的这种祭祀活动中丰富味美的菜肴、酒水和小吃情况。秦汉两代，湖南的饮食文化逐步形成了一个从用料、烹调方法到风味风格都比较完整的体系，其使用原料丰盛，烹调方法多彩，风味鲜美。从出土的西汉遗策中可以看出，汉代湖南饮食生活中的烹调方法比战国时代已有进一步的发展。唐宋以来，尤其在明清之际，湖南饮食文化的发展更趋完善，逐步形成了全国八大菜系中一支具有鲜明特色的湘菜系。

（2）菜品特色。烹调以小炒、清蒸为主，兼腊、炖、泡等，口味重酸辣香鲜。湘菜最大的特色是制作精细，用料广泛，讲究原料的入味。采用熏、蒸、腌、腊、泡等方法。

（3）代表菜品：麻辣仔鸡、生熘鱼片、剁椒鱼头、清蒸甲鱼、腊味合蒸、洞庭肥鱼肚、吉首酸肉等。

4）徽菜（皖南菜）

（1）徽菜的形成。徽菜起源于秦汉，兴于唐宋，盛于明清，在清朝中、末期达到了鼎盛，徽菜是徽州六县的地方特色，其独特的地理人文环境赋予徽菜独有的味道，由于明清时期徽商的崛起，这种地方风味逐渐进入市肆，广泛流传于苏、浙、赣、闽、沪、鄂至长江中下游区域，具有广泛的影响，明清时期，徽菜一度居于八大菜系之首。

（2）菜品特点。徽菜主要由皖南、沿江、淮北三大部分组成，口味咸鲜。以烹制山珍野味著称，擅长蒸、烧、炖，而爆、炒菜较少，重油、重色、重火功。徽菜继承了中国医食同源的传统，讲究食补，乃是其一大特色。

（3）代表菜品：黄山炖鸽、问政山笋、红烧划水、符离集烧鸡、李鸿章杂碎、葡萄鱼等。

课堂讨论

1. 川菜与湘菜口味上有何不同？
2. 闽菜有何特色？与粤菜有何不同？

第二节　中国风味特色菜

思维导图

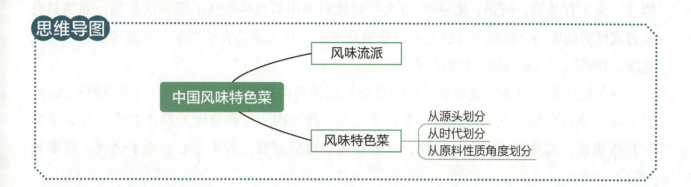

一、风味流派

从民族角度划分，中国 55 个少数民族就有 55 个风味流派；从原料性质划分，可以分为素食风味和荤食风味两个流派。素食从南朝梁开始形成流派，到清代形成宫廷、寺院、民间三大派别；从功用划分，有保健医疗风味和普通食品风味之分；从生产者主体划分，有市肆风味、食堂风味、家庭风味之分；从时代划分，有仿古风味和现代风味之分；从地域划分，清代出现"帮口""帮口菜"的名称，如"川帮菜""扬帮菜"。

二、风味特色菜

1. 从源头划分

从源头划分，中国菜系可以分为宫廷菜、官府菜、寺院菜、市肆菜等。

1）宫廷菜

宫廷菜起源于皇宫"御膳房"烹制的供帝王、后妃等王室成员享用的菜肴，常被称为御膳。宫廷菜的特点是选料极其考究，烹调细腻，花样众多，色形美观，口味清淡，注重营养而且菜名十分讲究。

2）官府菜

古代官宦之家所制的馔肴，以清淡精致、用料讲究闻名，菜名典雅得趣。

（1）孔府菜。又称府菜，用料广泛、做工精细、命名讲究，是山东曲阜县孔府里的菜肴，是中国延续时间最长的典型官府菜。代表菜品有诗礼银杏、八仙过海、怀抱鲤鱼、孔府一品锅、御笔猴头等。

（2）谭家菜。产生于中国清朝末年官人谭宗浚家中。谭家菜甜咸适口、南北均宜，讲究原汁原味，选料精、加工细，再有火候足、下料重，菜肴软烂，易于消化。在烹制海味中以燕窝和鱼翅的烹制最为出名，代表菜品有红烧鱼翅、黄焖鱼翅、清汤燕菜（燕窝和高级清汤制成）、扒大乌参、草菇蒸鸡、葵花鸭子等。

（3）红楼菜。依据《红楼梦》中所记述的贾府的肴馔饮食所研制的菜肴，具有官府菜的特点。全国有北京、扬州、南京等10余个地区对书中有具体做法的菜照法仿制，如果只有菜名或原料的则结合现代烹饪技艺加以研制并定名。代表菜品有糟鹅掌、火腿炖肘子、乌龙戏珠、炸鹌鹑、老蚌怀珠、怡红祝寿等。

（4）随园菜。因清代袁枚的《随园食单》而得名的官府菜。随园菜一为讲究原料选择，二为加工烹调精细，三为讲究色、香、味、形、器，四为注重宴席的制作艺术。代表菜品有素燕鱼翅、鲅鱼炖鸭、白玉虾圆、八宝豆腐、竹蛏豆腐、芥末菜心、栗子烧鸡、雪梨鸡片等。

3）寺院菜

寺院菜是指佛教寺院、道教宫观中烹饪的以素食为主的菜肴总称，具有就地取材、善烹蔬菽、以素托荤、口味清鲜等特点。

4）市肆菜

一种商品菜，是在饮食市场上发展起来的，是中国菜的主体。它广取宫廷菜、官府菜、寺院菜、民族菜、外来菜的精华，从而发展起来。

2. 从时代划分

中国菜系有仿古菜和现代菜之分。仿古菜是以烹饪文献、古典名著等记述和文物资料为依据，仿照古代菜肴而制作成的菜品，如仿宫廷菜、仿官府菜、仿唐菜、仿宋菜、仿"红楼菜"等，见表6.1。

表6.1　仿古菜名称及其代表菜

名称	代表菜
北京清宫菜	鱼藏剑、龙须驼掌、炒豆腐脑、荷包里脊
孔府菜	怀抱鲤鱼、一品豆腐、御笔猴头
北京谭家菜	黄焖鱼翅、清汤燕菜、扒大乌参
西安仿唐菜	辋川小杨、驼蹄羹、遍地锦装鳖
开封仿宋菜	东华鲊、两色腰子、水晶脍
杭州仿宋菜	东坡脯、莲花鸡签、蟹酿橙
仿"红楼菜"	糟鹅掌、茄鲞、老蚌怀珠、怡红祝寿

谭家菜

谭家菜是清代有名的官府菜，出自清末官保谭宗浚府中，1874 年（同治十三年），谭宗浚在 27 岁时考取榜眼，后入翰林，督学四川，还充任过江南副主考。他一生酷爱珍馐美味，潜心研究，不惜重资聘请名厨，将广东菜和北京菜巧妙地结合起来，独创一家"谭家菜"，以至于曾有"戏界无腔不学谭（谭鑫培），食界无口不夸谭（谭宗浚）"之说。

民国初年，北京著名的私家烹饪共有三家。一为军界段家菜，二为银行界任家菜，三为财政界王家菜。谭家一办筵，名声很快压倒了这三家，独领榜首。当初有郭家声在报上专登《谭馔歌》一首，歌首数句为："璇翁饷我以嘉馔，要我更作谭馔歌。璇馔声或一纽转，尔雅不熟奈食何。"称谭青为"谭馔精"。

3. 从原料性质角度划分

1）从原料性质角度划分，中国菜系可以分为素菜和荤菜两个流派

素菜是以植物类、菌类食物、干鲜果品等植物性原料制成的菜肴，从南朝梁代开始形成流派，到清代形成宫廷素菜、寺院素菜、民间素菜三大派别。素菜的特点是原料全素，讲究色香味形的完美统一，尤以形荤实素的菜肴烹调工艺最为精湛，讲究营养均衡等。著名菜肴有罗汉斋（即全素料杂烩）、素火腿。其他菜品如半月沉江（以面筋配以香菇、冬笋等煮蒸而成，半片香菇沉于碗底如半月，故名）、炒素蟹粉（上海功德林）、桂花鲜栗羹、糟烩鞭笋（杭州）、鼎湖上素（广东）、蜜汁山药兔（安徽）、金边白菜（陕西）等。

2）从民族角度划分

中国 56 个民族就有 56 种民族风味菜肴。

3）从功用角度划分

从功用角度划分，中国菜系有保健医疗菜和普通菜之分。

满汉全席

满汉全席是中国历史上著名的宴席，是清朝最高级别的国席。它由满菜、满点和汉菜组成，全席共包括大小菜 108 件，其中南北菜各 54 种（面点不算），满洲饽饽花式品种 44 道。满汉全席分三段进行，第一段喝钦酒（即喝绍兴黄酒）、吃软菜；第二段喝硬酒、吃肥菜，即喝白酒和吃肥腻的菜；第三段喝汤、吃饭、享用面食和点心。满汉全席分宫内和宫外两种。宫内专供皇帝、皇后及皇亲国戚用，宫外的满汉全席用来宴请朝廷科考举人和封疆大使。由于满汉全席菜肴众多，一餐吃不完，故以早、中、晚三餐进行，有的还进行两到三日，场面盛大。

课堂讨论

1."御膳房"是什么？

2."寺院菜"指的是全素菜吗？

第三节　地方名点小吃

思维导图

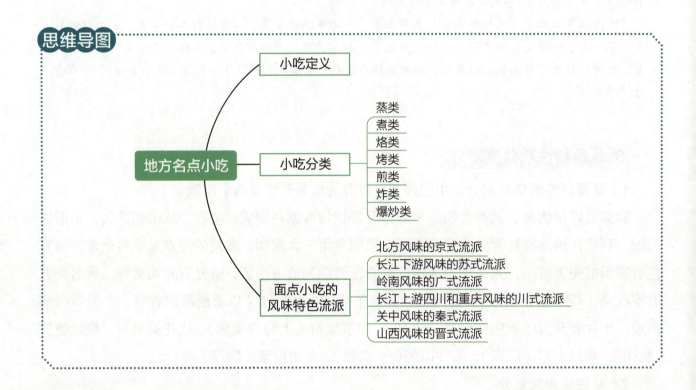

一、小吃定义

　　小吃点心是中国烹饪的重要组成部分，历史悠久，品类丰富，外观精美，讲究风味，富有中国传统文化的特色。小吃、点心两词古代常常互用，沿袭至今。北方与长江上游地区将食肆饭摊边做边卖的早点、夜宵食品都称为"小吃"，而将糕点厂的制品以及宴会所用的精美糕点称为"点心"；南方地区有些将早点、夜宵用的米面制品都称作点心，将肉类制品称为"小吃"。有的地方则把小吃、点心视为同义词，不加区分而混用。

二、小吃分类

　　中国小吃品种多样，以粮食为主料，按成熟方法可以分为以下几类：

1. 蒸类

　　利用蒸汽传热而成的食品，面制品有包子、馒头、花卷、蒸饼、烧卖等，米制品有年糕、发糕、小窝头等。比如，天津"狗不理"包子、北京"都一处"烧卖、扬州翡翠烧卖、上海南翔小笼馒头等。

2. 煮类

以水传热而成的食品。面制品有抄手（馄饨）、饺子、面条等，米制品有元宵、米线、粽子等。如，山东的福山拉面、临沂糁、四川抄手、兰州牛肉面、西安牛肉泡馍、山西刀削面、北京豆汁儿、杭州片儿川、宁波汤团、盐城藕粉团、云南过桥米线、广州艇仔粥等。

3. 烙类

通过金属镦子或饼铛传热而成熟的食品，如家常饼、荷叶饼、烧饼、煎饼等。比如，福建广饼、安徽大救驾、天津煎饼、上海蟹壳黄、北京褡裢火烧等。

4. 烤类

包括烘、烤类，通过热辐射制熟的食品，如面包、蛋糕、酥点和饼类等。如重庆蛋松糕、江苏黄桥烧饼、北京烤白薯、新疆烤羊肉串等。

5. 煎类

面制品有锅贴、煎包等，鱼鲜制品有蚝煎等，如厦门蚝煎、山东煎包、上海生煎馒头、武汉三鲜豆皮、北京灌肠等。

6. 炸类

以油为传热介质，用大量油加热而制成的食品，面制品有油条、薄脆、麻花、馓子等。米制品有炸糕、麻团等，如有天津大麻花和"耳朵眼"炸糕、淮安茶馓、北京蜜麻花和焦圈等。

7. 爆炒类

用油或水传热使原料快速变熟的食品，面制品有炒疙瘩、炒面等，米制品有牛肉炒河粉、扬州炒饭等，肉制品有北京爆肚等。

三、面点小吃的风味特色流派

1. 北方风味的京式流派

北京独特的地理位置使其在很早以前便成为汉、匈奴、鲜卑、契丹、女真等古代中华民族杂居的地方，这些民族把自己的一套饮食习惯和面点制作方法带到北京，中原、华北、东北盛产小麦，各民族和汉族一起，根据北方的物产及生活习惯，尤其擅长制作面粉类点心，并具有鲜明的民族风格和原料广泛、品种繁多、技法多样、工艺精巧、口味爽滑、柔软松嫩等特点。代表点心有：

1）豌豆黄

北京传统小吃，春季应时佳品，是由豌豆去皮、洗净、煮烂、糖炒、凝结、切块而成。成品色泽浅黄，细腻，入口即化，味道香甜，清凉爽口。原为民间小吃，后传入宫廷，加以改进，因慈禧喜食而出名。

2）"都一处"烧卖

北京"都一处"烧卖距今已有250余年历史，因乾隆皇帝曾品尝而出名。"都一处"烧卖皮薄馅多，味道鲜美。代表口味有三鲜烧卖、猪肉烧卖、素馅烧卖等。

3）"狗不理"包子

天津"狗不理"包子，始创于清末，为天津人高贵友创立。他制作的包子口感柔软，鲜香不腻，形似菊花，色、香、味、形都富有特色。独具风味的包子和他的乳名"狗不理"一起扬名天下。2011年11月，"狗不理包子传统手工制作技艺"被列入国务院第三批国家级非物质文化遗产名录。

4）桂发祥大麻花

桂发祥大麻花的特点是香、酥、脆、甜，久存不绵，白条和麻条中间夹一条含有麻花、闵姜、桃仁、瓜条等多种小料的酥馅，使炸出的麻花酥软香甜与众不同。因"桂发祥"字号坐落在十八街，所以俗称"十八街麻花"。

5）李连贵熏肉大饼

吉林省著名传统风味之一，由河北人李连贵始创，已有百年历史。其用10余种中药煮肉，大饼用煮肉的汤油调成软酥，抹在饼内起层，便于夹肉。

小知识

"狗不理"包子

天津狗不理包子铺原名"德聚号"，距今已有百余年的历史。店主叫高贵友，其乳名叫"狗不理"，人们久而久之喊顺了嘴，把他所经营的包子称作"狗不理"包子，而原店铺字号却渐渐被人们淡忘了。据说，袁世凯当直隶总督时，曾把狗不理包子作为贡品进京献给慈禧太后，慈禧很爱吃。从此，狗不理包子名声大振，许多地方开设分号。如今，狗不理包子已走向世界，进入许多国家市场，倍受宾客欢迎。

2. 长江下游风味的苏式流派

中国长江下游江苏、浙江一带地区，产生了以苏式面点为主要代表的流派，代表点心有：

1）扬州三丁包子

扬州名点，所谓"三丁"，即以鸡丁、肉丁、笋丁为馅，发酵所用面粉"洁白如雪"，软而带韧，食不粘牙。扬州富春茶社一直保持这种发酵的传统特色，三丁即三鲜，三鲜一体，津津有味，清晨果腹，至午不饥。三丁包被誉为"天下第一品"。

2）嘉兴五芳斋粽子

嘉兴五芳斋粽子号称"江南粽子大王"，以糯而不烂、肥而不腻、肉嫩味美、咸甜适中而著称。嘉兴五芳斋粽子有肉粽、豆沙、蛋黄等几十个花色品种。如今，嘉兴五芳斋粽子因其滋味鲜美、携带方便、食用方便倍受广大旅游者厚爱，有"东方快餐"之称。

3）宁波汤团

宁波汤团亦称宁波猪油汤团，浙江传统名点。主要原料为糯米、黑芝麻、猪油、白糖、桂花等。特点是色白发光、糯而不粘、皮滑馅润、滋味香甜。

4）金华酥饼

色泽金黄，香脆可口，是浙江省金华地区汉族名点，也是闻名遐迩的馈赠亲朋好友的传统特产。其馅心用干菜为主料，故又名干菜酥饼。

5）南翔小笼包

上海郊区南翔镇的传统名小吃，已有 100 多年历史。该品素以皮薄、馅多、卤重、味鲜而闻名，是深受国内外旅游者欢迎的风味小吃之一。

3. 岭南风味的广式流派

广式面点小吃是珠江流域及南部沿海地区面食制作的总称。广式面点是在民间食品的基础上，吸收北方和西式点心制作方法的面点，其结合本地区人民的生活习惯，在工艺上不断加以改进，逐渐自成一种面点制作体系，具有独特的南国风味，以用料广泛、品种丰富、造型精巧、味道清淡、鲜爽、粥晶繁多、富有营养为特点。代表小吃和点心有：

1）肠粉

广东传统大众化小吃。肠粉是由制作好的米浆置于特别多层蒸笼中或布上，蒸成薄皮，然后分别铺上碎肉、鱼片、鲜虾仁、鸡蛋等馅料，蒸熟后卷成长条，切断上盘。因其形状为长条形，与猪肠相似，故取名肠粉。

2）广东虾饺

广东虾饺用熟淀面做皮，鲜虾肉、猪肉泥、嫩笋肉做馅，包成饺形，蒸制而成。其形似弯梳，故又称弯梳饺。虾饺皮软色白，晶莹透亮，饺内馅料隐约可见；馅心鲜美，形态精致玲珑，味鲜香醇。

3）广式月饼

广式月饼起源于广东及周边地区，其特点是皮薄、馅大，口感松软、细滑，表面光泽，馅料有莲蓉、椰蓉等。

4. 长江上游四川和重庆风味的川式流派

位于长江上游的四川和重庆物产丰饶，其小吃点心用料广泛，制法多样，口感特点是甜、麻、辣、酸、香、脆、嫩，技法多样，品种繁多，注重传统、工艺严格、善调多种多样的复合味。代表小吃和点心有：

1）龙抄手

"抄手"是馄饨在四川地区的叫法。"龙抄手"店的"抄手"皮薄馅嫩、爽滑鲜香，汤浓色白，为成都传统面点的佼佼者。

2）钟水饺

因一名钟姓小贩经营而得名。钟水饺皮薄馅多，重在选料和调味，突出香辣。香味浓郁的调料，色泽红亮，与饱满馅心的清鲜味搭配，形成多滋多味的风格，是成都著名的小吃。

3）担担面

最初因挑着担子沿街叫卖而得名。担担面面条细薄，臊子肉质香酥，调以葱花、芽菜、猪油，卤汁酥香，咸鲜微辣，十分入味，是颇具四川特色的著名小吃。

4）赖汤圆

迄今已有百余年历史。因赖姓老板所制作的汤圆而得名。他煮的汤圆，煮时不烂皮、不露馅、不混汤，吃时不粘筷、不腻口，是成都著名的小吃。

> **小知识**
>
> ### 担担面
>
> 　　担担面由四川自贡一位名叫陈包包的小贩始创于 1841 年，随后传入成都，因其最初是挑着担子沿街叫卖而得名。走街串巷的担担面，用一中铜锅从中隔成两格，一格煮面，一格炖蹄髈。现在成都、自贡等四川地区的担担面多数已改为店铺经营，但依旧保持原有特色，尤以成都的担担面特色最浓。目前，成都、自贡等地仍保持原来的素面风味，以四川特产叙府芽菜为主要配料。

5. 关中风味的秦式流派

陕西较早地吸收各民族小吃，挖掘、继承古代宫廷小吃之技艺，因此品种繁多，风味各异。代表小吃和点心有：

1）水晶柿子饼

陕西风味名点。它以临潼特有的"水晶柿子"为主料。制作时，去掉柿皮，将肉捣烂，拌以面粉，然后以桂花、白糖做馅，放在油锅里煎熟。烙成的柿子面饼色泽金黄，香甜软绵，油润爽口。

2）臊子面

陕西关中地区的一种传统特色面食，有悠久的历史。所谓"臊子"是将肉块、素菜等切成沫，加上香醋、辣椒等炒制而成。岐山臊子面，面条细长，厚薄均匀，筋韧爽口，臊子鲜香，红油浮面，汤味酸辣。臊子面在关中地区有着非常重要的地位，婚丧、逢年过节、孩子满月、老人过寿、迎接亲朋等重要场合都离不开它。

3）羊肉泡馍

陕西著名的风味美馔，古称"羊肉羹"，尤以西安最享盛名。烹制时，将馍掰碎成黄豆般大小放入碗内，然后配羊肉熟肉、原汤制作而成。羊肉泡馍料重味醇，肉烂汤浓，肥而不腻，馍韧入味。因它暖胃耐饥，素为西安和西北地区各族人民所喜爱，已成为陕西名食的"总代表"。

小知识

羊肉泡馍

羊肉泡馍，最早名为"羊肉羹"，为西周礼馔，历史悠久。古代许多文献，如《礼记》以及先秦诸子，都曾提及羊肉羹。最初多用于祭祀及宫廷御筵。西周时曾将羊肉羹列为国王、诸侯的礼馔。《战国策》记载中山国君，由于一杯羊肉羹而激怒了司马子期，怒而走楚，说楚王伐中山，招致亡国的命运。到了隋朝，出现了"细供没忽羊羹"。此当为最初羊肉羹和面食混作的烹调形式。据文献记载，唐代宫廷御膳和市肆都擅长制羹汤。"三日入厨下，洗手作羹汤"。羊羹者，羊肉烹制的羹汤，即当今羊肉泡馍的雏形。

6. 山西风味的晋式流派

山西素有"面食之乡"之称，花色品种多样，其代表有：

1）刀削面

山西最有代表性的面条，已有数百年的历史。刀削面是用刀削出的面叶，中厚边薄，棱锋分明，形似柳叶；入口外滑内筋，软而不黏，越嚼越香。

2）拨鱼儿

亦称溜尖，是山西地方面食。将白面或绿豆面和成软软的面团放在小案板上，用铁铲、铁筷子拨成一小条、一小条扔到滚开水的锅里，飞奔出去的面，长不过三寸，头粗尾尖，形状像小鱼儿，故名。

课堂讨论

1. 中国"面食之乡"是指哪个地方？
2. 你知道哪些被纳入"非物质文化遗产"的美食？

第四节 中国名茶与名酒

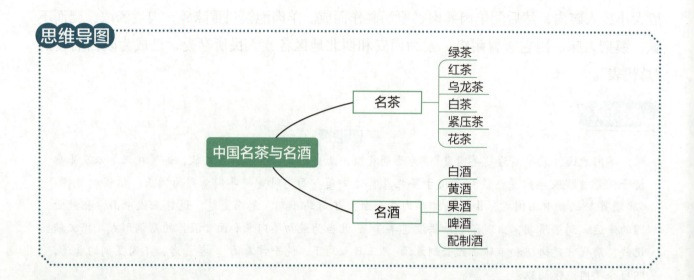

思维导图

中国名茶与名酒
- 名茶
  - 绿茶
  - 红茶
  - 乌龙茶
  - 白茶
  - 紧压茶
  - 花茶
- 名酒
  - 白酒
  - 黄酒
  - 果酒
  - 啤酒
  - 配制酒

一、名茶

茶是以茶树梢上芽叶嫩梢为原料加工制成的产品。中国是茶树的原产地，也是最早发现茶功效并栽培茶树、制成茶叶的国家。茶与陶瓷、丝绸共同被列为中国的三大特产，与咖啡、可可并列为世界三大饮料。在中国，茶的利用开始于药用，将茶作为饮料是在春秋时期的巴蜀地区，唐朝人陆羽在他写的《茶经》中说："茶之为饮，发于神农氏。"这说明，至少在春秋时期茶已成为华夏族的饮料。

茶是中国人日常生活中的必需品，开门七件事，油盐柴米酱醋茶。中国茶品种多，自古就是中国与西方贸易的主要商品。中国茶叶在长期的自然选择和人工选择下，经历了漫长演化，形成了许多种类，据不完全统计，中国各地的名优茶逾千种，茶产品分类复杂，根据加工方法，其可分为绿茶、红茶、乌龙茶、白茶、紧压茶和花茶六大类。

1. 绿茶

绿茶是最古老的茶品种，属于不发酵的茶叶，初制时采用高温杀青，以保持鲜叶原有的嫩绿。绿茶中多酚类全部不氧化或少氧化，叶绿素未受破坏，香气清爽，味浓，收敛性强。冲泡后，汤澄碧绿，清香芬芳，味爽鲜醇。绿茶产量大，品种多，其中以西湖龙井、太湖碧螺春、黄山毛峰最为著名。

1）西湖龙井

西湖龙井产于浙江杭州，名茶之冠。冲泡后香气清高，汤色杏绿，叶底嫩绿，匀齐成朵，有"色绿、香郁、味醇、形美"四绝之说。在唐朝就有记载，宋朝已经闻名，苏东坡品茗诗中"白云山下雨旗新"形容的就是这种茶的形如彩旗的特点。到了清朝，龙井尤为乾隆皇帝所称赞，有"黄金芽""无双品"的美誉。龙井因出产于狮峰、龙井、五云山和虎跑山四个不同地方而有"狮、龙、云、虎"的品种区别，而以狮峰、龙井的品质最佳。龙井茶色翠、香郁、味醇、形美，被称为"四绝"。叶扁，形如雀舌，光滑、色翠、整齐，特别是清明前采摘的"明前龙井"、谷雨前采摘的"雨前龙井"，叶芽更为细嫩，冲泡以后嫩匀成朵，叶似彩旗，芽形若枪，所以又叫"旗枪"。

2）太湖碧螺春

太湖碧螺春产于江苏吴中太湖上的洞庭山，又名洞庭碧螺春。洞庭碧螺春，因其形状卷曲如螺，初采地在碧螺峰，采制时间又在春天而得名。相传已有 1 300 多年的历史。其品质特点是色泽碧绿，外形紧细、卷曲、白毫多；其茶汤碧绿清澈、叶底嫩绿明亮，饮时爽口，饮后有回甜感觉。不管用开水，还是用温水冲泡，叶片皆能迅速沉底，即使杯中先冲了水后再放茶叶，茶叶也照样会全部下沉，展叶吐翠。炒制工艺要求高，需要做到"干而不焦，脆而不碎，青而不腥，细而不断"。

2. 红茶

红茶出现于清朝，用全发酵法制成，多酚类充分氧化。红叶红汤，香甜味醇，具有水果香气和醇厚的滋味，还具有耐泡的特点。红茶多以产地命名，以安徽祁红、云南滇红尤为出众。祁红在国际市场上与印度大吉岭红茶、斯里兰卡乌伐红茶齐名，并称为世界三大高香名茶。

1）祁红

祁门红茶是中国著名的红茶精品。产于安徽祁门县的山区，故称"祁红"，曾于 1915 年在巴拿马万国博览会上获得金奖。清代光绪以前，祁门并不生产红茶，而是盛产绿茶，其制法与六安茶相仿，故曾有"安绿"之称。光绪年间，祁门改制红茶。祁门红茶外形条索紧细秀长，汤色红艳明亮，香气既酷似果香，又带兰花香，清鲜而且持久。不仅可以单独泡饮，也可加入牛奶调饮。祁门茶区的江西"浮梁工夫红茶"是"祁红"中的佼佼者，向来以香高、味醇、形美、色艳"四绝"驰名于世。

2）滇红

云南工夫红茶的简称，主要产于云南省澜沧江流域的凤庆、昌宁、临沧等县。

3. 乌龙茶

乌龙茶也称青茶，始出现于清朝，属于半发酵茶。制作方式介于红茶与绿茶之间，有

"七分绿，三分红""绿叶红镶边"的独到之处。乌龙茶的产地主要集中在福建、广东、台湾一带，名品有福建的武夷岩茶、铁观音，广东的凤凰单枞，台湾的乌龙等。

1）武夷岩茶

武夷岩茶又名"大红袍"，中国乌龙茶中之极品，产于武夷山上岩缝中。早在唐朝，它就已成为民间相互馈赠的佳品，宋元时期被列为贡品，康熙年间武夷岩茶开始远销西欧、北美和南洋诸国，当时的欧洲人曾把它作为中国茶叶的总称。武夷岩茶条形壮结、匀整，茶性和而不寒，久藏不坏。泡饮时常用小壶小杯，其茶汤呈深橙黄色，清澈艳丽；叶底软亮，叶缘朱红，叶心淡绿带黄；兼有红茶的甘醇、绿茶的清香。其中以"大红袍"最为名贵。传说明朝有一个进京赴考的举人路过武夷山时突然得病，腹痛难忍，巧遇一和尚取所藏茗茶冲泡后给他喝，病痛即止，他考中状元之后，前来致谢和尚，问得茶叶出处，便脱下大红袍绕茶丛三圈，将其披在茶树上，于是有了"大红袍"之名。

2）安溪铁观音

安溪铁观音原产于福建安溪，后扩种到永春、安南等地。铁观音的制作工艺十分复杂，通常要经过凉青、晒青、做青、炒青、揉捻、初焙、复焙、复包揉、文火慢烤、拣簸等工序才能制成成品。安溪铁观音茶条索紧结，外形头似蜻蜓，尾似蝌蚪，色泽乌润。将它泡于杯中，常常呈现出"绿叶红镶边"的景象，有天然的兰花香，滋味纯浓，用小巧的工夫茶具品饮，先闻香，后尝味，顿觉满口生香，回味无穷。近年来，在人们发现乌龙茶有健身美容的功效后，铁观音更加风靡日本和东南亚。

4. 白茶

白茶不经发酵，加工过程中不揉捻，仅经过萎凋便将茶叶直接干燥或文火干燥制成。白茶绒毛多，色如白银，汤色浅淡、素雅，初泡无色，滋味鲜醇，主要名品有福建郑和、福鼎等地的白毫银针、白牡丹、贡眉等。

5. 紧压茶

紧压茶是以成品茶作为原料，经过蒸软后压制成各种不同形状的再加工茶，有沱茶、砖茶、方茶、饼茶、圆茶等类型。紧压茶喝时需用水煮，时间较长，因此茶汤中鞣酸含量高，非常有利消化，但也促使人产生饥饿感，所以喝时一般要加入有营养的物质。蒙古人习惯加奶，叫奶茶，藏族人习惯加酥油，为酥油茶。

6. 花茶

花茶是以茉莉、桂花、菊花、玫瑰等鲜花经干燥处理后，与不同种类的茶坯拌合窨制而成的。花茶主要产地是福建、江苏、浙江、广西等省区，名品有茉莉花茶、桂花茶、菊花茶、玫瑰花茶等。

课堂讨论

1. 中国人的饮茶习俗是何时开始流行的？

2. 什么是茶马互市？有何作用？

二、名酒

酒是用高粱、麦、米、葡萄或其他水果等原料经糖化、发酵制成的含有食用酒精等成分的饮料。根据酿酒方法分为蒸馏酒、发酵酒和配制酒三类。根据酒中的酒精含量可分为高度酒（40度以上）、中度酒（20~30度）、低度酒（20度以下）三类。根据商业习惯可分为白酒、黄酒、果酒、啤酒、配制酒等。

1. 白酒

白酒是蒸馏酒的一种，以高粱等粮谷为主要原料，以大曲、小曲或麸曲及酒母为糖化发酵剂，经蒸煮、糖化、发酵、蒸馏、陈酿、勾兑而制成，中国白酒与国外的白兰地、威士忌、伏特加、朗姆酒、金酒并列为世界六大蒸馏酒。中国白酒的特点是无色透明，质地纯净，醉香浓郁，味感丰富。白酒又名烧酒、老白干、烧刀子等，目前白酒的香型大致分为五种。

1）酱香型

酱香型又称茅香型，在白酒中酱香型酒为数不多，以贵州茅台酒为代表，四川古蔺郎酒、湖南常德武陵酒也属此香型。采用高温制曲、凉堂、堆积、清蒸、回沙等酿造工艺，在石窖或泥窖内发酵制成，其酱香突出，优雅细致，酒体醇厚，回味悠长，甚至盛过酒的空杯仍留有香气。

2）窖香型

窖香型又名浓香型，该香型比较适合全国大部分消费者口味，因此在白酒中所占比例最大。酱香浓郁，绵柔甘洌，香味协调，以泸州老窖特曲为代表，五粮液、古井贡酒、全兴大曲、剑南春、洋河大曲、双沟大曲、宋河粮液、沱牌曲酒也属此香型。

3）清香型

比较适合北方消费者的需要，采用蒸馏清渣工艺，在地缸内发酵制成。此类酒清香纯正，口味协调，微甜绵长，余味爽净。以汾酒为代表，特制黄鹤楼酒、宝丰酒也属此香型。

4）米香型

米香型又称蜜香型，采用酱香、浓香两种香型的某些特殊工艺酿造而成。其特点是蜜香清雅醇和，入口绵柔，落口爽冽，回味怡畅，以广西桂林三花酒为代表。

5）兼香型

兼有两种白酒香型的特点，所以称为混香型、复合型或其他香型，工艺独特，发酵时间长，如贵州遵义董酒、陕西西凤酒。

2. 黄酒

黄酒是中国最古老的饮料酒，因其颜色黄亮而得名，也是中国特有的酿造酒，也称为米酒，多以糯米为原料，蒸熟后加入专门的酒曲和酒药，糖化、发酵压榨而成。酒度 16~18 度，含糖、氨基酸等多种成分，具有相当高的热量，是营养价值很高的低度饮料。黄酒主要产于中国长江下游一带，其中以浙江绍兴加饭酒和福建龙岩酒最为有名。根据黄酒的含糖量的高低可分为以下四种：

1）干黄酒

"干"表示酒中的含糖量少，总糖含量低于或等于15.0克/升。口味醇和、鲜爽、无异味。

2）半干黄酒

"半干"表示酒中的糖分并未全部发酵成酒精，还保留了一些糖分。在生产上，这种酒加水量较低，相当于在配料时增加了饭量，总糖含量在 15.0~40.0 克/升，故又称为"加饭酒"。中国大多数高档黄酒，口味醇厚、柔和、鲜爽、无异味，均属此种类型。

3）半甜黄酒

这种酒采用的工艺独特，是用成品黄酒代水，加入发酵醪中，使糖化发酵的开始之际，发酵醪中的酒精浓度就达到较高的水平，在一定程度上抑制了酵母菌的生长速度，由于酵母菌数量较少，发酵醪中产生的糖分不能转化成酒精，故成品酒中的糖分较高。总糖含量在40.1~100克/升，口味醇厚、鲜甜爽口，酒体协调，无异味。

4）甜黄酒

这种酒一般是采用淋饭操作法，拌入酒药，先酿成甜酒酿，当糖化至一定程度时，加入40%~50%浓度的米白酒或糟烧酒，以抑制微生物的糖化发酵作用，总糖含量高于100克/升。口味鲜甜、醇厚，酒体协调，无异味。

3. 果酒

果酒是水果中的糖分与水果表皮本身含有的酵母菌发酵后生成含有酒精的溶液。因此，民间家庭时常会自酿一些果酒来饮用，如李子酒、葡萄酒等。根据原料水果的不同，果酒又可以分为葡萄酒、梨酒、苹果酒、猕猴桃酒、山楂酒等。中国用葡萄酿酒的历史悠久，汉代西域地区就因酿葡萄酒而出名。中国西北地区在唐代已用葡萄蒸制葡萄烧酒，饮葡萄酒之风非常盛行。中国最早的近代葡萄酒酿造企业是 1892 年华侨张弼士创建的山东烟台张裕葡萄酒厂。

（1）按加工方法，葡萄酒分为酿造葡萄酒、加香葡萄酒、起泡葡萄酒和蒸馏葡萄酒。

（2）按糖分分为干葡萄酒、半干葡萄酒、半甜葡萄酒和甜葡萄酒。

（3）按色泽，葡萄酒分为红葡萄酒、桃红葡萄酒和白葡萄酒。

（4）1952—1984 年在四届全国评酒会上被评为国家名酒的葡萄酒有烟台红葡萄酒、味美思、金奖白兰地、北京中国红葡萄酒，北京特制白兰地、长城干白葡萄酒、河南民权白葡萄酒、天津半干白葡萄酒。

4.啤酒

啤酒的种类较多，大致可以分为鲜啤酒和熟啤酒两种，鲜啤酒又称生啤酒，没有经过杀菌处理，如扎啤就是鲜啤酒，熟啤酒是经过杀菌处理的啤酒。啤酒是以大麦芽和啤酒花为主要原料，再加上水、淀粉、酵母等辅料，经酵母发酵而制成的一种含二氧化碳的低度酒精饮料，也叫麦酒，含有丰富的营养，如氨基酸、维生素，有"液体面包"的美誉。根据啤酒的麦汁浓度、酒精含量（质量）不同，可分为低浓度啤酒（麦汁浓度 7~8 度，酒精含量 2%）、中浓度啤酒（麦汁浓度 11~12 度，酒精含量 3.1%~3.8%）和高浓度啤酒（麦汁浓度 14~20 度，酒精含量 4.9%~5.6%）三种；根据颜色深浅，可分为黄啤酒（淡色啤酒或浅色啤酒）和黑啤酒（浓色啤酒或绿色啤酒）。1963—1984 年在三届全国评酒会上被评为国家名酒的啤酒有青岛啤酒、北京特制啤酒和 13 度特制上海啤酒。

5.配制酒

配制酒是以白酒、葡萄酒或黄酒为酒基，再配合中药材、芳香原料和糖料等制成的。1963—1984 年在三届全国评酒会评出属于国家名酒的配制酒有山西竹叶青、湖北园林青。药酒属于配制酒，是以成品酒（大多用白酒）为酒基，配合各种中药材和糖料，经过酿造或浸泡制成的具有不同作用的酒品。药酒是中国传统产品，品种繁多，明代李时珍所著的《本草纲目》中就记载了多种药酒。

小知识

一坛解遗三军醉

春秋末年，吴越两国交兵。越王勾践为了复国报仇，卧薪尝胆，经过十年的励精图治，决定攻打吴国。大军出征前，一位名叫王全的老汉带着伙计抬着一坛陈年黄酒，名曰"加饭酒"，恭恭敬敬地献给越王。可好酒只有一坛，三军将士怎能同饮呢？经过一番思索，越王吩咐将士将这坛好酒倒入江中，让三军将士沿江迎流痛饮。君令一下，将士们一个个畅怀痛饮三大碗，于是个个以一当十，最终杀死吴王夫差。吴越争霸，加饭酒功不可没。绍兴加饭酒成了古今名酒，被喻为"神酒"。"一坛解遗三军醉"的佳话，从古到今，代代相传。

本章小结 →

本章紧扣考试大纲中关于中国饮食文化的内容，从中国饮食文化、中国特色风味菜、地方名点小吃和中国名茶与名酒四个方面深入浅出地介绍了中国烹饪的发展历程和风味流派，让学生了解中国"八大菜系"的风味及代表性菜品，熟悉宫廷菜、官府菜、寺院菜以及名小吃和面点，掌握中国名茶、名酒的分类、特点及其名品。本章教学内容重点突出、详略得当，简练、易学、易记，通过延伸阅读、本章测试等内容，在丰富了考生的中国饮食文化的同时，也提高了考生的学习能力和应考能力。

本章测试

（一）单项选择题

1. 九转大肠、锅巴肉片分别属于（　　　）的代表菜。

A. 苏菜、鲁菜　　　　B. 鲁菜、川菜　　　　C. 川菜、粤菜　　　　D. 粤菜、淮扬菜

2. 川菜主要以（　　　）风味为主。

A. 成都　　　　　　　B. 重庆　　　　　　　C. 江津　　　　　　　D. 乐山

3. 中国最大、最精湛、最典型的官府菜是（　　　）。

A. 孔府菜　　　　　　B. 随园菜　　　　　　C. 红楼菜　　　　　　D. 谭家菜

4. 下列名茶与绿茶、红茶、乌龙茶、白茶、黄茶、黑茶对应正确的是（　　　）。

A. 六安瓜片、祁红、水仙、贡眉、庐山云雾、四川边茶

B. 洞庭碧螺春、滇红、铁观音、白牡丹、北港毛尖、普洱茶

C. 水仙、英德红茶、武夷岩茶、君山银针、霍山黄芽、六堡散茶

D. 西湖龙井、六堡散茶、武夷岩茶、寿眉、君山银针、普洱茶

5. 始于唐代，清朝时被列为"贡茶"，称为"金镶玉"，又被人称作"琼浆玉液"的是（　　　）。

A. 君山银针　　　　　B. 西湖龙井　　　　　C. 黄山毛峰　　　　　D. 洞庭碧螺春

6. 碧螺春、君山银针、云雾茶、毛尖等名茶分别产于（　　　）。

A. 江苏苏州、湖南岳阳、河南信阳、江西庐山

B. 江苏苏州、湖南岳阳、江西庐山、河南信阳

C. 湖南岳阳、江苏苏州、江西庐山、河南信阳

D. 湖南岳阳、江苏苏州、河南信阳、江西庐山

7. 不经发酵、不经揉捻制成的茶称为（　　　）。

A. 红茶　　　　　　　B. 乌龙茶　　　　　　C. 绿茶　　　　　　　D. 白茶

8. 为国内国际市场上的"酒中明珠"，香型为酱香型，素有"国酒"之誉的是（　　　）。

A. 五粮液　　　　　　B. 郎酒　　　　　　　C. 贵州茅台　　　　　D. 董酒

9. 下列国家名酒中，依次为浓香型、清香型、兼香型白酒的是（　　　）。

A. 五粮液、山西汾酒、桂林三花酒　　　　B. 泸州老窖特曲、五粮液、陕西西凤酒

C. 贵州茅台、山西汾酒、五粮液　　　　　D. 五粮液、山西汾酒、陕西西凤酒

（二）多项选择题

1. 中国的三大特产有（　　　）。

A. 茶叶　　　　　　　B. 名酒　　　　　　　C. 丝绸　　　　　　　D. 中药材

E. 陶瓷

2. 中国"四大菜系"包括（　　　）。

A. 粤菜　　　　　　　B. 川菜　　　　　　　C. 鲁菜　　　　　　　D. 沪菜

E. 苏菜

3. 鲁菜的特色名菜有（　　　）。

A. 葱爆海参　　　　　B. 三套鸭　　　　　　C. 糖醋鲤鱼　　　　　D. 德州扒鸡

E. 夫妻肺片

4. 下列说法正确的有（　　　）。

A. 浙菜口味重鲜、嫩、清、脆　　　　　　　B. 湘菜口味重辣、酸、香、鲜、软、脆

C. 徽菜口味以咸、鲜、香为主　　　　　　　D. 川菜"一菜一味，百菜不重"

E. 徽菜以烹制山珍野味著称

5. 下列关于八大菜系与其代表菜的描述，正确的有（　　　）。

A. 江苏菜——三蛇龙虎会　　　　　　　　　B. 福建菜——佛跳墙

C. 四川菜——东坡肉　　　　　　　　　　　D. 山东菜——葱爆海参

E. 广东菜——脆皮乳猪

6. 下列关于川菜的描述，正确的有（　　　）。

A. 川菜起源于春秋战国，成形于秦汉，成熟于三国两晋南北朝时期

B. 川菜的特点是麻辣、鱼香、味厚，离不开辣椒、胡椒、花椒和鲜姜，以辣、酸、麻出名

C. 川菜用料广博，调味多样，菜式繁多，适应面广，经济实惠

D. 川菜追求本味，清鲜平和，菜品风格雅丽，讲究造型，菜谱四季有别

E. 川菜的味以多、广、厚著称

7. 闽菜的特色菜有（　　　）。

A. 鸡丝燕窝　　　　　B. 荔枝肉　　　　　　C. 鸡汤蒸丸　　　　　D. 脆皮乳猪

E. 佛跳墙

8. 以下属于中国素菜派系的有（　　　）。

A. 仿古菜　　　　　　B. 民间素菜　　　　　C. 宫廷素菜　　　　　D. 寺院菜

E. 随园菜

9. 寺院菜大多就地取材，烹饪简单，品种不繁，但质量求精。（　　　）的素菜享有盛名。

A. 厦门南普陀寺　　　B. 杭州灵隐寺　　　　C. 上海玉佛寺　　　　D. 普陀慧济禅寺

E. 成都宝光寺

10. 四川著名小吃有（　　　）。

A. 钟水饺　　　　　　B. 龙抄手　　　　　　C. 热干面　　　　　　D. 赖汤圆

E. 臊子面

11. 下列小吃与其产地搭配正确的有（　　　）。

A. 赖汤圆——四川　　　　　　　　　B. 鸡仔饼——广州

C. 猫耳朵——浙江　　　　　　　　　D. 火宫殿臭豆腐——安徽

E. 南翔馒头——北京

12. 世界三大饮料有（　　　）。

A. 可乐　　　　B. 茶叶　　　　C. 可可　　　　D. 咖啡

E. 啤酒

13. 下列中国名茶中属于绿茶的有（　　　）。

A. 武夷岩茶　　　B. 黄山毛峰　　　C. 太湖碧螺春　　　D. 白毫银针

E. 西湖龙井

14. 下列关于茶叶的说法，正确的有（　　　）。

A. 白茶主要产于广东和台湾地区　　　B. 乌龙茶以铁观音、凤凰茶等最为著名

C. 君山银针是白茶的典型代表　　　　D. 普洱茶是黑茶的典型代表

15. 白酒按香型可分为（　　　）。

A. 酱香型　　　B. 浓香型　　　C. 米香型　　　D. 清香型

E. 兼香型

16. 下列白酒中属于浓香型的有（　　　）。

A. 贵州茅台　　　B. 泸州老窖特曲　　　C. 陕西西凤酒　　　D. 五粮液

延伸阅读 →

1. 中国烹饪文化的内涵。

2. 中国烹饪器具的发明和使用。

3. "八大菜系"以外的中国菜系。

4. 清真食品的范围与标准。

5. 中国茶文化的精神内涵。

6. 中国酒文化及其社交礼仪。

7. 潮州"功夫茶"及其影响。

8. 世界不同民族的品茗习俗。

第七章

中国风物特产

节标题	学习要点
中国陶器、瓷器	中国陶瓷器的发展历史及现状（了解） 中国陶瓷器主要产地和特色（掌握）
三大名锦与四大刺绣	中国三大名锦产地、特点及其代表作（熟悉） 中国四大刺绣产地、特点及其代表作（掌握）
雕塑工艺品、漆器、锡器、铜器	中国玉雕、石雕、木雕、竹雕、贝雕特点及代表作（了解） 中国漆器、锡器、铜器的主要产地与特色（熟悉）
文房四宝及年画、剪纸、风筝	文房四宝的产地、制作及用法（掌握） 年画、剪纸、风筝主要产地和特色（了解）

导游应考提示 →

1. 中国陶瓷器的特点是导游资格考试的常考点。考生应熟悉中国陶瓷器的主要产地，并掌握不同陶瓷器的制作工艺和特色。

2. 掌握中国三大名锦产地及其特色、四大刺绣产地与其代表作；熟记并区分名锦名称、四大刺绣制作工艺及名品产地。

3. "三大佳石""四大名雕""四大木刻年画产地""文房四宝之首""美术三长"说法是命题人经常考查考生记忆和知识点的命题单位。

4. 中国玉雕、石雕、木雕、竹雕、贝雕的制作工艺是考试的重点，其主要产地与特色是常考点，考生应认真学习，熟记于心。

5. 书中出现的时间、数量、方位等内容需熟记，这些内容是命题人经常考查考生记忆和知识熟练程度的命题单位。

6. 本章内容与第一章"旅游和旅游业"、第二章"中国历史文化"、第三章"中国民族民俗"以及第八章"中国旅游诗词、楹联、题刻、游记"等相关联，考生学习时应前后对应，融会贯通，掌握相关内容。

第一节 中国陶器、瓷器

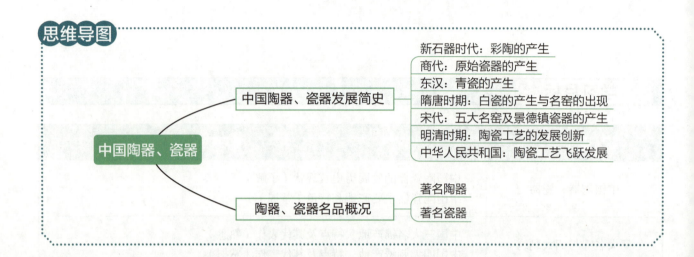

思维导图

中国陶器、瓷器

中国陶器、瓷器发展简史
- 新石器时代：彩陶的产生
- 商代：原始瓷器的产生
- 东汉：青瓷的产生
- 隋唐时期：白瓷的产生与名窑的出现
- 宋代：五大名窑及景德镇瓷器的产生
- 明清时期：陶瓷工艺的发展创新
- 中华人民共和国：陶瓷工艺飞跃发展

陶器、瓷器名品概况
- 著名陶器
- 著名瓷器

一、中国陶器、瓷器发展简史

1.新石器时代：彩陶的产生

在英文中"中国"和"瓷器"是同一个单词，即 China。中国陶器制作工艺的历史十分悠久，远在 8 000 年以前，制陶工艺就已被原始人类掌握。在新石器时代早期的河北省武安县磁山文化遗址中，就已发掘出器形比较简单的陶器，后来在河南省新郑市裴李岗、陕西省华县老官台又发现许多与磁山文化年代大致相近的遗址，这表明原始的制陶工艺当时普遍存在于中原各地。到了距今 7 000 多年前的仰韶文化时期，中国劳动人民的制陶工艺已达到较高的水平，能够制作出以黑彩、红彩为主要装饰的"彩陶"，其陶器上的彩纹常以游鱼为主。彩陶堪称中国最古老的美术工艺品，这个时期的文化因而也被称为"彩陶文化"。

2.商代：原始瓷器的产生

商代时，烧制白陶和印纹硬陶的工艺有了进一步的提高。在制陶的过程中，劳动人民通过对原料的选择和改进，已经知道选用高岭土，并想办法提高了炉温，焙烧温度已达到 1 150 摄氏度左右，还逐渐摸索出在陶器上施釉的新工艺，其釉色一般以青绿为主，也有部分是褐黄色、豆绿色。考古专家们认为，这一时期是由陶器向瓷器过渡的阶段，此时的瓷器处于瓷器的低级阶段，所以又称为原始瓷器，这是中国瓷器的萌芽。从商代到西周，原始瓷器的制作工艺又有新的发展，制陶的焙烧温度已高达 1 200 摄氏度。此时，瓷器在陶瓷生产总量中的比重虽不断增加，但普通灰陶的生产仍占优势，一般生活日用器皿及建筑材料仍多以灰陶制作。另外，此时还出现了大量私家生产、官方经营的情况。到了东周，专门用来随葬的陶俑开始出现，当时的陶俑体积较小，塑形粗劣，不过正是它们开辟了陶俑艺术的先河，在这以后便出现了举世闻名的秦始皇陵陶兵马俑群。

3. 东汉：青瓷的产生

东汉时，原始瓷器已发展成为真正意义上的瓷器，这是中国陶瓷工艺发展史上的又一个大飞跃。商周以来，经秦、西汉数百年的酝酿提高，原始制瓷技艺到东汉时已日臻成熟，并有了创新，其烧制的瓷器无论胎体、釉色及焙烧温度都已达到或接近于近代瓷器的标准，许多瓷器已逐渐取代了漆器、铜器的地位。在浙江上虞、余姚地区大量的东汉窑址中发现，这些窑炉都经过加高加长，从而延长了流动的火焰在窑内的停留时间，使窑温达到了约1 300摄氏度。这种窑烧制出的瓷器釉面光亮明快，质地坚实细致。除了在东汉窑址中的发现外，考古学家还在河南、安徽、湖北、江苏等省的东汉晚期墓中发掘出大量青瓷器。这进一步说明了中国的陶瓷工艺到东汉已完成了从制陶到制瓷的发展过程，成为世界上首创瓷器的国家。

4. 隋唐时期：白瓷的产生与名窑的出现

隋唐时中国的制瓷业更加繁荣，除了制作传统的青瓷外，白瓷也已烧制成功，这一突出的成就开创了中国陶瓷发展史上的又一个新纪元。隋唐的白瓷通过降低胎釉的含铁量，改掉了釉中泛青的缺点，清除了青瓷转化的痕迹，使瓷的釉面光洁、白净。唐代的白瓷窑址多发现于北方，如河北、河南、陕西等省区，长江以南则很少见，说明当时南方的制瓷业一般以生产青瓷为主，因此人们常将唐代陶瓷工艺的状况概括为"南青北白"。

唐代陶瓷工艺进一步向多色釉及实用化方向发展，并出现了以窑为名的具有不同特色的中心瓷区。南方的青瓷以浙江的越窑知名度最高，其胎质细洁致密，釉层匀净，一般呈青绿色或青黄色，品种主要是碗、盘、酒器、茶具等；造型上增加了大量仿植物的外轮廓，如荷叶形碗、莲瓣形盘等，温润如玉，婀娜多姿，令人爱不释手。北方的白瓷以河南的邢窑为代表，已达到体薄釉润、光洁纯净的水平。除了精美的白瓷和青瓷外，唐代还烧制出一种釉下彩瓷。釉下彩瓷的色泽主要是褐、褐绿两种，制作方法是在坯胎上以褐、褐绿直接绘纹饰，或在坯胎上刻好纹饰的轮廓线，再在线上填褐绿彩，然后上釉入窑焙烧，这种工艺引起了隋唐以来瓷器装饰艺术的一次革新。唐代陶瓷工艺最具有鲜明时代特征和艺术特征的是"唐三彩"。"唐三彩"是一种用低温烧成、釉彩多样的特殊釉陶，其胎体大部分是以烧制瓷器的高岭土做原料，因此胎质比一般釉陶洁白细腻，焙烧的温度也比较低，（800~1 100摄氏度），并采用黄、绿、褐三色为主色釉，在陶器上构成色彩斑斓的装饰，故称"唐三彩"。

5. 宋代：五大名窑及景德镇瓷器的产生

宋代是中国陶瓷制作工艺的鼎盛时期，著名的瓷窑遍布南北各地，这时期的瓷器简称"宋瓷"。宋瓷集以往各代瓷器工艺美术之大成，在此基础上又有自己全新的创造和表现，其特征是：釉质丰腴莹润，腻如堆脂，釉色多以单彩，又不乏绚丽；还呈现出"冰裂断纹"的瑕疵之美。宋代有五座著名的瓷窑，分别是位于今天河南开封的官窑、河南禹州的钧窑、河南汝州的汝窑、河北曲阳的定窑和浙江龙泉的哥窑。这些名窑制作的瓷器各具特色。官窑的瓷器土质细润，体薄色青，略带红色；钧窑的瓷器釉彩多变，釉面常出现不规则流动状的细线；汝窑的瓷器色釉莹澈，胎呈淡红色；定窑以制作白瓷著称，胎质坚细，器体极薄；哥窑的瓷器以纹片为装饰，有金丝铁线之称。

在北宋真宗景德年间，官府在江西新平也设置了官窑，并在这种窑烧出的瓷器底座印上"景德年制"字样，这就是如今驰名中外的景德镇瓷器，与北京的雕漆、湖南的湘绣并称为"中国工艺美术三长"。景德镇瓷器具有"白如玉，明如镜，薄如纸，声如磬"四大特点，历史上一直被历代王朝选为贡品而成为宫廷的宝物，并和丝绸一起作为中国两大珍品远销世界各国。

6. 明清时期：陶瓷工艺的发展创新

元代是中国陶瓷制作工艺比较衰落的时期，除了官办瓷窑外，民间瓷窑大都质量不高。直到明代以后，陶瓷制作工艺才又进入了一个新的阶段，陶瓷的釉色由青瓷为主转为以白瓷为主，五彩、青花等成为陶瓷的主要装饰方法。这时期也是紫砂陶制作的极盛时期，江苏的宜兴因制作这种紫砂陶器皿而开始出名。清代的陶瓷制作工艺继承了明代的传统，并有不少创新：在釉色上，色泽更加丰富多彩；在彩绘上，粉彩、古彩、珐琅彩已大量使用，并达到了很高的技术水平；在瓷质上，给人以晶莹玉润的感觉。

7. 中华人民共和国：陶瓷工艺飞跃发展

中华人民共和国成立后，中国陶瓷的制作工艺有了飞跃的发展，科学技术的广泛应用，已彻底改变了以前全靠手工操作的落后面貌，另外随着现代文明进程和审美观念的变化，人们日趋多元化的物质和精神的需求，陶瓷的制作工艺也不断地探索和追求装饰的多种形式、技法的综合应用，在烧成工艺、泥坯处理、施釉技巧、材质选配、釉彩结合等方面多方位、多层次地精思巧制，以达到更加丰富多彩的艺术效果，使瓷质的光洁度大大提高，花色品种也不断增加，目前中国已是世界陶瓷产量和出口量最大的国家。

课堂讨论

1. 陶器与瓷器有何不同？
2. 宋代官窑瓷器有何特点？

二、陶器、瓷器名品概况

1. 著名陶器

1）宜兴紫砂陶

宜兴紫砂陶系用一种质地细腻、含铁量较高的特殊陶土制成的无釉陶器，创始于宋代宜兴的上袁村（今江苏宜兴的紫砂村），具有"天下神品"之称。紫砂陶器皿造型美观大方，传统的造型有掇球、合菱、竹扁、鹅蛋等多种，色彩一般呈浅黄色、赤褐色或紫黑色，装饰淳朴淡雅，具有浓郁的民族风情。紫砂陶茶具内壁无釉且多孔，有很强的吸附力，酷暑季节泡茶数天仍能不变味，保持茶香。另外，由于紫砂陶茶具耐热性能好，传热较慢，三九寒冬季节用沸水泡茶不必担心炸裂。紫砂陶花盆、花钵栽种花草易活且不易烂根，因此长期以来深受人们的喜爱。清代的李渔曾在其《杂谈》中对宜兴的紫砂陶赞不绝口，他说："茗注莫妙于砂，壶之精者又莫过于阳羡（阳羡为宜兴的古名）。"

目前，宜兴紫砂陶的制作已进入鼎盛时期，制陶规模扩大，从业人员众多，传统的形式、创新的品种应有尽有，已成为中国最负盛名的旅游工艺品之一。

2）洛阳唐三彩

洛阳唐三彩是一种低温铅釉的彩釉陶器。这种陶器的胎料除了少数仍使用普通陶土，烧成后陶质呈红色以外，大部分已改用烧制瓷器的高岭土，因此陶质比普通釉陶洁白细腻，与瓷器的不同之处在于其釉色鲜艳但不透明。这种陶器的色彩以黄、绿、褐三色为主，故称"唐三彩"。实际上，它的釉色并不止上述三色，通过人们的不断创新，后来又增加了紫、白、蓝、黑等多种色彩，但至今人们仍习惯沿用"唐三彩"之名。唐三彩釉色的形成，是利用不同金属呈色剂的特点及控制同一金属呈色剂的不同含量而获得的，由于釉料含有大量的铅，铅的氧化物作为熔剂降低了釉料的熔融温度，在窑炉内焙烧时，各种着色金属氧化物熔于釉中并向皿面扩散和流动，各种颜色互相浸润，从而形成了斑驳淋漓的釉彩装饰。唐三彩制品主要分为器皿、人物、动物三类，器皿有水具、酒具、食具、建筑模型等，几乎包括生活日用的各个方面，如人物有女子、文官、武士、胡俑、牵马俑等，并能依据不同对象刻画出不同的性格和特征；动物有马、骆驼、鸟、狮子等，特别是马和骆驼制品，以其生动逼真、丰富深厚、气魄雄健、色彩瑰丽的造型和技艺享誉中外。

3）淄博美术陶瓷

山东淄博陶瓷生产历史悠久，汉代已能生产翠绿、栗黄、茶黄、淡绿四种颜色釉陶。现代以生产传统的名贵色釉——雨点釉、茶叶末釉等美术陶瓷著称。雨点釉瓷又名油滴瓷，在黑色的釉面上均匀地布满了银白色的小圆点。圆点小如米粒，盛茶时金光闪闪，盛酒则银光熠熠，映日视之，晶莹夺目，曾有"尺瓶寸盂视为无上之品，茗瓯酒盏叹为不世之珍"之说。茶叶末釉是一种含有结晶矿物的无光釉。古人称赞说："茶叶末，黄杂绿色，娇嫩而不俗，艳于花，美如玉，最养目。"用这种釉制成的各种文具、瓶、罐，釉色纯正，古朴典雅。

2. 著名瓷器

1）景德镇瓷器

江西景德镇是中国的"瓷都"，自五代时期开始生产瓷器，至今历史已过千年。景德镇陶器的制作始于汉代，到了魏晋南北朝时已逐渐发展到可以制作瓷器。唐宋时，景德镇瓷器的制作进入兴盛时期，唐代已出现了有"假白玉"之称的白瓷。北宋真宗景德年间，官府开始在江西的新平昌南镇设置烧瓷的官窑，并在此窑瓷器的底部印上"景德年制"，于是，景德镇遂在北宋真宗的诏谕中一举取代昌南镇，正式成为"景德"御瓷的产地名称，并一直沿用至今，著名的"影青刻花瓷"就是在此时制作的。元代以后北方的瓷工纷纷南下聚集此地，使景德镇因集中国历代南北瓷系之大成，成了"工匠八方来，器成天下走"的瓷业中心。

景德镇瓷器造型优美、品种繁多、装饰丰富、风格独特，以"白如玉、明如镜、薄如纸、声如磬"的独特风格蜚声海内外。青花瓷、青花玲珑瓷、粉彩瓷、薄胎瓷是景德镇瓷器中名闻中外的四大传统名瓷，它们各具特色：青花瓷，色白花青，釉彩雅致，具有朴实大方、不褪色、不剥落的优点；青花玲珑瓷具有不同形状的孔眼，透明却不漏水，给人一种玲珑剔透、晶莹玉洁的感觉；粉彩瓷源于"唐三彩"，是在"唐熙五彩"的基础上演变而成的，具有线条纤细、形态逼真的特点；薄胎瓷薄如蝉翼，轻如浮云，是景德镇瓷器中的名贵精品。

2）醴陵釉下彩瓷

湖南醴陵瓷器起源于清朝雍正年间，迄今已有 250 多年的历史。该瓷器釉面犹如罩上一层透明的玻璃罩，无铅毒、耐酸碱、耐摩擦，洁白如玉，晶莹润泽，虽长期存放，花纹始终保持原来色彩。这是由于釉下彩的釉是一种很坚硬的玻璃质，它耐摩擦、耐高温、耐酸碱腐蚀，保护着画面能始终保持原来色彩。醴陵釉下彩瓷是醴陵日用瓷中具有独特艺术风格的传统产品，特别适合宾馆及家庭盛装菜肴之用，品种主要有成套餐具、茶具及艺术瓷、礼品瓷等。醴陵釉下彩瓷驰名中外，被誉为"东方艺术的精华"。

3）德化白瓷

德化白瓷产于福建省德化。德化是中国著名的古白瓷产地，早在唐宋时期，当地的瓷工们就以善制白瓷而闻名天下，它与江西省的景德镇、湖南省的醴陵并列为当时中国的三大瓷都。明代的嘉靖、万历年间，德化出现了一位名叫何朝宗的著名民间雕塑艺人，他特别擅长制作白瓷观音，将雕塑与瓷艺相结合，制作出的白瓷观音仪态生动，端庄慈祥，因而以"何氏观音"扬名，是举世公认的白瓷珍品。德化白瓷在世界陶瓷史上有"中国白"之称，具有质地洁白、细腻如玉，釉面光润、明亮如镜，瓷胎坚密、击声如磬的特点。其特制的薄胎产品，薄如蝉翼，精美绝伦，是中国著名的出口工艺品，远销五大洲 100 多个国家和地区。

4）龙泉青瓷

龙泉位于浙江西南部，龙泉青瓷是中国汉族传统制瓷珍品。南北朝时期，浙江龙泉人利用当地优越的自然条件制造青瓷。龙泉青瓷在南宋时达到巅峰,其烧制出的青瓷产品具有"青如玉、明如镜、薄如纸、声如磬"的特点。现代的龙泉青瓷忠实地继承了中国传统的艺术风格,在继承和仿古的基础上更有新的突破。龙泉青瓷传统烧制技艺于 2009 年 9 月 30 日正式入选联合国教科文组织《世界非物质文化遗产保护名录》。龙泉青瓷产品有两种,一种是白胎和朱砂胎青瓷,称"弟窑"。"弟窑"青瓷釉层丰润,釉色青碧,光泽柔和,晶莹滋润,胜似翡翠。有梅子青、粉青、月白、豆青、淡蓝、灰黄等不同釉色。另一种是釉面开片的黑胎青瓷,称"哥窑"。"哥窑"青瓷以瑰丽、古朴的纹片为装饰手段,如冰裂纹、蟹爪纹、牛毛纹、流水纹、鱼子纹、膳血纹、百圾碎等,加之其釉层饱满、莹洁,素有"紫口铁足"之称,与釉面纹片相映,更显古朴、典雅,堪称瓷中珍品。

小知识

陶器、瓷器的产地及古窑遗迹特色旅游

中国当代陶器、瓷器的主要产地有江苏宜兴、河南洛阳、广东佛山、山东淄博与东营、江西景德镇、湖南醴陵、河北唐山、浙江绍兴与龙泉、福建德化、陕西耀州等。由于中国陶瓷在国际上享有盛名,许多陶器、瓷器的产地和烧瓷的古窑虽然已经废弃,但当地政府仍对其遗迹进行开发,被辟为特色旅游景点,旅游者可游览考察具有代表性的大型陶瓷厂和古窑遗迹博览区,可在陶瓷厂内由陶瓷专家指导用瓷笔和彩色颜料在陶瓷上绘画,或采用白如玉粉的瓷泥亲手制作各种瓷坯,然后入窑烧炼,制成后永久留念。

第二节 三大名锦与四大刺绣

思维导图

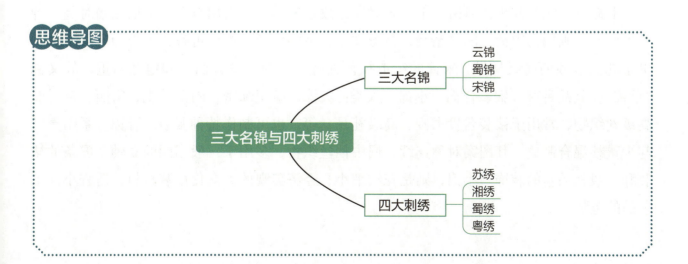

一、三大名锦

1. 云锦

云锦产于江苏南京，因锦纹美丽如云彩，故名云锦。始织于南北朝，形成于元代，成熟于明代，发展于清代。在元、明、清时期，常用于制作皇室御用龙袍、冕服、圣旨等。云锦图案庄重严谨，配色灿烂悦目，纹样变化多端，给人以古朴浑厚、金碧辉煌、匀称和谐的感觉，富有民族风格和地方色彩。如各种飞禽走兽，花卉虫鱼，象征吉祥幸福的"八仙""万寿"等都是云锦的题材。云锦分库锦、库缎、桩花三类：库锦是一种缎地上以金线或银线织出各式花纹的丝织品，又称"织金"。库缎是缎地上起本色花的单色丝织物。桩花又称桩花缎，即在缎地（或罗地）上以各色彩线织出花纹，用时以片金绞织于花纹边缘，是云锦中最精美的一种。云锦的品种有台毯、靠垫、雨花锦、凹凸锦、双面锦等家具装饰锦和艺术挂屏等。2009年，云锦织造技艺成功入选联合国教科文组织发布的《人类非物质文化遗产代表作名录》。

2. 蜀锦

蜀锦产于四川成都，是中国久负盛名的丝织工艺品，因四川简称蜀，故名蜀锦。早在汉代，成都的织锦业就很发达，花色品种亦很丰富。到宋元时，蜀锦已闻名全国。蜀锦是选用优质桑蚕丝，经过精心设计，用精湛工艺织造而成。质地紧密坚韧，色调艳丽，图案古朴雅致，富有民族特色和地方风格，具有很高的艺术欣赏价值。它曾通过"丝绸之路"远销西方各国，也通过海运销往日本等国。至今，日本的"正仓院"和"法隆寺"还保存着中国唐代至明代的"蜀江锦"残片。目前，蜀锦是四川重要的出口产品之一。

3. 宋锦

宋锦产于江苏苏州，因始织于北宋时期，故名宋锦，并沿用至今。宋锦在当时是一种专供装裱书画用的织锦，图案精美，色彩文雅，平整挺括，古色古香，不失为名人字画和贵重礼品装帧的高级材料。宋锦的织造技艺独特，它的经丝分面经和地经两重，故又称"重锦"。其品种有大锦、合锦、小锦三大类：大锦，组织细密，图案美观，富丽堂皇，属高级丝织物，常用于裱装名贵书画、高级礼品盒等，也可制作特种服装。合锦，系用真丝与少量纱混合制成，其图案对称连续，属中档丝织物，多用于一般书画的立轴、屏条的裱装和一般礼品盒的装饰。小锦，则是花纹细小、经济美观的大众化裱装材料，适宜小件工艺品的包装。

二、四大刺绣

1. 苏绣

苏绣即苏州刺绣，主要产于江苏苏州、南通一带。据西汉刘向《说苑》记载，早在2 000多年前的春秋时期，吴国已将苏绣用于服饰。苏绣具有图案秀丽、构思巧妙、绣工细致、针法活泼、色彩清雅的独特风格，地方特色浓郁。苏州刺绣之所以令人爱不释手，是其品种、造型、图案、画稿、针法、绣法、色彩、技艺、装裱等多方面的综合体现，而针法的运用是构成绣品各种艺术形象的语言。

最能体现苏绣艺术特点的代表作品是双面绣《猫》。作品中的小猫形态生动、毛丝光泽明亮，眼、耳、鼻、嘴、须、眉绣得惟妙惟肖、栩栩如生，尤其是眼睛，常用一根丝线的1/24进行镶色和衬光，使其发亮有神。金鱼绣品是苏绣的新作之一，艺人在选料和构思上都有独到之处，由于利用纤细的线条和多种色彩以及不同的针法，故而表现出完美的艺术效果。

苏绣品种繁多，主要分为两大类：一类是实用性绣品，另一类是观赏性绣品。实用性绣品主要有枕套、被面、服装、靠垫、拖鞋等，图案新颖，色彩秀丽，富有民族风格和地方特色。观赏性绣品有挂屏、插屏、围屏、画片等，针法细腻，形象逼真，具有高贵典雅的风格特征。多年来苏绣以平、齐、细、密、匀、顺、和、光的优秀质量多次获奖，并先后到近100个国家展览，受到各国人民的赞誉。

2. 湘绣

湘绣是湖南长沙一带刺绣产品的总称。湘绣融会中国传统绘画、书法和刺绣等艺术手法为一体，构图严谨、色彩鲜明，各种针法富于表现力。湘绣通过丰富的色线和千变万化的针法，精细入微地刻画物象外形、内质的特点，绣品形象生动逼真，色彩鲜明，质感强烈，形神兼备，风格豪放。

湘绣最初以绣制日用品为主，尔后则逐渐以绘画题材的作品为主，强调颜色的阴阳浓淡，运用各种针法与色线刻画形象，"以针代笔，以线景色"。在针法上，以掺针为主，共可运用70多种针法，以表现不同的形象与不同自然纹理的特点；在绣线上，运用丰富的色彩，十分强调色级交替。一幅优秀的湘绣作品，能融会中国传统的绘画、刺绣、诗词、书法、金石艺术于一体，将诗情画意洋溢于针线之间，使其具有"绣鸟能听声，绣花能生香，绣虎能奔跑，绣人能传神"之妙。湘绣的题材广泛，有人物、山水、花草、飞鸟、走兽、鱼虫等，其中以狮、虎、松鼠为代表作，向有"苏猫湘虎"之说。其中较为著名的有《鬅毛狮》《鬅毛虎》。

用湘绣特有的鬅毛针绣的老虎，体毛宛然有根，质感很强；毛下筋骨雄健，再配以虎视眈眈的双眼，把猛虎的粗犷神威刻画得淋漓尽致。近年来，湘绣又创造出了难度更高的"双面异色绣"。它是在一块透明的绣料上，一次绣成两面完全一样、两面同形异色，甚至两面异形异色的作品，刻画的人物神态精细入微，绣面不露针痕，转动框架，宛如立体雕塑，在国际上被赞为"魔术般的艺术"。

3. 蜀绣

蜀绣也称为"川绣"，是中国四大名绣之一。流行于四川以成都为中心的各地，所以叫作蜀绣。蜀绣在晋代已经出现，根据《华阳国志》的记载，当时蜀中各地的刺绣就已经被人们大量使用。

蜀绣的用料是以软缎和彩色丝线为主，采用"抽纱刺绣""挑纱刺绣"等方法，借用荷花、松树、竹子、梅花等植物，使其组合成为具有象征意义的画面，如"芙蓉鲤鱼""喜鹊闹梅""彩蝶恋花""狮子滚绣球"等。

蜀绣的代表作品是《芙蓉鲤鱼》，作品以白缎为底料，在上面绣几朵粉红色的芙蓉花，七条肥腴的鲤鱼，大小参差，动静分明。鲤鱼的鳍尾透明灵活，头部坚硬明亮，鱼鳞闪闪发光，仅仅一条鱼使用的针法就达 30 多种。

4. 粤绣

粤绣也称为"广绣"，是中国的四大名绣之一，因出产于广东而得名。粤绣的绣法富有浓厚的民间特色，用线大胆，大幅绣作颇有气势。其制作的特点是构图繁而不乱，色彩富丽，针脚均匀，针法多变，纹理分明。金银线垫绣是粤绣的特色绣法。

粤绣的作品丰富多彩，有高六尺的大屏风，也有小的荷包、扇套。图案大多数是写生的花鸟，基本上突出的是民间风俗习惯的装饰风格，通常以凤凰、牡丹、松、鹤、猿、鹿，甚至以鸡、鸭入画。国内的粤绣精品大多收藏在故宫博物院，代表作品是《百鸟朝凤》。

课堂讨论

1. 三大名锦有何不同特色？
2. 四大名绣的特点及代表作各是什么？

小知识

粤绣主要流派

粤绣包括"广绣"和"潮绣"两大流派，因而其针法也因其流派的不同而不尽相同。"广绣"的针法主要有 7 大类 30 余种，包括直扭针、捆咬针、续插针、辅助针、编绣、饶绣、变体绣等，以及广州钉金绣中的平绣、织锦绣、饶绣、凸绣、贴花绣等 6 大类 10 余种针法。而"潮绣"则有 60 多种钉金针法以及 40 余种绒绣针法，同时，还运用折绣、插绣、金银勾勒、棕丝勾勒等多种技巧，使"潮绣"在"绣、钉、垫、贴、拼、缀"等技艺上更趋完善，产生"平、浮、突、活"的艺术效果。

第三节　雕塑工艺品、漆器、锡器、铜器

思维导图

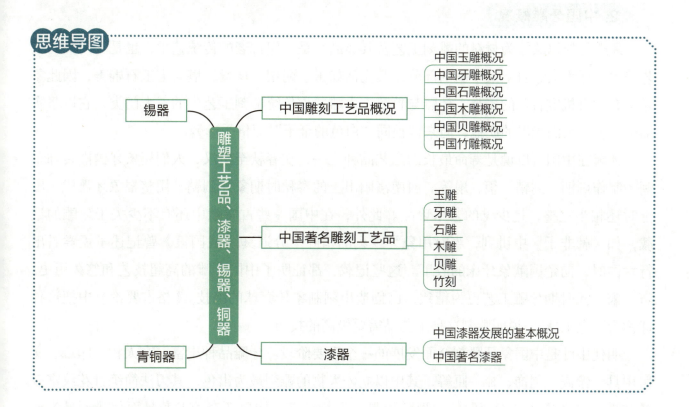

一、中国雕刻工艺品概况

1. 中国玉雕概况

　　玉雕亦称玉器，是中国著名的特种工艺品之一。玉雕是指以白玉、青玉、碧玉、翡翠、玛瑙、红蓝宝石、水晶、绿松石、岫玉等为原料而雕制成的装饰品、陈设品等。玉石质地坚硬，色彩绚丽，奇形异态，温润晶莹，稀世难求。玉制工艺品能保存千年万载。即使长埋地下亦不变质，具有独特的艺术价值，故特别为人珍爱。长期以来，人们把玉视为高贵尊荣的标志，逐渐形成了一种饰玉为荣、佩玉为祥的传统观念，并有"黄金有价玉无价"之说。

　　中国是世界上三个著名的玉器工艺品产地（中国、墨西哥和新西兰）之一，玉器产生的历史悠久，早在距今 7 000 多年前的新石器时代就已有玉器出现。在江苏吴中草鞋山和吴江梅堰古文化遗址中发现的玉璜、玉璞，即是新石器时代原始人经过琢磨的玉雕，用来点缀胸部或挂在耳上作为装饰品。另外，这是中国也是世界上最早的玉雕。

　　商周时期，玉器按用途分为两大类：一类是用于祭祀和礼仪场合的"礼玉"；另一类则是

供奴隶主作为装饰佩戴用的"饰玉"。当时，用珍贵的玉材琢制成的大件玉器成为贵族地位、身份的象征，被人们视为珍宝。中国历史上就曾有"和氏璧价值连城"的故事，说的是秦昭王愿以15座城池去换一块珍贵的和氏璧。春秋战国时，中国玉石工艺开始向华丽、精细的方向发展，即使是尊贵的礼玉，也往往布满繁缛而富于变化的装饰花纹，或镂空，或镶嵌金银。

2. 中国牙雕概况

牙雕是指以象牙为材料的雕刻工艺及其成品，是一门古老的传统艺术，也是一门民间工艺美术。牙为大象身上最坚固的部分，其光洁如玉、耐用、珍贵，堪与宝玉石媲美，因此象牙又有"有机宝石"的美誉。牙雕与竹雕、木雕并称传统雕刻工艺中的三大门类，它以坚实细密、色泽柔润光滑的质地，向来被视同"白色的金子"而倍受珍爱。

牙雕在中国可以说是寿命最长的工艺品种之一，在春秋至秦汉，人们用象牙镶嵌装饰车辆，制作剑柄、剑鞘、玺、扇等。河南洛阳出土的春秋时期象牙剑鞘，用整根象牙雕成，出土时还相当完整，是少见的艺术珍品。此外，在中国一些古文献中还有不少关于牙雕的记载，如《韩非子》中讲到，当时用象牙雕刻的楮叶十分逼真;《战国策》曾记述了孟尝君出行六国时，向楚国献象牙床的故事。这些记载，都证明了中国牙雕的高超技艺和悠久历史。唐、宋、元时期牙雕工艺更为精致，已创造出刻制象牙套球的绝技。《格古要论》中把这种球称为"鬼工球"，说明雕刻这种工艺品需要极高的技巧。

明代中叶是中国象牙雕刻全面发展的一个重要阶段。牙雕品种丰富，有人物、印章、文房用具、镶嵌、剑饰、梳、匣等，其中以立体人物的雕刻最为出色，其刀法简练且花纹富有装饰性，借助象牙自然弯曲的料形随形雕刻人物动态，构思新奇，尤其是面部雕刻最为精细，表情生动传神。

3. 中国石雕概况

石雕的原料种类很多，中国常用的石料有：云南大理石、北京房山的汉白玉、河北曲阳汉白玉、青岛和苏州的花岗石等，而尤以浙江的青田石、福建的寿山石、浙江昌化的鸡血石、湖南浏阳的菊花石最为著名。

中国的石雕历史悠久。青田石雕创始于南宋，成熟于明清，最初是从磨制石章开始的。石章即今天的图章。此外，当时的产品还有笔架、笔筒、砚台、香炉等。从元代开始，青田石又被用于金石篆刻;明清时期，青田石雕更趋成熟，产品亦扩展为人物、花鸟、山水、佛像等观赏品，并且开始出口销往欧洲市场，还多次在各种世界博览会上获奖。从此，青田石雕作为工艺品轰动国外，蜚声于世，销售也逐渐遍及世界各地。

4. 中国木雕概况

木雕在中国非常普遍，主要分布在浙江、福建、江苏、广东、湖北、山东等省。这些地区的木雕在用途和风格上各有特色。如浙江东阳用樟木雕制多层次的高浮雕，作为衣箱衣柜上的装饰，其题材多描写古代英雄乘马作战的场面，构图饱满。广东潮州木雕精于镂空的高浮雕，主要用作建筑装饰和家具装饰，内容有人物、山水、花鸟等；木雕表面施以金漆，显出金碧辉煌、玲珑剔透的艺术效果。福建木雕多用龙眼木制成小件观赏品，泉州则主要用樟木雕刻木头工艺品。

5. 中国贝雕概况

贝雕是用贝壳制成的雕刻工艺品，贝壳的种类很多，是大自然鬼斧神工之作，色彩和纹理也很美丽，有的还是很妙的反光体。贝雕就是选用这些有色贝壳，巧用其天然色泽和纹理、形状，经剪取、车磨、抛光、堆砌、粘贴等工序精心雕琢成平贴、半浮雕、镶嵌、立体等多种形式和规格的工艺品。贝雕巧妙地将人与海结合起来，贝雕是海的绮丽与传统文化智慧的结晶，具有贝壳的自然美、雕塑的技法美和国画的格调美。自古而来记载着人与海的故事，传达着人们对美好明天的向往和期待。

6. 中国竹雕概况

中国是世界上最早使用竹制品的国家，所以竹雕在中国也由来已久。竹雕也称竹刻，是在竹制的器物上雕刻多种装饰图案和文字，或用竹根雕刻成各种陈设摆件。竹雕有留青、翻簧、根雕等多个品种。竹雕的主要产地有上海、浙江、江苏、湖南等省市。

竹雕成为一种艺术，自六朝始，直至唐代才逐渐被人们所认知，并受到喜爱。竹雕发展到明清时期大盛，雕刻技艺的精湛超越了前代，在中国工艺美术史上独树一帜。雕刻作品有的雕刻简练、古朴大方，有的精工细作、纹饰繁密、变幻无穷，雕刻的方法主要有阴刻、阳刻、圆雕、透雕、深浅浮雕或高浮雕等。中国竹雕艺术于明末清初成熟后，逐渐形成了嘉定派、金陵派、浙派、徽派等流派。

留青又称留青皮雕，利用竹子表面一层青皮雕刻花纹，铲除多余部分，露出皮下竹肌作底。青皮干后，其色由白转为青黄，虽年久仍能保持其淡雅；竹肌则由浅黄、深黄而至红紫。留青利用上述两种色泽变化的差异，雕出浓淡晕退、绚丽多姿，有如水墨或设色的画面。

翻簧竹刻是把毛竹青皮削去，放入沸水蒸煮，直至竹质变为柔软时，取出剖开、压平，再把所余的竹肉削去，就成为完整的竹簧，将竹簧磨平，用胶水粘贴在胎上，经过雕刻与上漆或打蜡，就成为翻簧竹刻。

二、中国著名雕刻工艺品

1. 玉雕

1）北京玉雕

北京玉雕历史悠久，选料精良，作品精细俏丽，为中国玉雕之魁，在世界上享有盛誉。

元代中国玉雕出现了南北不同风格的南玉作、北玉作。南玉以苏州、扬州为中心，北玉以北京为中心。到了清代，不断有南方艺人到北京传艺，有些高手在京城落户。由此，北京玉雕集南北技艺之长，形成了自己的独特风格。所作产品无不造型古朴典雅，结构严谨，章法得体，生动传神，用色绝俏，工艺精湛。艺人们巧妙地利用玉石的自然形状、质地、纹理、颜色和透明度，创作出巧夺天工的珍品。如北京故宫所藏清代《大禹治水图》玉山子[①]，以宋人所画《大禹治水图》为蓝本雕琢而成。

2）扬州玉雕

扬州玉雕产于江苏扬州，它选用优质白玉、翡翠、珊瑚、芙蓉石及岫岩玉等为原料制成。制作技艺讲究立雕、浮雕、镂空雕多种技法相结合，因材施艺，度势造型，玉雕产品雄浑古朴，圆润典雅，且秀丽精细，玲珑剔透。其总体风格为：以"南方之秀"为主，兼具"北方之雄"。

扬州地理位置优越，自古经济繁荣，百业兴旺。早在夏商时期即开始琢玉成器。至隋唐时期，波斯大食的胡商又带来各种宝石、玛瑙、猫眼等，更增添了玉雕材料来源。元代又创山子雕，将三雕技术结合为一体。清代乾隆年间定玉雕为"扬州八贡"之一，供宫廷中人享用，如《会昌九老图》《大禹治水图》等，均为当年扬州玉雕的珍品。

3）苏州玉雕

苏州玉雕产于江苏苏州，始于宋代，至明清最盛。晚清时期，当地玉器作坊多达800余家。苏州玉雕沿用传统技艺，选料严密，设计强调因材施艺，量料取材，循其规律，讲究造型。具有加工精巧、秀丽典雅的风格，素以"苏帮"著称。历代均作为贡品进献皇室。产品种类有炉瓶、花卉、人物、鸟兽、杂件等。

2. 牙雕

1）北京牙雕

北京牙雕始于明代。明代迁都至北京后，设立了专为皇家生产手工艺品的御用监，才使北京牙雕生产兴起。因牙雕艺人来自南方，故明清时期北京牙雕带有南方特点。后因北方气候寒冷干燥，象牙容易干裂，牙雕不宜雕刻得过于精细，故才逐渐形成了北方牙雕的特点，即造型上讲究块面，以立体的人物和花卉为主要表现内容，如老人、佛像、仕女、梅花、蝈蝈、白菜等。

2）广州牙雕

广州牙雕多以南国水乡常见的景物，如山石、花木、渔翁、蟹笼、塔、龙舟等为题材，极富地方特色。在长期的实践中，艺人们受竹笼、渔网等物的启发，创造了独特的镂空雕技艺。镂空又称通雕，多层牙球则是镂空技艺的升华。它能集中完善地体现出通花雕刻的技艺特色，是广州牙雕的代表作。制作一个牙球要经多重工序。首先要选用原块牙料，磨圆，钻

---

① 即圆雕山景观。

孔，再以钩刀分层，最后逐层镂雕而成。雕时须小心翼翼，用心细致，手法灵活，一层又一层用横刀镂成。每层的球都能转动自如，层层都有山水、人物、花草、虫鱼之类，精巧至极，但如有一刀失败，则前功尽弃。多层镂空通花牙球的创始人是著名艺人翁五章，这种技艺传至其孙翁昭时，已能雕出 26 层的象牙球。1915 年，翁昭雕的 26 层牙球在巴拿马万国博览会上获特别金奖。此后，翁家传人的作品还多次获奖，牙球层次亦愈雕愈多。1979 年，翁昭之子翁荣标雕出 45 层牙球《举杯邀明月》，同年，他被授予工艺美术家的光荣称号。

3. 石雕

1）寿山石雕

寿山石产于福建福州。寿山石雕是传统民间雕刻艺术，以产于福州北部山区的寿山石为材料，通过特殊技艺而制作出的小型雕刻。寿山石雕源于南朝，盛行于明清两代，与福州脱胎漆器、软木画合称"榕城三绝"。

寿山石雕技法丰富多样，作品题材广泛，有人物、动物、山水、花鸟等品类。寿山石中以"田黄石"身价最高，俗有"一两田黄三两金"之说，清代多位皇帝用寿山石制宝玺。

2）青田石雕

青田石产于浙江青田。青田石雕是以青田石为材料雕制而成的传统工艺品。青田石被广泛用于镌刻图章（也称图章石），以冻石最为名贵。青田石雕创始于南宋，最早多为图章、笔架、笔筒、墨水池、香炉等。到清代扩展为人物、花果、鸟兽、虫鱼等欣赏品。青田石雕的雕刻技法有圆、镂、透、浮雕以及浅刻等，尤以镂雕见长。

3）昌化鸡血石雕

昌化鸡血石产于浙江杭州临安昌化镇，因其色红如鸡血而得名。昌化鸡血石、青田冻石和福建寿山田黄石被称为中国工艺雕刻三大佳石。鸡血石硬度不高，纹彩艳丽，光泽晶莹，内质温润，极易制作印章，深受收藏家与篆刻家的珍爱。鸡血石雕受到稀有血色的限制，表现手法不如其他石雕丰富，主要为浮雕、圆雕，其中穿插运用一小部分线刻、镂雕手法。

4. 木雕

1）东阳木雕

东阳木雕产于浙江东阳，这里家家户户都使用木雕家具和日用品，到处都有木雕艺人，故被称为"木雕之乡"。东阳木雕约始创于北宋时期，至明代已形成了完整的工艺体系，致使这一带的住室、厅堂、寺庙、牌坊、梁柱、门窗，多用木雕装饰。清代时，东阳木雕进入全面提高阶段，建筑雕饰工程规模宏伟，构图设计完美，布局结构严谨，表现手法多样，出现了多层镂空高浮雕和优美的轻浮雕，形成了独具民族风格的艺术形式并开始大量雕刻装饰和实用相结合的家具日用品。至今，故宫中还珍藏着许多清代东阳艺人所雕刻的宫灯、龙床、帝王宝座及其他装饰陈列品。

东阳木雕有一套独特完整的木雕技法，包括浮雕、圆雕、透宝双面雕、阴雕、彩木镶嵌雕等几种，尤以各种类型的浮雕见长，平面镂空和多层镂空也独具特色。木雕题材内容十分丰富，从神话故事、古典小说、历史人物、生活习俗到山水、花鸟、草虫、文物、园林等，几乎应有尽有，无所不包。产品品种多样，如东阳木雕厂如今能生产 1 500 多个品种、2 600 多个花色，主要用于建筑装饰（如屏风、壁挂）、家具装饰（如箱、橱等），也有专供欣赏的陈设品。目前东阳木雕产品远销 70 多个国家和地区，并多次赴国外展览，深受国内外的喜爱。

2）潮州木雕

潮州木雕因产地广东潮州而得名，尤以潮安、潮阳、揭阳、饶平、普宁、澄海等地最为发达。其主要产品用作建筑装饰，如门窗、封檐板、屏风，以及家具装饰，如几、桌、橱、柜。其主要内容有人物、花鸟、山水等。雕刻方法有浮雕、沉雕、通雕、圆雕等多种。其中通雕是融合多种雕法于一个画面，突破空间与时间的限制，表现多层次的复杂内容，经过上漆贴金显出金碧辉煌、玲珑剔透的艺术效果，因此又称为"金漆木雕"。

3）剑川木雕

剑川木雕产于云南大理白族自治州剑川，是独具白族风格的传统手工艺品。早在公元10 世纪初，白族人民在吸收汉族文化和生产技术的基础上，逐步形成了自己独特的木雕技术，这就是剑川木雕。剑川木雕题材广泛，造型生动，优美逼真，山水、花鸟、人物尽收画屏。产品分建筑装饰部件、木雕家具和观赏工艺品三大类，其中尤以云木雕花镶嵌大理石家具最为出色。这种工艺品把孔雀、茶花等象征幸福吉祥的花鸟木雕和珍奇的大理石结合在一起，使大理石的素洁沉静与嫣红的木器颜色相映生辉，高雅华贵，在国内外市场上供不应求。

5. 贝雕

本节主要介绍湖北贝雕。

湖北贝雕产于湖北江汉平原上的荆州地区。这里河湖众多，盛产各种淡水珍珠贝。这些贝壳形状多样，色彩绚丽。早在明清时期，当地民间艺人就以贝壳为原料，制成各种各样的纽扣。如今，贝雕品种已从单一的纽扣发展到贝雕画、挂屏等 30 多个品种、数百个花色。其中最出色的有洪湖贝雕和沔阳（今为仙桃）沙湖贝雕。洪湖贝雕取材于洪湖淡水珍珠蚌。其质地光滑，纹理千变万化，具有朴实无华的自然美，通过艺人因材施艺、精雕细作，极具装饰艺术效果。代表作《西厢记》贝雕画，是根据王实甫的名著《西厢记》进行再创作的作品。沔阳沙湖贝雕是利用沔阳沙湖珍珠贝壳，汲取中国画、牙雕、木雕、石刻等传统技法精华，经过贝雕艺人精心设计、雕磨、镶拼而成的一种装饰工艺品。题材以名胜风景、花鸟虫鱼、古玩、人物为主。品种有挂屏、坐屏、案头摆件、建筑装饰、首饰、文化用品等 1 000 多种。

6. 竹刻

1）上海留青竹刻

上海留青竹刻以产于上海市的最为著名。明清时期，竹刻艺术在江南一带达到鼎盛，并形成嘉定、金陵两个中心，各成流派。其中嘉定竹刻始于明万历年间，距今已有 400 多年的历史。清末，嘉定、金陵的竹刻逐渐衰落，而受其影响的上海竹刻却逐渐兴起，并将前两地取而代之。上海竹刻是以优质毛竹为原料，采用阳刻、阴刻、模雕、深浅浮雕、镂空雕及立体雕等技法制成的工艺品。它以留青为主，并以竹肌浅刻与阴阳刻相结合为主要风格。品种除留青皮雕外，还有翻簧、竹根雕等。图案清丽淡雅，刀法缜密精致，色调和润纯泽，所刻书法国画能保持原作的笔意墨韵。

2）黄岩翻簧竹刻

黄岩翻簧竹刻产于浙江省黄岩，是浙江著名的三大雕刻之一。黄岩翻簧竹刻于清代同治九年（1871 年）由民间艺人陈尧臣制作而成，具有选料精良、拼接严密、造型优美、雕工精细、色泽古雅、牢固耐用等特点。曾在 1929 年在杭州举办的"西湖博览会"上获银质奖。1949 年以后艺人们为了改变竹黄质地硬脆、不能弯曲的缺陷，用十几块乃至几十块竹黄，精心拼合成各种形状，使竹刻产品改变了简单的直线造型形式，色泽浑然一体。黄岩翻簧竹刻的工艺品有牙签罐、花瓶、台灯、茶叶盒、台屏、挂屏、壁挂等花色品种 230 多种。20世纪著名艺人陈方俊是清代黄岩翻簧创始人陈尧臣的后裔，他所创作的"嫦娥奔月八角糖果盒"等在国内外有很高的声誉。

三、漆器

1. 中国漆器发展的基本概况

漆器是把漆涂在木器上制成的，目的是防腐，之后为了美观，又在漆器上绘彩，于是漆器成了中国工艺美术品中的重要品种。

漆器的胎骨多是木胎、竹胎、夹胎（用麻布和漆灰在木制或泥制的模型上涂粘成型，然后脱去模型即成胎骨）。漆器的制作首先是制胎成型，然后进行打磨加光，再利用具有高度黏合性的天然漆在胎上髹漆彩绘、精雕细刻，制成品色泽光亮，轻便美观，耐酸耐碱，防腐耐用。

漆器有着极为悠久的历史。1976 年，在河姆渡遗址中发现了距今 7 000 年左右的木胎漆碗和漆器，这是迄今为止发现的最早的漆器。战国时期，漆器工艺已经十分发达，并且有了管理漆器生产的专门机构。汉代，在贵族富商的生活用具中，华丽轻巧的漆器取代了从前的青铜器，因而使漆器工艺的生产水平和艺术水平都达到了古代漆器工艺的高峰。

唐代的漆器镶嵌装饰方面有了进一步的发展，螺钿和珠玉镶嵌颇具特色，所谓螺钿镶嵌，即用贝壳制成人物、鸟兽、花草等形象，粘嵌在漆器上。此外，唐代艺人还创造了雕漆工艺，为后代雕漆工艺的盛行打下了基础。

元明清时期是中国漆器工艺史上的黄金时代，雕漆是这一时期漆器的主要品种，雕漆又名"剔红"，是用红棕色漆一层层地在胎外涂厚，然后在表面雕刻花纹制成的。此外，雕漆还有剔犀和剔彩两种，它们一是在胎上涂上相间的红漆和黑漆，待达到一定的厚度时再进行雕刻，露出红黑相间的纹彩；一是用五彩色漆累重为胎底后再进行雕刻，产生彩色浮雕的效果。

元代最著名的雕漆名家是浙江嘉兴的张成、杨茂等人。明代时期，在嘉兴和云南两个地区形成了两种不同的雕漆风格。而清代乾隆年间，雕漆技艺发展到了顶峰，其纹饰优美、技法精湛、色泽丰富，成为最重要的宫廷用具和外交礼品。

明清漆器中的"百宝嵌"是将镶嵌与雕琢相结合的一种装饰工艺，将金、银、宝石、珍珠、珊瑚、水晶、玛瑙、玳瑁、象牙、碧玉翡等雕成山水、人物、花卉、楼台等，嵌于漆器上，因所用材料极为珍贵，因而成为当时社会上层人士喜爱的高级工艺品。

2. 中国著名漆器

1）北京雕漆

北京雕漆、江西景德镇瓷器、湖南湘绣并称为"中国工艺美术三长"。北京雕漆和一般漆器不同。一般漆器的主要表现手法是把漆涂在漆胎上或是在漆器上刻花之后再涂一层漆，也有的是镶上或用漆色画上图案、花纹等，如山西平遥推光漆器；北京雕漆则不然，它以雕刻见长，在漆胎上涂几十层到几百层漆，厚15~25毫米，再用刀进行雕刻，所以称"雕漆"。因为古代雕漆制品中，主要以红、绿色为主，所以史书上雕漆又称为"剔红"，是中国漆器艺术中的一个独特品种。北京雕漆造型古朴庄重，纹饰精美考究，色泽光润，形态典雅，并有防潮、抗热、耐酸碱、不变形、不变质的特点。

2）福州脱胎漆器

福州脱胎漆器产于福建福州，已有180多年的历史。福州脱胎漆器是具有独特民族风格和浓郁地方特色的艺术珍品，与北京的景泰蓝、江西的景德镇瓷器并称为中国传统工艺的"三绝"，享誉海内外。

福州脱胎漆器的特点是质地轻巧坚牢、造型雅致大方、色泽鲜艳古朴、做工精细，还具耐热、耐酸、耐碱等优点。福建脱胎漆器多年来一直是中国著名的国际礼品和重要出口产品，被誉为"真正的中国民族艺术"。

3）扬州镶嵌漆器

扬州漆器历史悠久，早在战国时代就已生产，在明朝时期达到全盛，扬州成为全国漆器制作中心。扬州漆器制作技艺有点螺工艺、雕漆工艺等九大门类，其产品以镶嵌螺钿最具特色，造型古朴典雅，做工精巧细致，纹样优美多姿，色彩和谐绚丽、五彩缤纷。点螺工艺是选用自然色彩的夜光螺、珍珠贝、石决明等高档材料精制成薄如蝉翼、小如针尖、细若秋毫的螺片，用特制的工具一点一丝地点植在平整光滑的漆坯上，经过精致的髹漆工艺，使点螺漆器具有图案精致、色彩绮丽、随光变幻、明亮如镜的艺术特色。《松龄鹤寿》骨石镶嵌屏风、雕漆嵌玉《玉堂春色》等众多代表作品被国家作为礼品赠给外国友人。

四、锡器

锡器是指以锡为原料加工而成的金属工艺品。中国锡器始于明代永乐年间，主要产于云南、广东、山东、福建等地，其中以云南个旧产的为最著名。

云南个旧锡制工艺品在国内外颇具声誉。工匠们吸取了浮雕和中国画的特点，用雕模浇铸和焊接装饰等拨法创制出新产品——锡画，锡画造型生动活泼，结构精巧而朴素，在各种彩绒衬托下，银白色的锡制花草鸟兽熠熠生辉，引人注目。

锡器能被广泛使用并受到人们的喜爱，正是因为锡自身的一些优秀特性。其一，锡对人体是无害的，锡制马口铁被广泛地用于食品包装，高级巧克力都是用锡纸包装的，这些都是最好的证明。其二，锡制生活器皿还有许多独特之处，锡制茶叶罐密封性好，可长期保持茶叶的色泽和芳香；锡制啤酒杯因传热迅速，从而使冰镇啤酒口感倍增而应用广泛。因此锡器享有"盛水水清甜，盛酒酒香醇，储茶味不变，插花花长久"的美誉。其三，锡除了具有优美的金属色泽外，还具有良好的延展性和加工性能，用锡制作的各种器皿和艺术饰品能够逼真地体现人们对每个细节的创意，从而使锡制工艺品栩栩如生、高雅不俗，这些特性是其他任何金属工艺品都望尘莫及的。

五、青铜器

青铜是红铜与锡、铜与铅或是铜与铅、锡的合金。其原来的颜色大多是金黄色的，由于经过长期腐蚀表面所生成的铜锈呈青绿色，因此而得名。商代早期和中期的青铜器是中国青铜器艺术趋于成熟的时期，有"青铜时代"之称。中国最早冶炼的青铜器是甘肃马家窑遗址出土的青铜刀，距今已有5 000多年历史。现存最长的青铜铭文为西周晚期的毛公鼎；著名青铜器为司母戊大方鼎。青铜有以下优越性：

（1）硬度大。

（2）熔点低，溶液流动性能好，凝固时收缩率小。

（3）化学性能稳定耐腐蚀，可长期使用和保存。

> **课堂讨论**
> 1. 北京玉雕有什么特点？
> 2. 漆器是一种什么样的工艺品？

第四节 文房四宝及年画、剪纸、风筝

思维导图

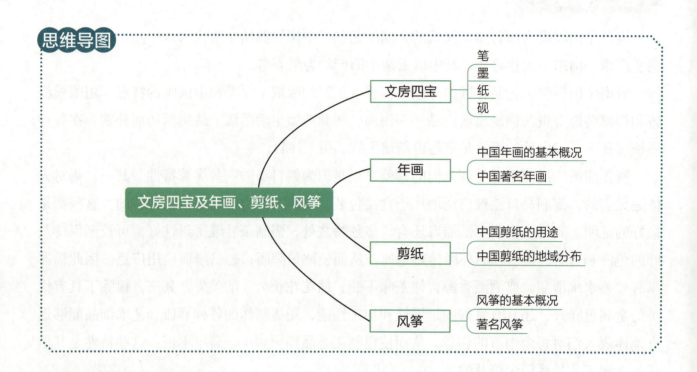

一、文房四宝

1. 笔

在林林总总的笔类制品中，毛笔是中国独有的品类。中国的书法和绘画都与毛笔的使用分不开。由于毛笔易损，不好保存，所以留存至今的古笔实属凤毛麟角。毛笔的制造历史非常久远，最早的毛笔可追溯到 2 000 多年之前，秦代的蒙恬是毛笔的改良者。如今最好的毛笔仍然要数有 1 000 多年历史的"湖州毛笔"，简称湖笔。

湖州毛笔产于浙江省湖州市善琏镇，古属湖州府，所以称湖笔，又称"湖颖"。湖笔自元代以后取代了宣笔的地位，被誉为"毛颖之冠"。湖笔分羊毫、狼毫、紫毫、兼毫四大类；按大小规格，又可分为大楷、寸楷、中楷、小楷四种。湖笔具有尖、齐、圆、健四大特点，被誉为湖笔"四德"。

2. 墨

墨是古代书写中必不可少的用品。直到现在，中国书画奇幻美妙的艺术意境依然是借助于这种独创的材料来实现。墨的发明要晚于笔。史前的彩陶纹饰、商周的甲骨文、竹木简

牍、缣帛书画等到处都留下了原始用墨的遗痕。汉代开始出现了人工墨品，这种墨的原料取自松烟，到最后完成出品，其中还经过入胶、和剂、蒸杵等多道工序，并有一个模压成型的过程。

中国最有名的墨当属徽墨。徽墨产于安徽歙县和休宁等地，因历史上属于徽州而得名。徽墨的创始人为南唐制墨名家奚超和其子奚廷珪。宋宣和二年（1121 年），歙州改称徽州，"徽墨"之名从这年始定。徽墨的特点是色泽黑润、坚而有光、入纸不晕、馨香浓郁、造型美观、防腐防蛀等，素有"拈来轻、磨来清、嗅来馨、坚如玉、研无声、落纸如漆、万载存真"的美誉。

3. 纸

纸是中国古代四大发明之一，曾经为人类文明立下了卓著功勋。即使是在机制纸盛行的今天，某些传统的手工纸依然体现着它不可替代的作用，焕发着独有的光彩。尤其是被人们视为中国一绝的"安徽宣纸"，至今依然让人魂牵梦绕。

宣纸产于安徽南部泾县，因历史上属宣州府而得名。宣纸开始产于唐代，原料是青檀皮。清代掺和稻草，改变了用料比例。宣纸分生熟两种，生宣渍水渗化，作写意画最好；熟宣经过胶矾浸染，不渗化，宜于工笔，细描细写。宣纸品质纯白细密，柔软均匀，棉韧而坚，光而不滑，透而弥光，色泽不变，且久藏不腐，百折不损，耐老化，防虫蛀，有"千年寿纸"的美称，是书画最理想的用纸。2009 年，安徽宣纸传统制作技艺成功入选联合国教科文组织发布的《人类非物质文化遗产代表作名录》。

小知识

蒙恬与湖笔

湖笔亦称湖颖，是"文房四宝"之一，被誉为"笔中之冠"。

湖笔的故乡在浙江湖州的善琏镇。相传秦大将蒙恬"以柘木为管，鹿毛为柱，羊毛为被（外衣）"发明了毛笔，后蒙恬曾居湖州善琏改良毛笔，制成后人所称的"湖笔"。改制湖笔成功后，他便将技艺传给善琏百姓，使当地几乎家家出笔工，户户会制笔。

蒙恬去世后，善琏笔工不忘笔祖恩惠，捐银在永欣寺旁建造"蒙公祠"，每当蒙恬和笔娘娘生日，便会举行盛大的纪念活动。千百年来，在善琏，集会膜拜笔祖、企盼笔业兴旺等民俗活动一直延续着。

4. 砚

古时以笔蘸墨写字，笔、墨、砚三者密不可分。砚的起源比较早，约在殷商初期，随后笔、墨、砚开始初见雏形。人们刚开始是以笔直接蘸石墨写字，后来因为不方便，无法写大字，于是就想到了可以先在坚硬东西上研磨成汁，如石、玉、砖、铜、铁等。殷商时，青铜器已十分发达，而且陶石随手可得，砚也随着墨的使用而逐渐成型。古时以石砚最为普遍，直到现在，经历多代考验仍以石质为最佳。

端砚产于广东肇庆，因隋在肇庆设端州府，所以称端砚。广东端砚与安徽歙砚、甘肃洮砚、山西澄泥砚并称为中国"四大名砚"。端石是一种水层岩，开采于唐代，至宋代已为世人所重视，其特点是石质细，易发墨，墨汁细稠而不滞，不易干涸。端石以紫色为主，名贵的石品有青花、鱼脑冻、蕉叶白、苏青、冰纹等，用石眼花纹雕刻的砚台尤为名贵。端砚之所以名贵，主要是因为石质特别幼嫩、纯净、细腻、滋润、坚实、严密，制成的端砚素有"发墨不损毫""呵气研墨"的特点，有"端石一斤，价值千金"的美誉。

二、年画

1. 中国年画的基本概况

民间年画、门神俗称"喜画"，是中国民间最普及的艺术品之一。年画出现于雕版印刷术发明之后的宋代，明代中叶起形成一种独立的艺术形式。旧时，人们盛行在室内贴年画，户上贴门神，以祝愿新年吉庆，驱凶迎祥。每逢岁末，多数地方都有张贴年画、门神以及对联的习俗，以增添节日的喜庆气氛。年画因一年更换，或张贴后可供一年欣赏之用而得名。

民间年画是中国民间美术中较大的一个艺术门类，它从早期的自然崇拜和神祇信仰逐渐发展为驱邪纳祥、祈福禳灾和欢乐喜庆、装饰美化环境的节日风俗活动，表达了民众的思想情感和向往美好生活的愿望。

天津杨柳青、江苏苏州桃花坞、山东潍坊杨家埠的木版年画在历史上久负盛名（这三个地方被誉为中国三大木版年画产地）。除此之外，四川绵竹、河南开封朱仙镇、广东佛山也是著名年画产地。

2. 中国著名年画

1）天津杨柳青木版年画

杨柳青木版年画（简称杨柳青年画）是中国北方著名的民间木版年画，因发源于素有"小苏杭"之称的天津市西郊杨柳青镇而得名。早在明代末期，年画作坊就已在这座古镇出现，并逐渐发展到周围的32个村庄，从而促进了这带年画制作"家家擅点染，户户会丹青"的繁荣局面的形式。杨柳青年画采用木版套色与手工彩绘相结合的制作方法，经过创作画稿、勾描、印墨线、套印、彩绘等工序完成。它保持着木版年画浓厚的情趣，又突出了手工彩绘明快鲜艳的风格，其艺术特点是构图饱满、层次分明、笔法匀整、造型简练、色彩鲜艳、画面热闹喜庆，具有浓烈的地方生活气息。年画中人物的头脸、衣饰等重要部位，多以粉、金晕染，别具风格。民国初期，由于农村经济的衰落，画铺作坊日益减少；特别是外来新式洋画的兴起，对杨柳青年画构成了严重威胁。从此，杨柳青年画一蹶不振，濒临失传。

中华人民共和国成立后，经过抢救，才使杨柳青年画艺术保存下来。为弘扬杨柳青年画，天津专门成立了杨柳青画社，培养了一些人才并推出了一批有影响的精品，使杨柳青年画再创辉煌。如年画《四季开花》，构图饱满，色彩强烈，装饰性强；《山鹊山鹊别处啼》则名噪一时，成为杨柳青年画的代表作，被中国美术馆珍藏。如今，杨柳青镇每年接待国外旅游者上万人次，出口年画达几十万件，成为那些钟爱中国年画的旅游者追根寻源的好去处。

2）苏州桃花坞木版年画

苏州桃花坞木版年画，因曾集中在江苏苏州城内桃花坞一带生产而得名，与北方的杨柳青年画齐名，并称为中国木版年画的南北两大中心，素有"南桃北杨"之说。桃花坞木版年画始创于明末，盛行于清代雍正、乾隆年间。最初是笔绘出售，后改为木版套印，色彩鲜艳夺目，构图均衡丰满，主题鲜明突出，线条简洁明快，形象质朴生动，并且价廉物美，因此，不仅广泛流传于江南一带及全国许多地方，而且流传到日本、英国和德国，特别是对日本的"浮世绘"有相当大的影响。

年画的形式多样，有门画、中堂、屏条等。内容广泛，如神像图腾、戏文故事、民间传说、风土人情、人物花鸟等，应有尽有。鸦片战争以后，随着帝国主义在政治、经济、文化方面侵略的加剧，桃花坞木版年画逐渐衰落，销售对象转向广大农村。这一时期的作品在保持木版套印特色的同时，画幅以实用为主，印刷材料从简，成本低，价格便宜，利于普及。中华人民共和国成立后，桃花坞木版年画获得了新生。1956年成立的桃花坞年画小组对历代散佚的年画资料加以整理并创作了一批新画稿。其代表作有苏州老艺人叶金生所刻的一套《水浒页子》，被外交部列为赠送国际友人的国家礼品。现在，苏州又成立了桃花坞木版年画社和年画研究所，年画品种已发展到400多种，产品远销欧美地区。

3）潍坊木版年画

潍坊木版年画，产于山东省潍坊市杨家埠，与天津杨柳青年画、苏州桃花坞年画并称为中国三大民间木版年画。潍坊木版年画构图完整饱满，造型粗壮朴实而又夸张，线条简练挺拔而又流畅，色彩鲜艳强烈，富有装饰效果。尤其是中华人民共和国成立后，在已有的优良传统基础上，潍坊年画又创作出许多主题健康、具有时代特点的新作品，无论在内容上，还是在艺术形式上，都有较高的造诣，颇具时代特点和民间特色以及生活气息。现在，潍坊木版年画远销国外，并被外国朋友和海外侨胞视为艺术珍品。

小知识

中国年画的产地及用色

中国年画著名的产地主要有天津杨柳青、江苏苏州桃花坞、山东潍坊杨家埠（以上被誉为中国三大木版年画产地），以及四川绵竹、梁平、河南开封朱仙镇、广东佛山、山西新绛、河北武强等。由于各地风俗习惯的差异和地域文化的不同，出产的年画亦各有特色。如四川产章丹，故年画多用红色；闽粤产银珠，故年画常用银珠作底色；而杨柳青和桃花坞以古法炮制颜料，所绘年画古雅艳丽，色彩经久不褪。

三、剪纸

1. 中国剪纸的用途

从具体用途看大致可以分为四类：一是用于张贴，即直接张贴于门窗、墙壁、灯彩、彩扎之上作为装饰，如窗花、墙花、顶棚花、烟格子、灯笼花、纸扎花、门笺；二是用于摆衬，即用于点缀礼品、嫁妆、祭品、供品，如喜花、供花、礼花、烛台花、斗香花、重阳旗；三是用于刺绣底样，如衣饰、鞋帽、枕头，如鞋花、枕头花、帽花、围涎花、衣袖花、背带花；四是用于印染，即作为蓝印花布的印版，用于衣料、被面、门帘、包袱、围兜、头巾等。

窗花，张贴在窗户上作装饰的剪纸。以北方为普遍，北方农家窗户多是木格窗，有竖格、方格或带有几何形花格，上面张贴一层洁白的"皮纸"，逢年过节便更换窗纸并贴上新窗花，以示除旧迎新。窗花的形式有装饰窗格四角的角花，也有折枝团花，更有自由的各式适合花样，如动物、花草、人物，还有连续成套的戏文或传说故事窗花。

喜花。婚嫁喜庆时装点各种器物用品和室内陈设用的剪纸。一般是将剪纸摆衬在茶具、皂盒、面盆等日用品上，还有的可以贴在梳妆镜上。喜花图案题材多是强调吉祥如意、喜气洋洋的寓意。

礼花。摆附在糕饼、寿面、鸡蛋等礼品上的剪纸。礼花在广东潮州一带被称作"糕饼花""果花"，在浙江平阳一带称作"圈盆花"，题材多取吉祥喜气的图案。在山东为庆贺生子的"喜蛋"上贴剪纸，或将蛋染红，露出白色花纹。在福建农村互相馈赠寿礼用乌龟图案以象征长寿。有龟形糕饼，也有龟形剪纸。

门笺。又称"挂笺""吊钱""红笺""喜笺""门彩""斋牒"。一般用于门楣上或堂屋的二梁上。其样式多为锦旗形，天头大、两边宽，下作流苏。多以红纸刻成，也有其他颜色的或套色的。图案多作几何纹或嵌以人物、花卉、龙凤及吉祥文字的，如"普天同庆""国泰民安""连年有余""风调雨顺""金玉满堂""喜鹊登梅""福禄寿喜财"等。张贴时或一张一字，或一张一个内容，成套悬挂，一般以贴5张为多。贴门笺除有迎春除旧之意外，也有祈福驱邪之意。

2. 中国剪纸的地域分布

1）扬州剪纸

扬州是中国剪纸流行最早的地区之一。早在唐代，扬州已有剪纸迎春的风俗。立春之日，民间剪纸为花、春螺、春钱等，或悬于佳人之首，或缀于花木之下，相观以取乐。据传，嘉庆、道光年间，著名艺人包钧的剪纸，花、鸟、鱼、蝶无不神形兼备，故有"神剪"之称。扬州剪纸题材广泛，有人物花卉、鸟兽虫鱼、奇山异景、名胜古迹等，尤以四时花卉见长。1955 年，扬州成立了民间工艺社。1979 年，剪纸艺人张永寿被国家授予"中国工艺美术大师"的称号，20 世纪 50 年代的《百花齐放》、70 年代的《百菊图》和 80 年代的《百蝶恋花图》三部剪纸集为其代表作。

2）浙江剪纸

据《武林梵志》记载，五代时就有了"用彩纸剪人马以代"的宏大剪纸景观。浙江省的窗花剪纸各地都有，以金华地区的永康、浦江、磐安，温州地区的乐清、平阳，杭州地区的桐庐、富阳等地较为著名，风格不同，用途各异。金华地区多为窗花和灯花，乐清的细纹刻纸主要用于装饰龙盘灯，平阳一带送礼时放在礼物上的"圈盆花"最有特色。各地均有用以衣裙、鞋帽的花样。浙江剪纸中的戏曲窗花也有其独到之处，其擅取戏中典型的场面情节，充分体现人物的身段之美。

3）山西剪纸

山西剪纸具有北方地区粗犷、雄壮、简练、淳朴的风格特点。但是，因地域环境、生活习俗、审美观念的不同，各地剪纸又有差异。如晋南、晋中、晋东南、晋西北、吕梁山区的剪纸多为单色剪纸，风格质朴、粗犷，而流行于雁北地区的染色剪纸则婉约典雅、富丽堂皇。山西剪纸中最常见的是窗花，它的大小根据窗格的形状来定。如晋北一带窗户有菱形、圆形、多角形等样式，窗花也随窗而异，小者寸许，大者有四角、六角、八角呼应的"团花"。

4）陕西剪纸

陕西剪纸有"活化石"之称，它较完整地传承了中华民族阴阳哲学思想与生殖繁衍崇拜的观念。如古老的造型纹样"鱼身人面""狮身人面"，与周文化相似的"抓髻娃娃"，与汉画像相似的"牛耕图"等。陕西剪纸因地区不同而风格各异。陕北剪纸淳厚、粗壮，线条有力，剪纹简洁；定边、靖边剪纸较细致，线条多直线，流利奔放；关中剪纸线条粗似针尖，风格别致。总的来看，陕西剪纸造型古拙、风格粗犷、寓意明朗、形式多样，包含着浓郁的泥土气息和鲜明的地域特色。

四、风筝

1. 风筝的基本概况

中国风筝的发明距今已有 2 000 余年的历史。大约在 12 世纪，中国风筝传到了西方，此后经过不断发展，逐渐形成各具特色的东西方风筝文化。在风筝的发展过程中，具有悠久历史的中国传统文化开始与风筝工艺相融合，将神话故事、花鸟瑞兽、吉祥寓意等表现在风筝上，从而形成了独具地方特色的风筝文化。

根据史书记载，风筝最初是用于军事。到了唐中期，社会进入了繁荣稳定的发展阶段，风筝的功用开始从军事转向娱乐。由于当时纸业的发展，风筝的制作材料也由丝绢转而开始使用纸张，逐渐走向民间，类型也丰富起来。到了宋代，风筝的流传更为广泛。由于文人的加入，风筝在扎制和装饰上都有了很大的发展，制作风筝成为一种专门职业。明清时期，是中国风筝发展的鼎盛时期，明清风筝在大小、样式、扎制技术、装饰和放飞技艺上都有了超越前代的巨大进步。当时的文人亲手扎绘风筝，除自己放飞外，还赠送亲友，并认为这是一种极为风雅的活动。近年来，中国的风筝事业得到了长足的发展，放风筝开始作为体育运动项目和健身娱乐活动普及起来。

中国风筝有着悠久的历史和高超的技艺。中国风筝以细竹扎成骨架，再糊以纸或绢制作而成。中国风筝的技艺概括起来只有四个字：扎、糊、绘、放，合并简称"四艺"，即扎架子、糊纸面、绘花彩、放风筝。实际上，这四字的内涵要广泛得多，几乎包含传统中国风筝的全部技艺内容。"扎"包括选、劈、弯、削、接，而且要扎得对称，使风筝左右两侧的受风面积相当；"糊"包括选、裁、糊、边、校，而且要保证整体平整，干净利落；"绘"包括色、底、描、染、修，而且要做到远眺清楚，近看真实的效果；"放"包括风、线、放、调、收，而且要依据风力调整提线角度。风筝主要分为"硬翅"和"软翅"两类。"硬翅"风筝翅膀坚硬，吃风大，飞得高。"软翅"风筝柔软，飞不高，但飞得远。在样式上，除传统的禽、兽、虫、鱼外，近代还出现了人物风筝等新样式。作为中国的传统民间艺术，风筝在长期发展过程中产生出许多具有不同地域特色的种类、样式和流派。其中以北京、天津、山东潍坊、四川、广东等地所制的风筝最为著名。

2. 著名风筝

1）天津风筝

天津风筝大多为组装型，可以拆装折叠，非常有利于出口。天津风筝色彩鲜明，对比强烈，形体和纹路皆呈现杨柳青年画中富有象征意义的图案，颇具民间艺术特色。天津风筝尤以魏元泰所扎制的《弦上飞》《送饭儿》《蒲子》《天女散花》等最为有名。其作品清新明快、绚丽，特别是代表作品《锣鼓燕》风筝，极适于放到几十米高空，再衬以蓝天白云，仰望效果极佳。1915年，《锣鼓燕》风筝曾在巴拿马万国博览会上获得银质奖章，其制作者魏元泰赢得了"风筝魏"的美称。

2）潍坊风筝

潍坊风筝始于明代，到清代中叶已闻名遐迩。每到清明节前后潍坊就成为全国驰名的风筝交易市场，曾有诗曰："风筝市在东城墙，购选游人来去忙，花样翻新招主顾，双双蝴蝶排成行"，足以反映当年潍坊风筝市场的火爆。潍坊风筝有文人风筝和艺人风筝之别。其中的文人风筝多出自文人墨客之手，彩绘雅致，寓意深远。潍坊风筝最突出的特点是通常利用和吸收杨家埠木刻年画的技巧，画工细腻，扎工精巧，造型优美，放飞高而平稳，具有浓厚的生活气息和乡土气息。在每年一度的潍坊国际风筝节上，潍坊长串大龙风筝最为抢眼：蓝天白云之中，一条东方巨龙腾空放飞，昂首甩尾，双睛转动，遨游在天空，龙口还绽出一朵朵彩花，观者无不雀跃欢呼。

3）江苏风筝

江苏风筝种类繁多，几乎遍布全省，而以南通和如皋的风筝名冠天下。南通风筝形制甚大，又因造型像一块板子，故称为南通"板鹞风筝"。其形状有正方形、长方形、多角形等。旧时，人们在板鹞风筝上装置口哨，嗡嗡之声震天动地。如今每逢清明前后，江海之滨，蓝天之下，大小不一的板鹞风筝比高竞翔赛哨，蔚为壮观。如皋风筝以小著称，其代表为燕、鹰、蝴蝶、金鱼及美人等，尤其是一排九雁阵或十三雁阵的风筝名气最大，结构精巧、布阵合理、独具特色。

4）北京哈记风筝

北京"风筝哈"最为有名。"风筝哈"，是北京著名的风筝制造世家"哈记风筝"的简称。其创始人为哈国良，回族人，曾在琉璃厂开设"哈记风筝铺"。其所制风筝，选材严谨，全为高级绢制品；技艺全面，骨架坚固平整，画工精致生动。主要品种有：云龙、五蝠、云幅、沙燕、梢罐、大门灯、钟馗、刘海等，其中《瘦沙燕》是其代表作。哈记风筝最大的特点是从风力大小出发制作不同应力的风筝。正由于吃风力强，放飞起来的各种风筝不打旋，不栽跟头，而且引线比较直，飞得高、飞得稳。哈家第二代传人哈长英曾制作"蝴蝶""蜻蜓""仙鹤""花凤"4只软翅风筝，在1915年巴拿马万国博览会上获得银质奖章。哈家第四代传人哈亦奇，自幼聪明好学，又有绘画功底，在学习哈家风筝的技艺上既有继承，又有发展，仅制作沙燕风筝种类就多达上百种。他能制作小到仅10厘米的掌中燕，也能制作5米长的巨龙风筝，因而获得同行的赞赏、国家的重视，他曾多次出国表演、传艺，受到国际友人的赞扬。

本章小结 →

本章紧扣导游资格考试大纲，介绍了陶瓷器、漆器、锡器、铜器等中国风物的制作工艺、发展历史。通过学习本章内容，考生熟悉了中国陶瓷器的发展简史、主要产地和特色；了解了中国三大名锦与四大刺绣的产地、特点及代表作；掌握了中国玉雕、石雕、木雕、竹雕、贝雕的特点；熟悉了年画、剪纸、风筝的主要产地。本章教学内容重点突出，易学、易懂，通过本章测试等内容，丰富了考生关于中国风物特产的知识，提高了考生的学习能力和应考能力。

本章测试

（一）单项选择题

1. 既被列为中国传统工艺"三长"，又被列为中国传统工艺"三绝"的是（　　）。

    A. 湖南湘绣　　　　　　　　　　　　B. 福州脱胎漆器

    C. 江西景德镇瓷器　　　　　　　　　D. 北京景泰蓝

2. 年画是指中国传统的民俗艺术品，被誉为中国三大木版年画产地的是（　　）。

    A. 天津杨柳青、四川绵竹、河南开封朱仙镇

    B. 苏州桃花坞、山东潍坊杨家埠、河南开封朱仙镇

    C. 天津杨柳青、山东潍坊杨家埠、四川绵竹

    D. 山东潍坊杨家埠、苏州桃花坞、天津杨柳青

3. 被誉为"东方艺术的精华"的是（　　）。

    A. 蜀锦　　　　　B. 苏绣　　　　　C. 寿山石雕　　　　D. 醴陵釉下彩瓷

4. 以下不属于江西景德镇四大传统名瓷的是（　　）。

    A. 青花瓷　　　　　B. 青花玲珑瓷　　　C. 高温颜色釉瓷　　D. 薄胎瓷

5. 中国刺绣的代表作品中，《猫》《百鸟朝凤》《芙蓉鲤鱼》分别是（　　）的代表作。

    A. 湘绣、苏绣、粤绣　　　　　　　　B. 苏绣、粤绣、蜀绣

    C. 苏绣、蜀绣、湘绣　　　　　　　　D. 湘绣、粤绣、苏绣

6. 主要用于装裱书画和礼品装饰之用的是（　　）锦。

    A. 云　　　　　　B. 蜀　　　　　　C. 宋　　　　　　D. 壮

7. 在中国四大名绣中，其代表作组合正确的是（　　）。

    A. 苏绣——双面绣《猫》，湘绣——狮、虎，粤绣——《百鸟朝凤》，蜀绣——《熊猫》

    B. 苏绣——《芙蓉鲤鱼》，湘绣——《猫》，粤绣——《百鸟朝凤》，蜀绣——《熊猫》

    C. 苏绣——双面绣《猫》，湘绣——狮、虎，粤绣——《熊猫》，蜀绣——《芙蓉鲤鱼》

    D. 苏绣——《百鸟朝凤》，湘绣——《熊猫》，粤绣——《猫》，蜀绣——《芙蓉鲤鱼》

8. "以针代笔，以线景色"，享有"超级绣品"之誉的是（　　）。

    A. 刺绣　　　　　B. 苏绣　　　　　C. 湘绣　　　　　D. 蜀绣

9. 有"画绣"之称的是（　　）。

    A. 苗绣　　　　　B. 顾绣　　　　　C. 粤绣　　　　　D. 湘绣

10. 被誉为世界风筝之都的是（　　）。

    A. 浙江湖州　　　B. 湖南宜阳　　　C. 山东潍坊　　　D. 广东肇庆

11. 中国"木雕之乡""水晶之乡"分别是指（　　）。

    A. 浙江乐清、新疆和田　　　　　　　B. 广东潮州、辽宁锦州

C. 浙江东阳、江苏东海　　　　　　　　　　D. 山东曲阜、新疆和田

12. 景德镇的（　　　）享有"瓷魂"之美称。

A. 青花瓷　　　　　　B. 玲珑瓷　　　　　　C. 粉彩瓷　　　　　　D. 颜色釉瓷

13. （　　　）被奉为陶中精品。

A 均陶　　　　　　　B. 彩陶　　　　　　　C. 精陶　　　　　　　D. 紫砂陶

14. 以下不属于醴陵釉下彩瓷特点的是（　　　）。

A. 釉面如同罩上一层透明的玻璃罩　　　　B. 无铅毒，耐酸碱

C. 洁白如玉，晶莹润泽　　　　　　　　　D. 青如玉，明如镜，薄如纸

15. 最能体现（　　　）艺术特征的是"双面绣"，其特色是可以从两面观赏。

A. 湘绣　　　　　　　B. 蜀绣　　　　　　　C. 粤绣　　　　　　　D. 苏绣

16. 缂丝、宋锦、桃花坞木版年画的共同产地是（　　　）。

A. 四川成都　　　　　B. 江苏苏州　　　　　C. 浙江杭州　　　　　D. 福建福州

（二）多项选择题

1. 关于中国风物特产，下列说法不正确的有（　　　）。

A. 中国三大瓷都是指：江西景德镇、福建醴陵和湖南德化

B. 中国当代三大名锦是指：云南的云锦、四川的蜀锦和苏州的宋锦

C. 中国三大佳石是指：福建寿山田黄石、浙江青田冻石和浙江昌化鸡血石

D. 中国四大民间木版年画产地是指：天津杨柳青、苏州桃花坞、潍坊的杨家埠和四川
绵竹

E. 刺绣起源于中国，是中国著名三大特产之一

2. 中国瓷器中最有名的产品出自（　　　）。

A. 湖南醴陵　　　　B. 江苏宜兴　　　　　C. 江西景德镇　　　　D. 浙江龙泉

E. 福建德化

3. 以下石雕原料不属于中国三大佳石的有（　　　）。

A. 四川广元百花石　　　　　　　　B. 福建寿山田黄石

C. 浙江青田冻石　　　　　　　　　D. 浙江昌化鸡血石

E. 湖南菊花石

4. 下列哪些属于淄博陶器的特色陶瓷有（　　　）。

A. 雨点釉　　　　　　B. 茶叶末釉　　　　　C. 青瓷釉　　　　　　D. 粉彩釉

E. 白胎釉

5. 浙江三雕是指（　　　）。

A. 东阳木雕　　　　B. 寿山石雕　　　　　C. 乐清黄杨木雕　　　D. 青田石雕

E. 潮州木雕

6. 天下神品、真正的中国民族艺术、中国白瓷分别是指（　　　）。

A. 宜兴紫砂陶　　　B. 福建脱胎漆器　　　C. 景德镇白瓷　　　D. 德化白瓷

E. 龙泉青瓷

7. 下列属于丝织品的有（　　　）。

A. 云锦　　　　　　B. 壮锦　　　　　　C. 缂丝　　　　　D. 宋锦

E. 苏绣

8. 下列不属于"中国工艺美术三长"的有（　　　）。

A. 福建脱胎漆器　　B. 湖南长沙湘绣　　C. 北京雕漆　　　D. 江西景德镇瓷器

E. 四川绵竹年画

9. 下列关于中国三大佳石的描述正确的有（　　　）。

A. 昌化鸡血石因色彩艳丽，光泽晶莹，被誉为"印石之王"

B. 寿山石因产于福建省福州市寿山村而得名

C. 寿山石中最名贵的是田黄石，有"一两田黄一两金"之说

D. 青田石雕分彩石、冻石、纹石三大类，以彩石最为名贵

E. 昌化鸡血石硬度高，不宜制作印章

10. 陶器与瓷器在制造工艺上最大的区别有（　　　）。

A. 陶器无釉，瓷器上釉

B. 陶器烧制温度在 700~800 摄氏度，瓷器烧制温度在 1 200 摄氏度

C. 陶器多作为摆设工艺品，瓷器多作为生活日用品

D. 陶器用黏土造型，瓷器用高岭土造型

E. 陶器无彩绘，瓷器有彩绘

11. 中国三大木版年画产地有（　　　）。

A. 天津杨柳青　　　B. 江苏桃花坞　　　C. 四川绵竹　　　D. 山东潍坊杨家埠

E. 浙江金华

12. 中国四大石雕有（　　　）。

A. 福建寿山石雕　　B. 浙江青田石雕　　C. 湖南菊花石雕　　D. 昌化鸡血石雕

E. 山东嘉祥石雕

13. 属于中国玉雕主要产地的有（　　　）。

A. 北京　　　　　　B. 上海　　　　　　C. 江苏　　　　　D. 广州

E. 天津

14. 在中国刺绣中，其代表性绣品描述正确的有（　　　）。

A. 湘绣有"超级绣品"之称，以绣狮、虎为代表

B. 苏绣主要有高级艺术绣屏，代表作为《芙蓉鲤鱼》

C. 蜀绣作品以仿古代绘画为主要题材，有"画绣"之称

D. 粤绣中的"百鸟朝凤""龙凤""博古"是最具特色的题材

E. 湘绣汲取了苏绣和粤绣的精华，被誉为"东方明珠"

15. 下列关于中国古代文房四宝的说法正确的有（　　　）。

A. 宣纸中的生宣适于作工笔画，熟宣适于作写意画

B. 湖笔被誉为"毛颖之冠"

C. 徽墨有"落纸如漆，万载存真"之誉

D. 歙砚为四大名砚之首

E. 宣纸最早产于汉代，它的原料是紫檀皮

延伸阅读　→

1. 景德镇瓷器。

2. 中国四大名绣。

3. 中国著名玉雕。

4. 文房四宝。

5. 天津杨柳青年画。

6. 苏州桃花坞年画。

7. 中国剪纸。

8. 中国锡器。

第八章

中国旅游诗词、楹联、题刻、游记

学习目标 →

节标题	学习要点
中国诗词格律常识	中国诗词格律分类及特点（掌握） 中国诗词格律四要素（熟悉） 中国词牌来源（掌握）
中国楹联常识	中国楹联分类及特点（了解） 中国楹联六要素（掌握） 中国楹联的艺术特征（熟悉）
中国题刻常识	中国题刻的价值（掌握）
中国游记常识	中国经典游记（熟悉）
旅游诗词、名联、游记选读	旅游诗词、名联、游记选读（了解）

导游应考提示 →

1. 考生需掌握中国格律诗的分类，尤其是不同格律诗的格式；学会赏析旅游诗词名篇中格律诗的特点。

2. 关于旅游景点中的题刻考试易出现在多项选择题中。考生应掌握常用词牌名的来源、楹联的六要素等。

3. 游记篇幅较长，文体多文言文，只需熟悉一些经典名句即可，但考生应熟悉作者及作者所处的时代。

4. 导游资格考试大纲未列旅游诗词、楹联、题刻和游记的具体篇目，考生应选取与全国知名景点相关的诗词、楹联、题刻和游记名篇学习。

5. 书中出现的时间、数量、方位等内容需熟记，这些内容是命题人经常考查考生记忆和知识熟练程度的命题单位。

6. 本章内容与第一章"旅游和旅游业"、第二章"中国历史文化"、第三章"中国民族民俗"、第四章"中国古代建筑"、第五章"中国古典园林"相关联，考生学习时应前后对应，融会贯通，掌握相关内容。

第一节　中国诗词格律常识

思维导图

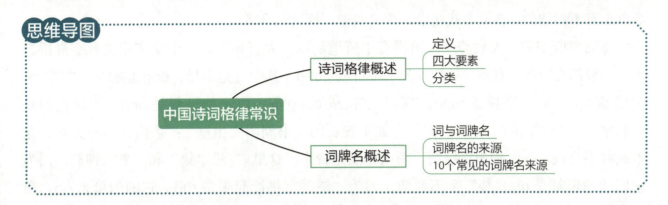

诗词格律是中国古典诗词形式美与内容美的高度集合。在形式上，比较注重声韵之美与对仗之美，由此产生了诗词格律的规范要求。诗词格律涉及中国文体学、音韵学、词学、音乐学等多方面的学科，是中国古人对形式美高度关注后的产物。

一、诗词格律概述

诗词是一种抒写心灵的文学艺术，中国传统诗歌以近体诗和格律词为代表，诗更适合"言志"，词更适合"抒情"，诗人、词人多借其抒写心灵。在创作诗词之时，诗人、词人需要凭借成熟的艺术技巧，严格按照韵律要求，用凝练的语言、绵密的章法、充沛的情感以及丰富的意象来高度集中地表现社会生活和人们的精神世界。《诗经》是中国最早的诗歌总集，随后又出现《离骚》《乐府诗集》《木兰诗》等名篇大作。诗词虽不是当今社会的主流文化，但其在人们心中仍是不可磨灭的经典。

1. 定义

诗词之所以成为诗词，而不是散文，就在于它们在文字形式上有种种不同于散文的规则，而这些规则就叫作格律。格律是古典诗歌形式要求的总称。"格"就是格式，包括某一诗体的句数、每句的字数、节奏、某些句子的格式（句式）、对仗（类似修辞的"对偶"）等；"律"就是音律，包括每句各字的平仄（声调高低）、某句的押韵、用韵的要求等。格律是诗词的表现形式之一，它有很多讲究，如韵脚、对仗、变格等。它们都是学习诗词格律应掌握的基础知识。

2. 四大要素

1）韵

韵是诗词格律的基本要素之一。诗人在诗词中用韵的行为，叫作押韵。诗词中所谓的韵，大致等于现代汉语中的韵母。所谓押韵，是指把同韵部的两个或更多的字放到同一位置上，一般都放在句尾，所以又叫韵脚。从《诗经》到后代的诗词，差不多没有不押韵的。民歌也没有不押韵的。在北方戏曲中，韵又叫辙，押韵叫合辙。

诗词中所谓韵，大致等于汉语拼音中所谓韵母。大家知道，一个汉字用拼音字母拼起来，一般都有声母，有韵母。如"公"字拼成 gōng，其中 g 是声母，ōng 是韵母。"东"字拼成 dōng，"同"字拼成 tóng，"聪"字拼成 cōng 等，由于韵母都是 ong，因此它们是同韵字。凡是同韵的字都可以押韵。如王安石的《书湖阴先生壁》：茅檐常扫净无苔，花木成畦手自栽。一水护田将绿绕，两山排闼送青来。这里"苔""栽"和"来"押韵，因为它们的韵母都是 ai。"绕"字不押韵，因为"绕"字拼读起来是 rào，它的韵母是 ao。跟"苔""栽""来"不是同韵字。依照诗律，这样的四句诗中的第三句是不押韵的。

小知识

押韵的规则

押韵是为了声韵的谐和，为了使诗词读起来朗朗上口，押韵要遵循以下规则：①偶句押韵；②只押平声韵；③一韵到底，中间不能换韵；④忌重韵；⑤避免同义字相押；⑥避免出韵。

2）四声

四声，指汉语的四种声调。现代汉语（普通话）是指阴平（第一声）、阳平（第二声）、上声（第三声）和去声（第四声）四个声调。古代汉语中的四声则是指平声、上声、去声、入声，二者关系如下：

（1）平声。后代演化成阴平和阳平。

（2）上声。后代有一部分演化成去声。

（3）去声。后代绝大部分仍然是去声。

（4）入声。在普通话里完全消失，分别并入阴平、阳平、上声、去声。

四声和韵的关系是很密切的。在韵书中，不同声调的字不能算是同韵。在诗词中，不同声调的字一般不能押韵。什么字归什么声调，在韵书中是很清楚的。我们特别应该注意的是一字两读的情况。有时候，一个字有两种意义（往往词性也不同），同时也有两种读音。例如"为"字，用作动词的时候解为"做"，就读平声（阳平）；用作介词的时候解为"因为""为了"，就读去声。在古代汉语里，这种情况出现得更多，如"骑"，平声，动词，骑马；去声，名词，骑兵。

辨别四声是辨别平仄的基础，接下来将讨论平仄的问题。

3）平仄

了解了什么是四声，平仄就好懂了。平仄是诗词格律中的一个术语：诗人把四声分为平仄两大类，平就是平声，仄就是上、去、入三声。仄，按字义解释，就是不平的意思。

可以凭借什么来分平仄两大类呢？因为平声是没有升降的，较长的，而其他三声是有升降的（入声也可能是微升或微降），较短的，这样，它们就形成了两大类型。如果让这两类声调在诗词中交错着，那就能使声调多样化，而不至于单调。古人所谓"声调铿锵"，虽然有许多讲究，但是平仄谐和也是其中的一个重要因素。总之，四声和平仄联系紧密，要辨别平仄就要先分清楚四声。

小知识

平仄谐和

平仄在诗词中的交错可以概括为两句话：①平仄在本句中是交替的；②平仄在对句中是对立的，如毛泽东《长征》诗的第五、第六两句：

> 金沙水拍云崖暖，（平平｜仄仄｜平平｜仄）
> 大渡桥横铁索寒。（仄仄｜平平｜仄仄｜平）

4）对仗

诗词中的对偶叫作对仗。古代的仪仗队是两两相对的，这是"对仗"这个术语的来历。对偶又是什么呢？对偶就是把同类的概念或对立的概念并列起来，如"抗美援朝"，"抗美"与"援朝"形成对偶。对偶可以句中自对，又可以两句相对。如"抗美援朝"是句中自对，"抗美援朝，保家卫国"是两句相对。一般来讲，对偶是指两句相对。上句叫出句，下句叫对句。

对偶的一般规则，是名词对名词，动词对动词，形容词对形容词，副词对副词。对偶是一种修辞手段，它的作用是形成整齐的美。对偶既然是修辞手段，那么散文与诗都用得到它。例如《诗经·小雅·采薇》有云："昔我往矣，杨柳依依；今我来思，雨雪霏霏。"这一对仗是适应修辞的需要的。律诗中的对仗还有它的规则，而不是像《诗经》那样随便的。这个规则是：①出句和对句的平仄是相对立的；②出句的字和对句的字不能重复。

对联（对子）是从律诗演化出来的，所以也要适合上述的两个标准。例如，毛泽东在《改造我们的学习》中所举的一副对联：

> 墙上芦苇，头重脚轻根底浅；（仄仄｜平平，仄仄｜平平平｜仄仄）
> 山间竹笋，嘴尖破厚腹中空。（平平｜仄仄，平平｜仄仄仄｜平平）

这里上联（出句）的字和下联（对句）的字不相重复，而它们的平仄则是相对立的。这样句中自对而又两句相对，更显得特别工整了。不难发现，对仗与平仄也是密切联系的，诗词格律的四大要素韵、四声、平仄、对仗便是相互联系、相互影响。

3. 分类

关于诗的种类划分，可谓众说纷纭。清代学者蘅塘退士所编《唐诗三百首》中将诗分为古诗、律诗、绝句三类，其中均附有乐府一类，又各分为五言、七言。清代学者沈德潜所编的《唐诗别裁》的分类稍有不同：他不把乐府独立起来，但是增加了五言长律一类。宋代郭知达所编的《杜甫诗集》就只简单地分为古诗和近体诗两类，这是一种常见的划分方法。这里按一种常见的划分方法将诗直接分为近体诗和古体诗两大类。

1）古体诗

古体诗是依照古代的诗体来写的。古体诗是一种与近体诗相对而言的诗体。在近体诗形成以前，除楚辞外，其余各种诗歌体裁都称为古诗，但不可称为"古风"，只有"歌""行""吟"三种体裁的诗歌可以称为"古风"。在唐代人眼中，从《诗经》到南北朝庾信所著的《庾子山集·哀江南赋》，这期间出现的诗歌都算古体诗。这只是一个时间的划分，而没有一个固定的标准。何谓古体诗，可以说，凡不受近体诗格律束缚的诗，都属于古体诗。

古体诗格律自由，不拘对仗、平仄，押韵较宽，且篇幅长短不限。从诗句的字数看，可将古体诗分为四言诗、五言诗、七言诗和杂言诗。四言是四个字一句，五言是五个字一句，七言是七个字一句。五言古体诗简称五古；七言古体诗简称七古；三五七言兼用者，一般也算七古。唐代以后，四言诗很少出现。杂言诗是古体诗独有的诗歌形式，其诗句长短不齐，有一字到十字以上不等，一般为三、四、五、七言相杂，而以七言为主，故人们习惯将杂言诗归入七古一类。

2）近体诗

唐代以后，按照格律写出来的诗歌都被称为近体诗，又称今体诗或格律诗。近体诗与古体诗不同，它讲究平仄、对仗和押韵，而"近体"之名正是为了与古体诗相区分而立。近体诗以律诗为代表，律诗的意思就是依照一定的格律来写成的诗，由于格律严谨，故称为律诗。律诗的韵、平仄、对仗等，虽有许多讲究，但主要具有以下四个特点：①每首限定八句，五律共四十字，七律共五十六字；②只能押平声韵；③每句的平仄都有相关规定；④每篇必须有对仗，对仗的位置也有相应规定。

乐府产生于汉代，本来是配音乐的，所以称为"乐府"或"乐府诗"。这种乐府诗称为"曲""辞""歌""行"等。到了唐代以后，文人摹拟这种诗体而写成的古体诗，也叫"乐府"，但是已经不再配音乐了。在乐府衰微之后、词产生之前的一个过渡时期，配新乐曲的歌辞即采用近体诗。如王维的《渭城曲》、李白的《清平调》，都是近体诗的形式。近体诗以律诗为代表，律诗的韵、平仄、对仗，都有许多讲究。

近体诗包括绝句、律诗和排律三种。以律诗的格律为基准，其中绝句的格律是半首律诗，而排律则是律诗的延长。排律又称长律，全诗十句及以上，通常是五言的，也有七言的。这种长律除尾联（或除了首尾两联）外，一律用对仗，所以又叫排律。有些排律往往在题目上标明韵数，如杜甫的《风疾舟中伏枕书怀三十六韵》，就是三百六十字；白居易的《代书诗一百韵寄微之》，就是一千字。绝句只有四句，比律诗的字数少一半。五言绝句只有二十字，七言绝句只有二十八字。绝句实际上可以分为古绝、律绝两类。古绝可以用仄韵。即使是押平韵的，也不受近体诗平仄规则的束缚。这可以归入古体诗一类。律绝不但押平声韵，而且依照近体诗的平仄规则，在形式上它们就等于半首律诗。这可以归入近体诗。

总括起来说：一般所谓古风属于古体诗，而律诗（包括长律）则属于近体诗。乐府和绝句，有些属于古体，有些属于近体。

五言诗、七言诗

从字数上看，诗可以分为四言诗、五言诗、七言诗，还有很少见的六言诗。唐代以后，四言诗很少见了，所以一般只分为五言诗、七言诗两类。

1. 五言诗

五言诗就是五个字一句。五言古诗简称五古；五言律诗简称五律；五言绝句简称五绝。

2. 七言诗

七言诗就是七个字一句。七言古诗简称七古；七言律诗简称七律；七言绝句简称七绝。

课堂讨论

1. 试论诗体的流变。

2. 近体诗的分类与句式特点。

二、词牌名概述

词最初是伴曲而唱的，曲子都有一定的旋律、节奏。这些旋律、节奏的总和就是词调。词与调之间，或按词制调，或依调填词，曲调即称为词牌，其通常根据词的内容而定。宋后，词经过不断的发展产生变化，主要是根据曲调来填词，词牌与词的内容并不相关。当词完全脱离曲之后，词牌便仅作为文字、音韵结构的一种定式。词牌是一首词词调的名称，例如《沁园春·雪》这首词，"沁园春"是词牌，"雪"是词的标题。《卜算子·咏梅》这首词，"卜算子"是词牌名，"咏梅"是词的标题。

1. 词与词牌名

词源于隋，成于唐，盛于宋。词最初称为"曲词"或"曲子词"，是配合音乐演唱的。词和乐府诗属于同一类的文学体裁，同样是配乐演唱，也同样来自民间。后来词也跟乐府一样逐渐与音乐分离，且深受律诗的影响，成为诗的别体，所以有人把词称为"诗余"。文人的词深受律诗的影响，所以词中的律句特别多。词与诗有相似处，却也大异其趣。在一片灿烂辉煌的诗的百花园中，词并不鲜艳，但它毫不气馁，上承于诗，下沿于曲，虽晚于诗出现近一千年，却积极吸取各种养分，至宋代终于成为可以与诗分庭抗礼的一朵奇葩，和诗同为中国重要的文学体裁，在中国文学史上有着极其重要的作用。

词牌，就是词的格式的名称。词的格式和律诗的格式不同：律诗只有四种格式，而词则总共有一千多种格式（这些格式称为词谱）。词，又称长短句。为了便于记忆和使用，人们给它们起了一些名字，这些名字就是词牌。有时候，几个格式合用一个词牌，因为它们是同一个格式的若干变体；有时，同一个格式有几种名称，只是因为各家叫法不同罢了。

2. 词牌名的来源

词牌名各式各样、种类繁多。关于词牌的由来，有下面三种情况：

1）本来是乐曲的名字

现代人所谓的"诗""词"都是古时人们的歌曲，每一种词牌都代表一支曲子，一般的词人只负责"填词"就行了。乐曲名字的来历，如《菩萨蛮》，据说是由于唐代大中初年，女蛮国进贡到唐朝的女子梳着高髻，戴着金冠，满身璎珞，像菩萨，《菩萨蛮》因此得名，当时教坊因此谱成《菩萨蛮》曲。据说唐玄宗爱唱《菩萨蛮》词，可见是当时风行一时的曲子。《西江月》《卜算子》《风入松》《蝶恋花》等，都是属于这一类来自民间的曲调。

2）摘取词中字为词牌

如《忆秦娥》，因为依照这个格式写出的最初一首词开头两句是"箫声咽，秦娥梦断秦楼月"，所以词牌就叫《忆秦娥》，又叫《秦楼月》。《忆江南》本名《望江南》，又名《谢秋娘》，但因白居易有一首咏"江南好"的词，最后一句是"能不忆江南"，所以词牌又叫《忆江南》。《念奴娇》又叫《大江东去》，这是由于苏轼有一首《念奴娇》，第一句是"大江东去"，又叫《酹江月》，因为苏轼这首词最后三个字是"酹江月"。

3）本来就是词的题目

《踏歌词》咏的是舞蹈，《舞马词》咏的是舞马，《浪淘沙》咏的是浪淘沙，《抛球乐》咏的是抛绣球。这种情况是最普遍的。凡是词牌下面注明"本意"的，即词牌同时也是词题，不另有题目了。绝大多数词都不是用"本意"的，因此，词牌之外还有词题。一般是在词牌下面用较小的字注出词题。在这种情况下，词题和词牌不发生任何关系。一首《浪淘沙》可以完全不讲到浪，也不讲到沙；一首《忆江南》也可以完全不讲到江南。这样，词牌只不过是词谱的代号罢了，如《菩萨蛮》不代表什么，只是词谱的代号而已。

为了方便填词，人们常把词牌收录成册。古代著名的词谱有钦定词谱、白香词谱、诗韵新编等。有了这些词谱，大大提高了人们的填词效率。

3. 10 个常见的词牌名来源

1）《望江南》

《望江南》本名《谢秋娘》，李德裕为亡妓谢秋娘所作。因白居易词中有"能不忆江南"，而改名《忆江南》，又名《梦江南》《望江南》《江南好》等。

2）《卜算子》

《卜算子》又名《百尺楼》《眉峰碧》《楚天遥》等。相传是借用唐代诗人骆宾王的绰号。骆宾王写诗好用数字取名，人称"卜算子"。

3）《沁园春》

沁园本为汉代沁水公主园林，唐代诗人用以代称公主园。

4）《浪淘沙》

《浪淘沙》，唐代教坊曲名，又名《浪淘沙令》《过龙门》《卖花声》。此词最早创于唐代刘禹锡和白居易。

5）《渔歌子》

《渔歌子》又名《渔父》，唐教坊曲名，词调由张志和创制。

6）《念奴娇》

念奴是唐朝天宝年间的著名歌妓，因念奴音色绝妙，后人用其名为词调。

7）《菩萨蛮》

《菩萨蛮》原为唐教坊曲，唐代苏鹗《杜阳杂编》载：大中初，女蛮国入贡，危髻金冠，璎珞被体，号菩萨蛮队。当时倡优遂制《菩萨蛮曲》，文士亦往往声其词。

8）《如梦令》

《如梦令》相传为后唐庄宗自制曲，因曲中有"如梦，如梦，残月落花烟重"一句而得名。

9）《蝶恋花》

《蝶恋花》原为唐教坊曲名，取自诗句"翻阶蛱蝶恋花情"，又名《鹊踏枝》《凤栖梧》。

10）《雨霖铃》

《雨霖铃》又作《雨淋铃》，唐教坊曲名，后用于词牌。相传唐玄宗因安史之乱逃入蜀地，进斜谷，霖雨连下十数天，在栈道中闻见铃声，思念起杨贵妃，便制曲一阙，名为《雨霖铃》。

第二节　中国楹联常识

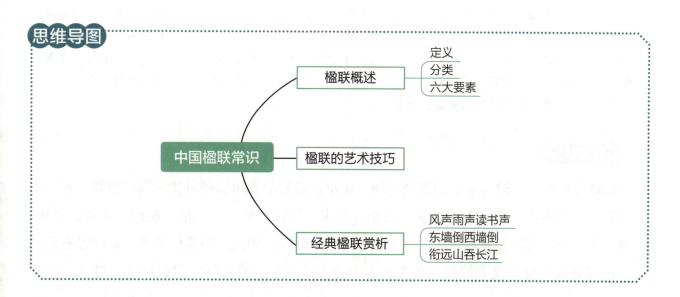

思维导图

中国楹联常识
- 楹联概述
  - 定义
  - 分类
  - 六大要素
- 楹联的艺术技巧
- 经典楹联赏析
  - 风声雨声读书声
  - 东墙倒西墙倒
  - 衔远山吞长江

就精神文化方面来说，一个国家和民族首先创造的是国家和民族的文化，但同时又是在特定的国际关系和世界文化背景下孕育产生的带有世界性意义的文化。中国的楹联就是这样的存在，且中国有大量的经典楹联流传。

一、楹联概述

楹联是中华民族的文化特产之一，构成了中国人民一千多年来文化生活的一个重要侧面，并反过来对人们的生活、思想、感情和文化心理素质产生了广泛的影响。因此，发掘和整理楹联遗产，研究和阐述楹联史和楹联学的理论，既是历史给我们规定的任务，又是现实的社会主义精神文明建设对我们提出的要求。

1. 定义

楹联，俗称对联、对子，又称楹帖、联语、联句，还有偶语、俪辞、联语、门对等通称，是中国汉民族独创的一种文学样式，是书写或勒刻于门壁、楹柱和其他器物上的，用上下两联形式相对、内容相关的语句连缀而成的一种汉语言艺术和装饰艺术，是社会生活的高度凝练和艺术化的反映。由于联语通常题写于楹柱上，因此有"楹联"之称。后来楹联则常用来泛称整个对联，以"对联"称之，则开始于明代。

楹联是由相互对仗的两部分文字所组成的。前一部分称为"上联"，又叫"出句""对头""对公"；后一部分称为"下联"，又叫"对句""对尾""对母"。其基本特性是既"对"又"联"。所谓"对"，即指形式上成双成对，上、下联之间的字数相等，词性相同，句式相似，平仄相拗。对仗愈是工整，就愈具艺术美。所谓"联"，是指上、下两联的思想内容要紧密联系，相互照应，或相联、或相关、或相对、或相反地熔铸成一个完整的意境，表达一个完整的思想。

小知识

孟昶与桃符上的对联

作为一种独特的实用文学样式，楹联是由律诗对偶句和门神桃符板合一而创造出来的。作为诞生的具体标志，较长时期以来，人们认为是后蜀末年蜀帝孟昶的题桃符联句："新年纳余庆，嘉节号长春。"据《宋史·蜀世家》和《宋史·五行志》记载：孟昶当政期间（公元934—965年），"每岁除，命学士为词，题桃符，置寝门左右"。这个资料说明，后蜀年间，在桃符上题写对联并挂之于宫门上，已成定规。其间所作的对联当为数不少。

2. 分类

楹联分类是一个较为复杂的理论问题。梁章钜是最早提出楹联分类问题的楹联专家，他把楹联划分为十类，即故事、应制、庙祀、廨宇、胜迹、格言、佳话、挽词、集句、杂缀。这种分法十分朴实但又非常笼统，并无统一的维系标准，因此，科学性不强。总结已有的经验，根据楹联本身的复杂情况，可在内容上分为节令联、喜庆联、哀挽联、名胜联、行业联、题赠联、学术联、趣巧联等，在创作方式上可分为创作联、改制联、集引联、征募联等，在联文长短上可分为超短联、短联、中联、长联和超长联，在修辞技巧上可分为对偶联、修辞联和技巧联三类，其中按用途分类是最常见的方法。楹联按用途分又可以分为通用联和专用联，通用联——如春联；专用联——如茶联、寿联、婚联、喜联、挽联、行业联、座右铭联、赠联、题答联等。

（1）春联：新年专用之门联。如杨柳吐翠九州绿；桃杏争春五月红。

（2）贺联：寿诞、婚嫁、乔迁、生子、开业等喜庆时用。如：一对红心向四化，两双巧手绘新图。（喜联）福如东海，寿比南山。（寿联）

（3）挽联：哀悼死者用。如著作有千秋，此去震惊世界；精神昭百世，再来造福人群。

（4）赠联：颂扬或劝勉他人用。如风声、雨声、读书声，声声入耳；家事、国事、天下事，事事关心。

（5）自勉联：自我勉励之用。如有关家国书常读，无益身心事莫为。

（6）行业联：不同行业贴于大门或店内之用。如欲知千古事，须读五车书。（书店）虽是毫发生意，却是顶上功夫。（理发店）欢迎春夏秋冬客，款待东西南北人。（旅店）

（7）言志联：道出志向之用。如宁作赵氏鬼，不为他邦臣。

（8）名胜古迹联：镌刻于名山胜水、风景绮丽之地，或历史遗迹、名人纪念地。如万山拜其下，孤云卧此中。

（9）婚联：为庆贺结婚之喜而用。如喜迎亲朋贵客，辛接伉俪佳人。

（10）寿联：为过寿的人祝寿专用。如筹添沧海日，嵩祝老人星。

（11）装饰联：用以装饰和美化室内环境。如板凳要坐十年冷，文章不写一句空。

（12）课联：旧式学堂专门用以对学生进行语言、文学和思想训练的一种对课作业，塾师出句，学生对句。如独角兽，比目鱼。

（13）游戏联：日常交往中用以娱乐、逗趣的一种口头征答式对联。如太极两仪生四象，春宵一刻值千金。

3.六大要素

对联的六大要素是字数相等，内容相关，词性相当，平仄相谐，结构相称，节奏相应。其中所规定的内容统称为对联规则。其中，"字数相等""内容相关""结构相称"和"节奏相应"是基本要素，"词性相当"是语法要素，"平仄相谐"是声律要素。

1）字数相等

"字数相等"要素的主要含义：上下联每个分句的字数相等；上联总字数和下联总字数相等。通常还指"上下联相对应的词组字数相等"。例：

上联：春来眼际，

下联：喜上眉梢。

相对应的字、词字数相等。

2）内容相关

对联上下联内容应有关联。应把一副对联看作一篇文章，要有主题和中心思想，不能上下联各说一件不相关的事物。如"春来眼际，喜上眉梢"两句话共同表达春天到来的喜悦心情。如下面病例：

> 春来眼际，
>
> 悲上心头。

两句话表达的意义相隔甚远，不能算对联。

3）词性相当

"词性相当"是对联的语法要素，其含义是：上下联相对应的每个词的词性应属同一类别。即名词对名词，动词对动词，等等。

例：   病例1：

春来眼际，   春来眼际，（名词/动词/名词）或（名词/动词/名词/名词）

喜上眉梢。（名词/动词/名词） 风光无限。（名词/形容词）或（名词/名词/副词/名词）

4）平仄相谐

"平仄"的概念："平"指普通话阴平、阳平，即第一、第二声，如"妈、麻"，在对联中称为"平声字"；"仄"指普通话上声、去声，即第三、第四声，如"马、骂"，在对联中称为"仄声字"。"平仄相谐"就是声调和谐，读起来琅琅上口，有音韵感。除了上下联单边的和谐外，还包括上下联的相互协调。对联不像格律诗那样要求尾字押韵，但要求上联联脚是仄声，下联联脚是平声。"联脚上仄下平"是对联声律最基本的规则。例：

> 春来眼际，（平平 / 仄仄）
>
> 喜上眉梢。（仄仄 / 平平）

上联联脚"际"普通话读去声，在对联中归入仄声字，下联联脚"梢"读阴平，归入平声字。"际"和"梢"就符合"联脚上仄下平"的声律规则。

5）结构相称

所谓结构相称，指上下联语句的语法结构应当尽可能相同，也就是主谓结构对主谓结构、动宾结构对动宾结构、偏正结构对偏正结构、并列结构对并列结构，等等。

6）节奏相应

节奏相应就是上下联停顿的地方必须一致，可根据语感来判断，或者根据出对者加的标点符号来判断。

二、楹联的艺术技巧

楹联的艺术技巧是指在使用语言的过程中，利用多种语言手段（遣词和组句）以收到尽可能好的表达效果的一种语言活动。也就是有效地运用各修辞手法，以达到更准确的表达自我感情的目的。包括它表述意义的准确性、可理解性和感染力。

（1）嵌字——把某些自成系统的字分别嵌入相关的成分里，使对联意中有意。例：

季子敢言高，仕未在朝，隐未在山，与吾意见偏相左；

藩臣独误国，进不敢攻，退不能守，问他经济有何曾？

这副对联乃曾国藩与左宗棠戏作，上联含左宗棠（字季高），下联含曾国藩。

（2）谐音——利用同音字，使一语双关。例：

第二层意思是：

莲子心中苦，　　　　　　怜子心中苦，

梨儿腹内酸。　　　　　　离儿腹内酸。

（3）切意——使内容与特定的事物或特别的规定相切合。例：

有客如擒虎，

无钱请退之。

这副对联是宋时一客人某年除夕为京口韩香所作。擒虎，是指隋朝大将韩擒虎；退之，是指唐代文学家韩愈（字退之）。上下联均切韩姓。

（4）回文——对联的上下两句，首尾循环或单联的首尾循环。例：

情亲由得意，

得意由情亲。

（5）两兼——让一个字既属前词，又可同后面的字直接组词连讲。例：

李东阳气暖，

柳下惠风和。

这副对联中，"李东阳"是人名，用他的"阳"字同后面的"气"组成"阳气"（春光），则他的上联的意思是：李树东边春光暖。"柳下惠"也是人名，用他的"惠"字同后面的"风"字组成"惠风"（和风），下联的意思就变成了柳树下面微风和。

（6）拆拼——把字拆开，重新组合。例：

才门闭卡，上下网友恼版主；

欠食饮泉，白水大虾爱金庸。

上联中"才"和"门"字合在一起组成"闭"字，而"卡"字分开又成"上""下"二字；下联中"欠"和"食"字合在一起组成"饮"，"泉"字分开成"白"和"水"。

（7）顶针——让前一句末尾一字去做后一句的开头。例：

天心阁，阁飞鸽，鸽飞阁未飞；

水陆洲，洲停舟，舟流洲不流。

这副对联中的"阁""鸽""洲""舟"就是顶针式的迭用。

（8）串组——把一些本来没有联系的事物串起来，表示一定的意思。例：

金钱吊灯笼，老照四方八角；

玉带缠如意，连升一步三台。

这副对联是由长沙古老的街道名和地名金钱街、灯笼街、老照壁、四方塘、八角亭、玉带街、如意街、连升街、一步两搭桥和凤凰台等串联而成的。

（9）阙如——把个别字空起来，使主要意思寓于联外。例：

人称新郎新娘，原本是旧相思一对；

你吃喜糖喜酒，能不有 ＿＿ 风味几番？

这是一副婚联，结婚时前来喝喜酒的人，自然都会感到几番风味，但是，由于各人的情况不一样，感受可能也不一致，如果说得太具体了，反而不好。于是，干脆把联中有关的字空起来，让大家自己去体会。谁觉得是什么风味，就在空处填什么，若填不上来，则说明这种风味是难以表达的。

（10）同异（又称转品或趣读）——利用同形字组合成联，通过异读来区别。例：

长长长长长长长，

行行行行行行行。

这副对联据说是过去写在一个大商人家门上的，乍看不知何意，但如读作"常涨常涨常常涨；航行航行航航行"，就可转出"货利长年有增，商行个个通达"之意。

（11）用典——借历史典故或有出处的词语来说明问题。例：

观瞻气象耀民魂，喜今朝祠宇重开，老柏千年抬望眼；

收拾山河酬壮志，看此日神州奋起，新程万里驾长车。

这是赵朴初先生为岳飞庙题的对联，用了五典。"老柏"指岳飞墓前精忠柏，传为岳飞忠魂所化。"抬望眼""收拾山河""壮志""驾长车"都出自岳飞的《满江红》。《文心雕龙——丽辞》说"言对为易，事对为难"，就是指用典。

（12）反复——有层次地反复描写一事一物或强调某个论点，包括意思的反复和用字的反复。它是从不同的角度、用不同的材料反复说明观点，因此不同于一般的重复。例：

蔺相如，司马相如，名相如，实不相如；

魏无忌，长孙无忌，人无忌，我亦无忌。

可以看出，凡是上联出现反复、叠字的地方，下联也必须在相应的地方对应；否则，就要失对。

（13）互文（或称映衬）——联中前后两句话，只有互相渗在一起，才能正确理解。例：

生为国家，死为人民，耿耿忠心昭日月；

功同山岳，德同湖海，洋洋正气结丰碑。

这副对联是挽周恩来总理的。上联"生为国家，死为人民"不能机械地理解为生就为国家，死就为人民，而应理解为生死都为国家为人民，下联同样如此。互文可使语句错综而精练。

（14）谜语歇后语——两句都用谜语或歇后语组成。例：

> 强盗画喜容，贼形难看；
>
> 阎王出告示，鬼话连篇。

（15）隐喻——一语双关。例如苏小妹新婚之夜难夫联：

> 闭门推出窗前月，
>
> 投石冲开水底天。

既有诗情画意，又语带双关。上联说：你要对不出下联就在外面看月亮吧，下联答道：我已经对出来，可以进来了。

（16）藏头——将对联的第一个字或最后一个字隐藏起来，间接地表达意思。例：

> 一二三四五六七，
>
> 孝悌忠信礼义廉。

这副对联是过去骂汉奸的，意思是"王（忘）八无耻"。

（17）比喻——过去曾有人写了一联讽刺大堂六部：

> 刑户吏礼工兵，大堂六部；
>
> 马牛羊鸡犬豕，小畜一家。

（18）其他。楹联千变万化，花样繁多，除上面介绍的几种外，还有同韵叠字、同偏旁部首叠字、翻新、夸张，等等。就艺术风格来讲，更有庄严、诙谐、警策、趣味，等等，需要慢慢体会。

> **课堂讨论**
>
> 1. 试分析"对"与"联"的关系。
> 2. 试论述楹联与律诗的关系。

三、经典楹联赏析

1. 风声雨声读书声

> 风声雨声读书声声声入耳，
>
> 家事国事天下事事事关心。

此联为明东林党领袖顾宪成所撰（《名联谈趣》第 275 页）。顾在无锡创办东林书院，讲学之余，往往评议朝政。后来，人们用以提倡"读书不忘救国"，至今仍有积极意义。上联将读书声和风雨声融为一体，既有诗意，又有深意。下联有齐家治国平天下的雄心壮志。风对雨，家对国，耳对心，极其工整，特别是连用叠字，如闻书声琅琅。

2. 东墙倒西墙倒

> 东墙倒西墙倒窥见室家之好，
>
> 前巷深后巷深不闻车马之音。

朱熹赠漳州某士子联（《楹联丛话》卷一）。朱熹是宋代理学家，但并不像人们想象得那样总是道貌岸然。此联很有人情味，很幽默。描绘了一个读书人，居住条件虽差，但家庭和睦，生活愉快；虽然没有人去拜访他，倒可以安心读书。上联写得有点夸张，但对比强烈。这是最早的用韵联。

3. 衔远山吞长江

> 衔远山吞长江其西南诸峰林壑尤美，
>
> 送夕阳迎素月当春夏之交草木际天。

这是伊秉绶所作扬州平山堂集句联。上联集范仲淹《岳阳楼记》和欧阳修《醉翁亭记》中句，下联集王禹偁《黄冈竹楼记》中句，浑然天成（《古今联话》第128页）。读一副好的名胜集句联，不仅可卧游胜地，而且可重温名著，一举两得，其乐无穷。

第三节　中国题刻常识

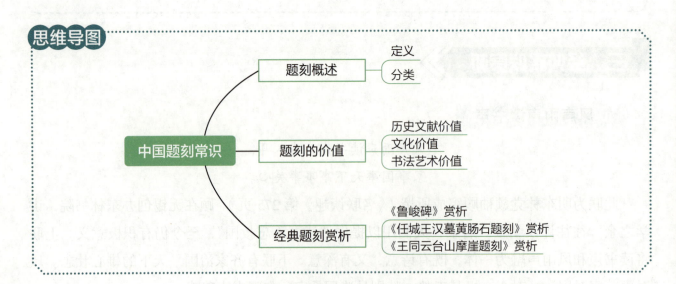

说到中国传统文化的诗词和楹联，那就不得不提中国的题刻。题刻常见于风景名胜地区，是旅游途中的一大亮点。题刻历史悠久、内容丰富，是宝贵的中国文化遗产。除此之外，题刻不仅将使文化风俗融入景点景观当中，还成为风景区内的一个重要景点。

一、题刻概述

历代名人寄情于山水风光，留下了大量的华章墨宝，并以摩崖石刻及碑刻记之，分布在中国的各大山水风景区。题刻常以文字呈现，少有图画，其形式多为摩崖石刻，且多数由名人大家所题刻，这些不仅仅是描画景观的诗词歌赋，还是中国书法精髓另一种形式的传承，更是传统石刻传统技艺的传承。其中，中国的白鹤梁题刻和泰山石刻尤为著名，且白鹤梁题刻已列入国家申报世界文化遗产预备名录。同时，题刻产生于不同年代、不同民族，无论是富于天然之意趣，还是体量巨大、气势恢弘，或为名家手笔，都为秀美的自然风景增添了深厚的人文内涵。

1.定义

题刻，具体是指一些文人或"好事者"，将自己或他人的作品题写在僧寺道观、旅舍屋堂、楼台厅阁、名山胜景等地方的墙壁、石壁、竹木上，并遗留下的一种景观。文人也就是有文学素养的那些诗人、作家等；而提到"好事者"，便引人发笑。现在不少旅游景点都可以看到一些堪称"手痒"的人留下的涂涂画画，如长城墙上就有"好事者"刻下"×××到此一游"。不管是"文人"还是"好事者"，他们的题刻反映了不同时代人们的素质，还体现出文化的变迁。

题刻一般具备三个要素：日期、内容、落款。历代题刻数量虽多，但经过千百年自然和人为的破坏，不少题刻已经无存，保存到近代以后且有拓片和照片记录的题刻数量也不多，有些题刻或多或少存在字少、残缺、模糊不清的情况。现在，人们对各处题刻以独特的视角加以审视，不能忽视的是题刻首先承载的是文化。书法是文化滋养下的艺术形式，在特定的历史时期，其不仅是文字功能的显现，还是传承文化的工具，文房四宝对书法来说是必不可少的重要因素。

2.分类

题刻作为一种文学体裁，是中国史上的一大文学特色，其主要功能在于铭功记事。按照文体类型划分，题刻以诗、铭、记为多，新近题刻中也有词作侧身其间。

1）诗

"诗"这一文体是题刻文学的主体部分，自古以来在各种题刻中未见有中断。诗歌题刻大概有三种类型：

（1）题刻者触景生情自作诗词。中国文人自古即有即兴赋诗的传统，一些著名的诗词，诸如湖南浯溪摩崖石刻中的宋代诗人陈统《经浯溪元次山归隐》，重庆大足石刻群中所题明代游和《赐进士重庆府通判豫章游和诗》以及陕西汉中石门石刻中的宋代诗人文同诗作《游石门诗》等，均赖以石刻而得其全。宋朝以来，文风渐盛，传统题咏酬唱之风逐渐蔓延，大量的地方官员及文人士子为中国留下了数量众多的优秀诗篇，其中仅题刻诗文就不在少数。

小知识

杜甫《黄草峡》即兴诗

黄草峡，是长江流经巴渝地区的一段重要峡谷，位于长寿与涪陵交界处，峡长2.5千米，两岸峭壁，江水如束，湍急汹涌，舟行艰危。杜甫在流寓中仍关注国事和民生疾苦，于永泰元年（765年）五月创作《黄草峡》一诗："黄草峡西船不归，赤甲山下行人稀。秦中驿使无消息，蜀道兵戈有是非。万里秋风吹锦水，谁家别泪湿罗衣。莫愁剑阁终堪据，闻道松州已被围。"这首诗是杜甫路过涪陵黄草峡忧蜀地兵乱之作，全诗寄情于景，表现出高超的叙事技巧。

（2）联句诗。据史料记载，联句诗最早可以追溯到汉武帝元封三年（前108年），武帝刘彻作柏梁台，召集两千石以上大臣，有能为七言诗者乃得上坐。于是君臣即兴赋诗，每人一句，共得二十六句，这首诗就是后人所谓的《柏梁诗》。《柏梁诗》之后，后世联句诗有每人一句，两句一韵的；有每人两句一韵的；有每人一句，每句为韵的；有每人四句两韵的；还有一人出上句，继者对成一联，再作出句，轮流相续，最后结篇的。联句诗多在诗人聚会时采用，多为乘兴之作，要求参加者思维敏捷，反应迅速，而且要符合众人议定的规则。这种形式的联诗句在题刻中也常见。

（3）转刻诗。此处所言的转刻诗专指转刻前人或同时期其他成名诗作而言。转刻诗词由来已久，据考现今闻名于世的先秦石鼓中所存前后连贯的十首古诗，大体即为转刻制作，无固定规则，全凭镌刻者个人喜好而为之，当然内容择取仍多以与镌刻地关联者为主（刘兴亮，2018年）。

2）铭

中国古代历史意识起源很早，先秦时期人们就十分重视前言往行，以史为鉴成为行政的准则与处世的智慧。铭体具有叙事功能，所述之事又有具体的历日可查，确凿可信。加上铭所涉及的人物均为当时杰出之贵族或卿大夫，故春秋时期一些铭传播很广。有的为当世之人屡次引用，作为论事析理之根据，或谈论之凭借；有的成为史官记录历史之材料来源，据以证史。刘勰《文心雕龙》云："敬慎如铭，而异乎规戒之域"（刘勰，1982年）。言铭之文风"敬慎"而有规戒之功，即指此。铭体文学相对于诗歌而言，所占比重并不是很大，所镌时代亦较晚。

3）记

"记"多以叙事为主，对客观物体加以描述并以此激起人们对相关问题的遥想，应是"记"类文体的基本功能之一。就内容来看，记之为文，有纪事之属；有讲论之属；有描摹之属。"记"的议论成分远超写景，所以文人墨客在旅游景点会作题刻，记录下游历之趣事或沿途挫折。

4）词

有关词类题材的概念及特征，自来论述颇多，此处不再赘述，或许因词类自古即是难登大雅之作，故题刻所见词类作品甚少。词类题刻无论是创作的思想还是用语的方式，均鲜明地体现了古代文学的创作风格。如果单就艺术价值而言，词在文学作品中算不上上乘，却留下了对自然状况、人文历史的记录，故亦有一定的史料价值。

二、题刻的价值

奇异多姿的题刻有着重要的历史文献价值和文化艺术价值，是中国历史社会生活变迁的真实记载，为研究社会发展和历史人物提供了宝贵的资料，反映了中国独特的文化内涵，并具有较高的书法艺术价值。

1. 历史文献价值

中国石刻不仅是山水名胜的描写记录，也是历史人物和事件的记载。它是中国整个历史的再现，是不同景点地区的历史、社会、生活变迁的真实反映。

题刻有的描绘山水美景，有的记录旅游名胜。例如，明代吴遵《登琅琊绝顶歌》的题诗碑刻"琅琊之峰千仞高，长松入云翻翠涛。岂无仙子驾黄鹤，时有天风吹白袍"与"烟光树色互氤氲，万壑千岩路不分。望日俨临沧海峤，御风如见碧霞君"。这处题刻描绘了登临琅琊山所见的美景和如入仙境、怡然畅神之感（丁玲玲，2018 年）。可以说，题刻呈现出的一幅幅绚烂多彩的社会生活画卷，弥补了史书记录的不足，为编写有关地方史和地方志提供了重要价值。

2. 文化价值

中国题刻不仅写景记游，而且很多石刻中都表达了古代文人政客游览山水时的感受和体悟，反映了古人的山水审美情趣和经验。明代王鹤等人的摩崖题刻"俗虑从今释，闲情自世陶"，抒发了山水之美可以涤荡心灵，怡然自得的审美感受。"滁之山水得欧公之文而愈光"，千百年来多少文人墨客追随欧公的足迹，醉意于滁州的自然山水之中，体现出一种骚人墨客的醉乐文化。这是古代文人们醉乐于山水之美体现出来的人文精神和审美价值。

前文提到的"好事者"的所为完全不能与古人所作题刻传承出的文化价值相提并论，甚至难登大雅之堂。中国传统题刻具有独特的文化价值，在历史积淀中不断给城市、山区、旅游景点赋予丰厚的文化内容，蕴含着深厚的人文内涵，提升了中国历史文化品位。

3.书法艺术价值

题刻，顾名思义就是刻内容在某物上。题刻的主要形式是文字，中国题刻向世人展示了自古以来各大名人书法家的真迹，书体楷行草隶篆体兼备，构成了千姿百态、精彩绝伦的艺术大观，具有极高的书法艺术审美价值。

关乎书法类的题刻常见于山崖上，关于中国古代摩崖题刻书法出现的最早时间，有人认为起于周代，如"吉日癸巳"一说；也有人认为起始更早，"推而上之，海东之锦山古字、黔南之红崖古字，远在商周以前，亦皆摩崖也"（叶昌炽，1994年）。这些题刻书法可以引导人们循着历史的踪迹追思自然山水的文化品质和精神财富。题刻书法是风景名胜地少不了的配套装饰，这些书法形成线性布局的空间模式，既为自然山水塑造了形式美，也增添了文化内涵。

三、经典题刻赏析

1.《鲁峻碑》赏析

《鲁峻碑》全称《汉故司隶校尉忠惠父鲁君碑》，又名《汉司隶校尉鲁峻碑》《鲁忠惠碑》，东汉熹平二年（公元173年）四月立，现存山东济宁博物馆汉碑陈列馆，17行，每行32字。篆额题"汉故司隶校尉忠惠父鲁君碑"。此碑漫漶颇甚，许多字已不可辨。该碑点画方劲端严、厚重而丰腴，兼有萧散、古逸之致。其字大小相间，欹正相生，布局活泼可爱。碑阳与碑阴之字非出一手，而碑阴古朴自然，尤多天趣。

明郭宗昌《金石史》谓其"书法峭峻古雅，第小开魏人堂室，然自是汉格"。清万经云："字体方整匀净，凡勒笔、磔笔、超笔、挑起处极丰肥，开元诸家似效其体。"杨守敬《平碑记》则谓："丰腴雄伟，唐明皇、徐季海亦从此出，而肥浓太甚，无此气韵矣。"费声骞在《古代碑帖鉴赏》中有云："临写时应防波画起笔处逆锋侧露，笔致一味重浊而流于唐隶的庸俗风气。"

诸多真知灼见的评论，真实客观地评述了《鲁峻碑》对后世书风所产生的影响。

2.《任城王汉墓黄肠石题刻》赏析

在《任城王汉墓黄肠石题刻》众多的黄肠石题刻中，内容涉及人名、地名、数字、尺寸及其不同的组合。从其书法艺术风格来看涵盖了平稳工整类、率意烂漫类、板滞拘谨类、跌宕遒丽类。

隶书作为汉代的通行字体，由隶变而成，是战国古隶发展变化的结果。西汉初期篆书到隶书的变革基本完成，到东汉时期，隶书发展到成熟稳定状态。随着社会发展，在实用需求和审美需求的双重引导下，汉代隶书出现了通俗隶书和典型隶书两大类型，即正体与俗体。任城王一号汉墓黄肠题石刻字从内容、书法风格上的分类情况可以看出汉代隶书正体与俗体的发展关系有一个较为清晰的脉络（倪文东，2020年）。

3.《王同云台山摩崖题刻》赏析

摩崖题刻书法装饰的目的是衬托自然山水环境之美。因此，题刻书法必须适应自然山水环境的主体，否则会破坏自然美或者喧宾夺主。古人赞美王羲之书法"放于山水之间，与物无竞"。所谓"与物无竞"，就是与环境协调，但是，作为装饰的摩崖题刻书法是从形式构造和内容上与自然山水环境的构成相协调（陈道义，2012年）。对于以雄伟、险峻、畅旷为自然美形象特点的山水，摩崖题刻书法以"露"居多，即在高耸裸露的天然石壁上多题擘窠大字。这处题刻就凸显出豪迈、壮阔的气势。

第四节　**中国游记常识**

思维导图

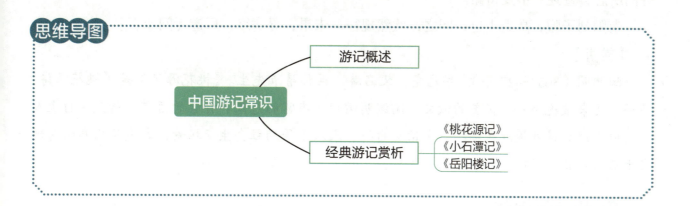

中国游记常识
- 游记概述
- 经典游记赏析
  - 《桃花源记》
  - 《小石潭记》
  - 《岳阳楼记》

一、游记概述

游记是对旅行进行记录的一种文体，其目的是对游历进行记录，现在也多指记录游览经历的文章。游记有带议论色彩的，有带科学色彩的，有带抒情色彩的。

游记从本质上讲，仍然是散文的一种，其基本特点是文笔轻快，语言多样，描写生动，通常是记述作者的旅途见闻、某地的历史沿革、社会生活的一些特点、现实问题、风土人情、山川名胜、历史古迹等，在所有的描写中，大多都有作者自己的思想感情表达（云南省旅游发展委员会，2014年）。

游记在本章中属于选读部分，故不进行详细介绍。

二、经典游记赏析

1.《桃花源记》

桃花源记

晋·陶渊明

晋太元中，武陵人捕鱼为业。缘溪行，忘路之远近。忽逢桃花林，夹岸数百步，中无杂树，芳草鲜美，落英缤纷，渔人甚异之。复前行，欲穷其林。

林尽水源，便得一山，山有小口，仿佛若有光。便舍船，从口入。初极狭，才通人。复行数十步，豁然开朗。土地平旷，屋舍俨然，有良田美池桑竹之属。阡陌交通，鸡犬相闻。其中往来种作，男女衣着，悉如外人。黄发垂髫，并怡然自乐。

见渔人，乃大惊，问所从来。具答之。便要还家，设酒杀鸡作食。村中闻有此人，咸来问讯。自云先世避秦时乱，率妻子邑人来此绝境，不复出焉，遂与外人间隔。问今是何世，乃不知有汉，无论魏晋。此人一一为具言所闻，皆叹惋。余人各复延至其家，皆出酒食。停数日，辞去。此中人语云："不足为外人道也。"

既出，得其船，便扶向路，处处志之。及郡下，诣太守，说如此。太守即遣人随其往，寻向所志，遂迷，不复得路。

南阳刘子骥，高尚士也，闻之，欣然规往。未果，寻病终，后遂无问津者。

【赏析】

陶渊明（365—427年），字元亮，又名潜，世称靖节先生。《桃花源记》是《桃花源诗》的序，历来被视为一篇优美的散文。陶渊明运用了丰富的想象和朴素的语言，借武陵打鱼人无意中发现的世外桃源来描绘一个怡然自得、人人平等的社会生活场景，表现了陶渊明对现实生活的不满和否定。

2.《小石潭记》

小石潭记

唐·柳宗元

从小丘西行百二十步，隔篁竹，闻水声，如鸣珮环，心乐之。伐竹取道，下见小潭，水尤清冽。全石以为底，近岸，卷石底以出，为坻，为屿，为嵁，为岩。青树翠蔓，蒙络摇缀，参差披拂。

潭中鱼可百许头，皆若空游无所依，日光下澈，影布石上。怡然不动，俶尔远逝，往来翕忽，似与游者相乐。

潭西南而望，斗折蛇行，明灭可见。其岸势犬牙差互，不可知其源。

坐潭上，四面竹树环合，寂寥无人，凄神寒骨，悄怆幽邃。以其境过清，不可久居，乃记之而去。

同游者：吴武陵，龚古，余弟宗玄。隶而从者，崔氏二小生：曰恕己，曰奉壹。

【赏析】

柳宗元（773—819 年），字子厚，唐代杰出的文学家，古文运动的倡导者。《小石潭记》是柳宗元《永州八记》中的第四篇，原题为《小丘西小石潭记》。作者运用动态描写与静态描写结合的手法，描述出小石潭的水、石、草、木以及水中的鱼，一切都自然生动。

3.《岳阳楼记》

岳阳楼记
宋·范仲淹

庆历四年春，滕子京谪守巴陵郡。越明年，政通人和，百废具兴。乃重修岳阳楼，增其旧制，刻唐贤今人诗赋于其上。属予作文以记之。

予观夫巴陵胜状，在洞庭一湖。衔远山，吞长江，浩浩汤汤，横无际涯；朝晖夕阴，气象万千，此则岳阳楼之大观也，前人之述备矣。然则北通巫峡，南极潇湘，迁客骚人，多会于此，览物之情，得无异乎？

若夫淫雨霏霏，连月不开，阴风怒号，浊浪排空；日星隐曜，山岳潜形；商旅不行，樯倾楫摧；薄暮冥冥，虎啸猿啼。登斯楼也，则有去国怀乡，忧谗畏讥，满目萧然，感极而悲者矣。

至若春和景明，波澜不惊，上下天光，一碧万顷；沙鸥翔集，锦鳞游泳；岸芷汀兰，郁郁青青。而或长烟一空，皓月千里，浮光跃金，静影沉璧，渔歌互答，此乐何极！登斯楼也，则有心旷神怡，宠辱偕忘，把酒临风，其喜洋洋者矣。

嗟夫！予尝求古仁人之心，或异二者之为，何哉？不以物喜，不以己悲；居庙堂之高则忧其民；处江湖之远则忧其君。是进亦忧，退亦忧。然则何时而乐耶？其必曰"先天下之忧而忧，后天下之乐而乐"乎。噫！微斯人，吾谁与归？

时六年九月十五日。

【赏析】

范仲淹（989—1052 年），字希文，由于政治见解与当权者不同，被贬官，后离开京城，本文就是在这样的背景之下写成的。文章将抒情和写景相结合，通过洞庭湖所呈现出来的不同景色描写，引发了游客的不同审美感受，表达了作者"先天下之忧而忧，后天下之乐而乐"的理想。

第五节 旅游诗词、名联、游记选读

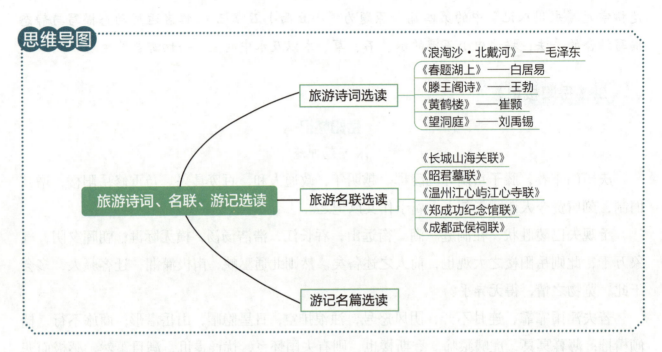

思维导图

旅游诗词、名联、游记选读
- 旅游诗词选读
  - 《浪淘沙·北戴河》——毛泽东
  - 《春题湖上》——白居易
  - 《滕王阁诗》——王勃
  - 《黄鹤楼》——崔颢
  - 《望洞庭》——刘禹锡
- 旅游名联选读
  - 《长城山海关联》
  - 《昭君墓联》
  - 《温州江心屿江心寺联》
  - 《郑成功纪念馆联》
  - 《成都武侯祠联》
- 游记名篇选读

　　本章内容介绍了中国诗词、楹联、题刻及游记四个内容。其中题刻可以说是旅游的一部分，前面章节中关于旅游题刻的赏析已经介绍过，此处不再对其另举例作为选读。虽然诗词、楹联、游记在前面的章节都做了赏析，但关于旅游方面的诗词、名联、游记未单独提炼出来，接下来将列举一二。

一、旅游诗词选读

1.《浪淘沙·北戴河》——毛泽东

　　大雨落幽燕，白浪滔天，秦皇岛外打鱼船。一片汪洋都不见，知向谁边？

　　往事越千年，魏武挥鞭，东临碣石有遗篇。萧瑟秋风今又是，换了人间。

2.《春题湖上》——白居易

湖上春来似画图，乱峰围绕水平铺。

松排山面千重翠，月点波心一颗珠。

碧毯线头抽早稻，青罗裙带展新蒲。

未能抛得杭州去，一半勾留是此湖。

3.《滕王阁诗》——王勃

滕王高阁临江渚，佩玉鸣鸾罢歌舞。

画栋朝飞南浦云，珠帘暮卷西山雨。

闲云潭影日悠悠，物换星移几度秋。

阁中帝子今何在？槛外长江空自流。

4.《黄鹤楼》——崔颢

昔人已乘黄鹤去，此地空余黄鹤楼。

黄鹤一去不复返，白云千载空悠悠。

晴川历历汉阳树，芳草萋萋鹦鹉洲。

日暮乡关何处是？烟波江上使人愁。

5.《望洞庭》——刘禹锡

湖光秋月两相和，潭面无风镜未磨。

遥望洞庭山水翠，白银盘里一青螺。

二、旅游名联选读

1.《长城山海关联》

两京锁钥无双地，

万里长城第一关。

2.《昭君墓联》

青冢有情犹识路，

平沙无处可招魂。

3.《温州江心屿江心寺联》

云朝朝朝朝朝朝朝朝散，

潮长长长长长长长长消。

4.《郑成功纪念馆联》

开辟荆榛，千秋功业；

驱除荷虏，一代英雄。

5.《成都武侯祠联》

能攻心则反侧自消，从古知兵非好战；

不审势即宽严皆误，后来治蜀要深思。

三、游记名篇选读

因游记名篇的篇幅较长，这里选择了其中的 10 篇，仅给出题目与作者信息，文章详情请查阅相关资料。

（1）《游黄山记》——徐宏祖。

（2）《游桂林诸山记》——袁牧。

（3）《登泰山记》——姚鼐（nài）。

（4）《说天寿山》——龚自珍。

（5）《恒山记》——乔宇。

（6）《虎丘记》——袁宏道。

（7）《雨中登泰山》——李健吾。

（8）《岳阳楼记》——范仲淹。

（9）《峨眉山佛光记》——范成大。

（10）《晚游六桥待月记》——袁宏道。

课堂讨论

1. 旅游诗词在旅游中有何作用？

2. 楹联与对联有何不同？

本章小结 →

本章介绍了中国旅游诗词、楹联、题刻、游记的创作手法和特点，赏析、解读了中国著名旅游诗词、楹联和游记的代表作。根据新颁布的《全国导游人员资格考试大纲》，本章的考试范围有：了解中国诗词格律常识，历代游记名篇赏析；熟悉名胜古迹中的著名楹联；掌握中国古代和近当代文学的这些重要知识和古代旅游诗词名篇。因此，通过本章的学习、操练和攻略，可为导游人员的汉语言文学知识打下较扎实的基础，增强导游人员对中国旅游诗词、楹联、题刻、游记等基本知识的了解，提高导游人员的文学素养。本章教学内容实用、简练、易学、易懂，通过延伸阅读、本章测试等内容，丰富了考生中国旅游文学知识，提高了考生的学习能力和应考能力。

本章测试

（一）单项选择题

1. 下列词牌名来源于词的题目的是（　　　）。

A.《鹊踏枝》　　　　B.《西江月》　　　　C.《竹枝词》　　　　D.《踏歌词》

2. 律诗每两句为一联，依次称作（　　　）。

A. 首联、颔联、颈联、尾联　　　　　　　B. 首联、颈联、颔联、尾联

C. 颈联、首联、颔联、尾联　　　　　　　D. 颔联、首联、颈联、尾联

3. 对联的第一要素是（　　　）。

A. 字句相对　　　　B. 字数相等　　　　C. 字句相等　　　　D. 声韵和谐

4. "世外人法无定法，然后知非法法也；天下事了犹未了，何妨以不了了之。"此对联题写于（　　　）。

A. 新都宝光寺　　　　B. 青城山天师洞　　　　C. 杭州灵隐寺　　　　D. 峨眉山金顶

5. "今操已拥百万之众，挟天子以令诸侯，此诚不可与争锋。"出自（　　　）。

A. 诸葛亮《隆中对》　　　　　　　　　　B. 诸葛亮《出师表》

C. 班固《汉书》　　　　　　　　　　　　D. 晁错《言兵事疏》

6. 马识途的《峨眉天下秀》追溯了峨眉山得名的由来。根据该文，峨眉山得名是因为（　　　）。

A. 山高而秀美　　　　B. 山高而险峻　　　　C. 山高而雄壮　　　　D. 山高而幽深

7. 青城山上清宫对联"上德无为，行不言之教；大成若缺，天得一以清"出自（　　　）。

A.《周易》　　　　B.《老子》　　　　C.《庄子》　　　　D.《论语》

8. 联语"一抔土尚巍然，问他铜雀荒台，何处寻漳河疑冢"的作者是（　　　）。

A. 顾复初　　　　B. 赵藩　　　　C. 完颜崇实　　　　D. 何绍基

9. 下列诗句中，出自张固《独秀峰》的是（　　　）。

A. 会得乾坤融结意，擎天一柱在南州　　　B. 翠微峭拔倚天表，半轮月照桂江小

C. 撑天凌日月，插地震山河　　　　　　　D. 一览无余，独占地势

10. 与对联"万户侯何足道哉，顾乌帽青鞋，难得津梁逢大佛；三神山如或见之，问黄楼赤壁，何如乡郡挟飞仙"相关的景点是（　　　）。

A. 浙江天台山方广寺　　　　　　　　　　B. 昆明西山华亭寺

C. 乐山凌云寺读书楼　　　　　　　　　　D. 青城山古皇帝祠

11. "松涛声，海涛声，声声相应；天上月，水中月，月月齐明"赞颂的天气景观是（　　　）。

A. 峨眉山象池月夜　　　　　　　　　　　B. 西昌月

C. 桂林象山月夜   D. 卢沟晓月

12. 一般认为，中国保留至今的最早的对联是下列哪种形式？（   ）

     A. 春联   B. 寿联   C. 门联   D. 名胜古迹联

13. "能攻心则反侧自消，从古知兵非好战；不审势即宽严皆误，后来治蜀要深思。"此联评价的人物是（   ）。

     A. 杜甫   B. 刘备   C. 诸葛亮   D. 刘禅

14. 律诗的八句分为四联，被称为颈联的是（   ）。

     A. 第一、二句   B. 第三、四句   C. 第五、六句   D. 第七、八句

15. 徐霞客《游黄山后记》文中"瞰坞中锋石回攒"，对"回攒"释义正确的选项是（   ）。

     A.（峰石中）赞歌声回荡   B.（峰石中）回升振荡

     C.（山峰怪石）环绕簇集   D.（云雾）来回浮游飘动

16. 以下不属于"六书"的是（   ）。

     A. 象形   B. 指事   C. 会意   D. 比喻

17. 根据汉字的构造原理，汉字中 90% 以上的字都属于（   ）字。

     A. 象形   B. 指事   C. 会意   D. 形声

18. 下列《登金陵凤凰台》诗中，表现诗人受奸佞小人排挤，不能留在长安城的诗句是（   ）。

     A. 凤凰台上凤凰游，凤去台空江自流   B. 吴宫花草埋幽径，晋代衣冠成古丘

     C. 三山半落青天外，二水中分白鹭洲   D. 总为浮云能蔽日，长安不见使人愁

19. 宋之问的《灵隐寺》开首两句："鹫岭郁岧峣，龙宫锁寂寥。"此诗句中的"鹫岭"是借指（   ）。

     A. 葛岭   B. 飞来峰   C. 凤凰山   D. 五云山

20. 康有为《登万里长城》诗句"汉时关塞重卢龙，立马长城第一峰"中的"第一峰"指的是（   ）。

     A. 山海关   B. 居庸关   C. 司马台   D. 八达岭

21. 根据对联的类别，"海纳百川，有容乃大；壁立千仞，无欲则刚"是（   ）。

     A. 堂联   B. 春联   C. 交际联   D. 寿联

22. 对联"青山有幸埋忠骨，白铁无辜铸佞臣"从上下两句内容的相联、相关特点来说，属于（   ）。

     A. 正对   B. 反对   C. 串对   D. 对开

23. "先天下之忧而忧，后天下之乐而乐"出自（   ）。

     A.《岳阳楼记》   B.《游黄山记》   C.《西湖七月半》   D.《虎丘记》

（二）**多项选择题**

1.下列关于李白《蜀道难》特点的介绍，正确的有（　　　　）。

A.结合神话传说和历史故事　　　　　B.句式灵活多变

C.一唱三叹　　　　　　　　　　　　D.大胆地夸张写景

E.从反面描写蜀道险峻

2.对孟昶《题桃符》"新年纳余庆，嘉节号长春"的解说，正确的选项有（　　　　）。

A.作者是明代人　　　　　　　　　　B.这是一副迎春祈福的联语

C.上联大意：新春享受着先代的遗泽　D.下联大意：佳节预示着春意常在

E.一般认为，这是中国最早的对联

3.刘文杰《巴东三峡》一文中，写西陵峡的首段（黄猫峡）三游洞时，提到唐宋文人到此游历过，"有前三游和后三游之称"，这些文人有（　　　　）。

A.白居易兄弟　　　　B.元微之　　　　C.欧阳修　　　　D.苏东坡兄弟

E.曾巩兄弟

4.一副完整的对联包括（　　　　）。

A.上联　　　　　　B.下联　　　　C.横联　　　　D.横批

E.横额

5.以下说法正确的有（　　　　）。

A.格律诗句数分为四句和七句两种　　B.格律诗五言四句称为五言绝句

C.格律诗五言八句称为五言格律　　　D.格律诗七言四句称为七言绝句

E.近体诗包括绝句、律诗、排律

6.下面关于旅游文学名句和作者对应正确的有（　　　　）。

A."月落乌啼霜满天，江枫渔火对愁眠"（孟浩然）

B."四面荷花三面柳，一城山色半城湖"（刘凤诰）

C."天河挂绿水，秀出九芙蓉"（苏轼）

D."会当凌绝顶，一览众山小"（杜甫）

7.关于对联"处己何妨真面目，待人总要大肚皮"说法正确的有（　　　　）。

A.这副对联在四川峨眉山洪椿坪古殿

B.上联的大意是对自己应不客气，要严格要求

C.朴素平时的语言道出了处己待人的道理

D.作者是清太宗乾隆皇帝

8.以下关于崔颢《黄鹤楼》赏析正确的有（　　　　）。

A.前四句写登临怀古

B.后四句写站在黄鹤楼上的所见所思

C. 严羽在《沧浪诗话》中评："唐人七言律诗，当以崔颢《黄鹤楼》为第一"

D. 全诗双声、叠韵和叠音词或词组多次运用

E. "萋萋"指清楚可数

9. 下列语句中，描写黄山松树的有（　　　）。

A. 漫漫的路途证明它的庞大；入云的顶峰说明了它的高峻；竖直的天梯显示着它的险要

B. 山上色彩斑斓，红、黄、赭、绿纵横交错，如织如锦，好似一副壮锦

C. 一般地说，凡是有土的地方就能长出草木和庄稼，而它们却是从这里坚硬的花岗岩石里长出来的

D. 它们的根深深扎进岩石缝里，不怕贫瘠干旱，不怕风雷雨雪，潇潇洒洒，铁骨铮铮

E. 它们长在峰顶，长在悬崖峭壁，长在深壑幽谷，郁郁葱葱，生机勃勃

10. 词的形式叫作词牌，以下有关词牌说法正确的有（　　　）。

A. "词牌"即是"歌谱"的意思

B. 词牌填词时不需要另加题目

C.《苏幕遮》《西江月》等词牌名都来源于乐曲名称

D.《渔歌子》是歌唱渔夫生活

延伸阅读　→

1. 词的起源和发展。

2. 中国历代著名诗人。

3. 中国著名诗人雅称。

4. 中国古代游记。

5. 对联形式和特点。

6. 成都杜甫草堂名联。

7. 忧国忧民诗词佳作。

参考文献

［1］蔡敏华．新编旅游文化［M］．杭州：浙江大学出版社，2011.

［2］曹林娣．中国园林文化［M］．北京：中国建筑工业出版社，2005.

［3］曹明红．全国导游基础知识［M］．天津：天津大学出版社，2012.

［4］陈从周．说园［M］．上海：同济大学出版社，1984.

［5］陈道义．古代摩崖题刻书法的装饰功能与中国山水文化［J］．苏州科技学院学报（社会科学版），2012，29（4）：91-95.

［6］陈龙．导游基础知识［M］．长沙：湖南师范大学出版社，2012.

［7］导游人员资格考试研究中心．全国导游基础知识［M］．北京：北京燕山出版社，2016.

［8］丁玲玲．皖东石刻及其文化艺术价值探析［J］．长沙大学学报，2018，32（4）：129-131.

［9］丁勇义，李玥谨，张晶等．中国旅游客源国概况［M］．北京：清华大学出版社，2019.

［10］董晓波．中国历史概况［M］．北京：对外经济贸易大学出版社，2014.

［11］黄峻菠．世界地理［M］．合肥：安徽文艺出版社，2009.

［12］黄薇薇．导游基础知识［M］．芜湖：安徽师范大学出版社，2016.

［13］季世昌，朱净之．楹联知识手册［M］．北京：商务印书馆，2003.

［14］李汉秋．传统节日的奥妙：我们怎么过节［M］．北京：中华书局，2015.

［15］李荣建，宋和平．外国习俗与礼仪［M］．武汉：武汉大学出版社，1997.

［16］李文芬．中国历史文化［M］．北京：化学工业出版社，2013.

［17］李兴荣．导游基础知识［M］．成都：西南财经大学出版社，2012.

［18］李肇荣．导游基础知识［M］．桂林：广西师范大学出版社，2013.

［19］李志伟．中国风物特产与饮食［M］．北京：旅游教育出版社，2012.

［20］梁文生．导游基础知识（全国部分）［M］．济南：山东科学技术出版社，2011.

［21］刘红梅，侯玉婵．旅游客源国概况［M］．北京：科学出版社，2018.

［22］刘嘉龙．现代节事活动策划理论研究与实践思考［M］．杭州：浙江大学出版社，2013.

［23］张长青，张会恩．文心雕龙诠释［M］．长沙：湖南人民出版社，1982.

［24］刘兴亮．略论白鹤梁题刻的文学内涵与价值［J］．重庆交通大学学报（社会科学版），2018，18（1）：109-116.

［25］吕龙根. 导游基础知识［M］. 北京：旅游教育出版社，2010.

［26］吕思勉. 中国历史常识［M］. 杭州：浙江工商大学出版社，2010.

［27］倪文东. 《鲁峻碑》《郑固碑》《武荣碑》《景君碑》赏析［J］. 江苏教育，2020
（29）：7–11.

［28］彭一刚. 感悟与探寻［M］. 天津：天津大学出版社，2000.

［29］秦合岗. 导游基础知识［M］. 北京：机械工业出版社，2015.

［30］秦学颀. 宗教文化赏析［M］. 北京：旅游教育出版社，2007.

［31］瞿又山. 园林的动观与静观［J］. 广东园林，1987（1）：8–9，18.

［32］全国导游人员资格考试教材编写组. 全国导游基础知识［M］. 4版. 北京：旅游教
育出版社，2019.

［33］全国导游人员资格考试教材编写组. 全国导游人员资格统一考试教材考点精解［M］. 北
京：旅游教育出版社，2016.

［34］沈民权. 导游基础知识［M］. 北京：高等教育出版社，2015.

［35］苏丽丽. 延边朝鲜族传统节日的人类学解读［D］. 延边：延边大学，2011.

［36］孙益力. 导游基础知识［M］. 北京：旅游教育出版社，2002.

［37］田广林，田野. 中国历史文化知识［M］. 北京：旅游教育出版社，2011.

［38］王剑. 园林与诗书画的伴生关系［D］. 南京：南京农业大学，2007.

［39］王力. 诗词格律概要［M］. 北京：中华书局，1977.

［40］王玉成. 导游基础知识［M］. 北京：旅游教育出版社，2007.

［41］文彤. 会展与节事管理［M］. 广州：暨南大学出版社，2015.

［42］肖亮琼. 古典园林中的传统哲学研究［D］. 合肥：安徽农业大学，2012.

［43］晓婷. 藏族服饰［J］. 中国纤检，2019（1）：93.

［44］羊笑亲. 古代艺术家对中国园林的影响［D］. 南京：东南大学，2018.

［45］杨叶昆. 全国导游基础知识［M］. 昆明：云南大学出版社，2007.

［46］杨源. 了不起的中华民族服饰：彝族［M］. 北京：中信出版社，2020.

［47］叶昌炽，柯昌泗. 语石：语石异同评［M］. 北京：中华书局，1994.

［48］云南省旅游发展委员会. 全国导游基础知识［M］. 昆明：云南大学出版社，2014.

［49］张明，于井尧. 中国历代民族民俗史［M］. 长春：吉林文史出版社，2006.

［50］张小燕，陈佳. 诗词格律全集［M］. 北京：中国华侨出版社，2013.

［51］张志远. 导游基础知识［M］. 北京：中央广播大学出版社，2012.

［52］章采烈. 论中国园林的动物造景艺术（上）［J］. 古建园林技术，1999（1）：3–5.

［53］章采烈. 论中国园林的动物造景艺术（下）［J］. 古建园林技术，1999（2）：3–5.

［54］赵建明，梁慧. 中国烹饪概论［M］. 北京：中国轻工业出版社，2014.

［55］赵利民，孙光. 导游基础知识［M］. 北京：中国财政经济出版社，2011.

［56］赵利民．旅游客源国概况［M］．大连：东北财经大学出版社，2009．

［57］周凤杰．中国旅游地理［M］．北京：中国林业出版社，2016．

［58］周海燕．导游基础知识［M］．成都：西南财经大学出版社，2011．

［59］周箐．中国历史文化通览［M］．北京：研究出版社，2015．

［60］周维权．中国古典园林史［M］．北京：清华大学出版社，1990．

［61］朱华．旅游学概论［M］．北京：北京大学出版社，2014．

［62］朱华，张哲乐．会展节事策划与管理［M］．北京：北京大学出版社，2015．

参考文献